二级注册建造师继续教育培训教材

机　电　工　程

（上册）

北京市建筑业联合会　主编

中国建筑工业出版社

图书在版编目（CIP）数据

机电工程：上、下册/北京市建筑业联合会主编. 一北京：中国建筑工业出版社，2020.4
二级注册建造师继续教育培训教材
ISBN 978-7-112-25023-3

Ⅰ. ①机… Ⅱ. ①北… Ⅲ. ①机电工程-继续教育-教材 Ⅳ. ①TH

中国版本图书馆 CIP 数据核字（2020）第 059751 号

本教材内容丰富，基本涵盖了机电工程的主要知识，包括机电工程总承包管理，机电工程施工进度管理，机电安装工程施工质量控制，机电安装工程施工资料管理，机电安装工程商务管理，全生命周期 BIM 技术及应用，机电工程运输及吊装技术应用，抗震支吊架施工技术，机电装配式施工技术，机电消防施工新技术，变风量（VAV）空调应用技术，热泵系统设计与安装技术，给水排水施工新技术，燃气冷热电三联供技术及应用，太阳能热水、光伏系统施工技术，冷梁及冰蓄冷、低温送风空调技术，电缆敷设技术，智慧建造施工技术，建筑能源管理系统及其应用，建筑机电工程系统调试管理，工料机械数据分类标准及编码规则解读，机电安装工程标识技术。本教材还收录了与机电工程相关的部分标准、规范和法规等内容。

责任编辑：张智芊　朱晓瑜　赵晓菲
责任校对：焦　乐

二级注册建造师继续教育培训教材
机电工程
北京市建筑业联合会　主编

*

中国建筑工业出版社出版、发行（北京海淀三里河路 9 号）
各地新华书店、建筑书店经销
霸州市顺浩图文科技发展有限公司制版
北京圣夫亚美印刷有限公司印刷

*

开本：787×1092 毫米　1/16　印张：30¼　字数：747 千字
2020 年 5 月第一版　　2020 年 6 月第二次印刷
定价：**112.00** 元（上、下册）
ISBN 978-7-112-25023-3
（35694）

二级注册建造师继续教育培训教材

机电工程

编写委员会

主　　编：栾德成

副 主 编：冯　义　孟庆礼

编　　委：杜　冰　刘国柱　张奎波　付敬华　蒋　北　吕　梅

编写人员：王建林　廖科成　安红印　李红霞　任俊和　孟庆礼　霍　晓　王　鑫　高惠润　唐葆华　吴　余　王　毅　袁小林　雷仕民　孙育英　李燕敏　赵　艳　张晓明　孙　征　王竞千　张项宁　彭　攀　刘国柱　张奎波

前　言

注册建造师的执业素养，不仅是其获取和扩大执业空间的基础和条件，而且关系企业的效益和持续健康发展。重视和坚持注册建造师的继续教育，是建立现代化企业管理的应有之义，也是引导注册建造师自律、自尊、自强的必要举措。

注册建造师按规定参加继续教育，是申请初始注册、延续注册、增项注册和重新注册（以下统称注册）的必要条件。

本教材，既可作为2020～2024年期间机电专业二级注册建造师参加继续教育的使用教材，也可作为院校毕业生考取机电专业注册建造师执业资格的学习教材，还可供机电专业工程技术人员、管理人员参考学习。

本教材内容丰富，基本涵盖了机电工程的主要知识，包括机电工程总承包管理，机电工程施工进度管理，机电安装工程施工质量控制，机电安装工程施工资料管理，机电安装工程商务管理，全生命周期BIM技术及应用，机电工程运输及吊装技术应用，抗震支吊架施工技术，机电装配式施工技术，机电消防施工新技术，变风量（VAV）空调应用技术，热泵系统设计与安装技术，给水排水施工新技术，燃气冷热电三联供技术及应用，太阳能热水、光伏系统施工技术，冷梁及冰蓄冷、低温送风空调技术，电缆敷设技术，智慧建造施工技术，建筑能源管理系统及其应用，建筑机电工程系统调试管理，工料机械数据分类标准及编码规则解读，机电安装工程标识技术。本教材还收录了与机电工程相关的部分标准、规范和法规等内容。

本教材是编写组全体人员共同协作的结果。在本教材编写过程中，参考了部分文献资料，在此对文献资料的作者表示诚挚的感谢。

由于编者水平有限，难免有不妥和遗漏之处，敬请广大读者提出宝贵意见，以便今后修订时参考。

编委会

2020年4月

目　　录

上　　册

下 册

1 机电工程总承包管理

1.1 工程总承包管理概述

1.1.1 机电工程总承包管理的特征

机电工程总承包是机电工程项目的一种承发包模式。所谓机电工程总承包是指从事机电工程总包的企业受业主委托，按照合同约定对工程项目的设计、采购、施工、试运行（竣工验收）等实施全过程或若干段的承包。

机电工程总承包管理是机电总承包对合同约定的项目内容实施的项目管理活动。主要的项目管理内容应包括：任命项目经理、组建项目部，进行项目策划并编制项目计划；实施设计管理、采购管理、施工管理、试运行管理；进行项目范围管理，进度管理，费用管理，设备材料管理，资金管理，质量管理，安全、职业健康和绿色施工管理，人力资源管理，风险管理，沟通与信息管理，合同管理，现场管理，项目收尾，竣工验收，移交及质保期维护等。

机电工程总承包具有专业多、系统复杂、专业分包多、协调难度大等特点，与土建、装饰、市政、景观等专业配合密切，周期长、交叉作业频繁，机电工程总承包对协调的能力、组织水平、综合管控技术要求高。

1.1.2 几种工程总承包模式简介

1. DBB（Design-Bid-Build，设计-招标-建造）模式

传统的发包模式，将设计、施工分别委托给不同的单位承担。这种模式最突出的特点是强调过程项目的实施必须按照 D-B-B 的顺序进行，只有一个阶段全部结束另一个阶段才能开始。目前我国大部分工程项目采用这种模式。

2. DB（Design-Build，设计-建造）模式

DB 模式是指工程总承包企业按照合同约定，承担工程项目设计和施工，以及大多数材料和工程设备的采购，但业主可能保留对部分重要工程设备和特殊材料的采购权。该模式通常采用总价合同，但允许价格调整，也允许某些部分采用单价合同。DB 模式避免了设计和施工的矛盾，可显著降低项目的成本，并缩短工期。业主关心的主要评价因素是设计方案的优劣，承包商如何把工程按合同竣工交付使用，如何保证业主得到高质量的工程项目，但不太关注承包商如何实施。该模式主要用于房屋建筑和大型土木、电力、水利、机械等项目。

3. EPC/T（Engineer-Procurement-Construction/Turnkey，设计-采购-施工/交钥匙）模式

EPC/T 模式是指工程总承包企业按照合同约定，承担工程项目的设计、采购、施工、试运行服务等工作，并对承包工程的质量、安全、工期、造价全面负责，使业主获得一个现成的工程，由业主“转动钥匙”就可以运行。EPC 模式有很多种衍生和组合，例如 EP

+C、E+P+C、EPCm、EPCs、EPCa 等。该模式主要适用于化工、冶金、电站、铁路等大型基础设施工程，以及含有机电设备的采购和安装的工程项目等。

4. DBO（Design-Build-Operate，设计-施工-运营）模式

DBO 模式是指由一个承包商设计并建设一个公共设施或基础设施，并且运营该设施，满足在工程使用期间公共部门的运作要求。该模式主要应用在污水处理领域。DBO 模式不涉及融资，承包商收回成本的唯一途径就是公共部门的付款，项目所有权始终归公共部门所有。设计和施工成本在竣工时由政府全额支付（或者有些情况下在竣工后分期支付），运营期间由政府部门对承包商的运营服务付费。DBO 模式实现了经营主体、建设主体与投资主体的分离，投资人注重提高效率和效益，而建设主体和经营主体合一也提高了建设效率，确保了建设质量。

5. BOT（Build-Operate-Transfer，建造-运营-移交）模式

BOT 模式是指国家或政府通过特许权协议将某个应由政府出资营建管理的公共基础设施交给私营企业融资、建设、经营、维护直至特许期结束时将该设施完整地、无偿地移交给政府。其最大特点是将基础设施的经营权有限期地抵押以获得项目融资，或者说是基础设施国有项目民营化。该模式主要适用于交通运输、自来水处理、发电、垃圾处理等服务型或生产型的大型资本技术密集的基础设施建设中。

6. PPP（Public-Private-Partnerships）模式

PPP 模式是公私合作模式，是一种优化的项目融资与实施模式，以各参与方的“双赢”或“多赢”作为合作的基本理念。一般而言，PPP 融资模式主要应用于基础设施等公共项目。首先，政府针对具体项目特许新建一家项目公司，并对其提供扶持措施；然后，项目公司负责进行项目的融资和建设，融资来源包括项目资本金和贷款；项目建成后，由政府特许企业进行项目的开发和运营，而贷款人除了可以获得项目经营的直接收益外，还可以获得政府扶持所转化的效益。

1.2 机电工程总承包管理组织

项目组织行使管理职能，项目组织实行项目经理负责制，实行自项目启动至项目收尾为止的全过程责任管理。

1.2.1 组织体系

项目部的组织管理体系包括项目直接管理和服务支持两个子系统：直接管理系统是指项目管理体系中直接负责项目实施与完成的有关项目模块；服务支持系统是指项目管理体系中为保证项目的完成，在项目组织、人力资源配备、行政与后勤等方面提供服务与支持的部门单元。

项目部的组织形式应根据机电总承包项目的规模、组成、专业特点与复杂程度、人员状况、地域条件以及企业规定等来确定。一般在项目经理以下可以设置项目总工、生产经理、商务经理、财务经理、计划管理工程师、各专业工程师、质量工程师、造价工程师、安全工程师、深化设计师、设备材料工程师、信息管理工程师、劳务管理、行政与后勤等管理岗位。

1.2.2 组织形式

企业不同管理体制下，采用不同的项目运行模式，即职能式、矩阵式、项目式，管理模式下的岗位职责也会有所不同。

职能式管理模式是以部门为主体来承担项目的，一个项目由一个或者多个部门承担。由于项目成员来自于不同的部门，加入新的项目后，其岗位职责就可能会发生变化，或者说增加新的岗位职责。因此，对于项目成员必须要根据承担工作内容的不同，明确新的岗位职责。同时，还应考虑当项目与部门利益间发生冲突时的处置方法。

矩阵式管理模式下的岗位职责，是从不同的部门中选择合适的项目人员组成一个临时项目团队，项目团队成员岗位职责同样需要重新确定。

项目式管理模式下的岗位职责，项目成员职责可以根据承担的不同岗位进行划分，职责明确，便于执行，但是对项目人员素质需求比较高。

1.2.3 岗位设置要求

企业最高管理者应确定适合企业自身特点的组织形式，合理划分管理层次和职能部门，综合考虑企业的规模、工作的开展方式、企业的文化理念等因素，采取合理的组织结构形式。组织机构的设置体现如下原则。

1. 分层统一原则

坚持集权与分权的统一、专业分工与协作的统一、管理层次与管理跨度的统一、管理职责与权利的统一、运行效率与运行成本的统一、企业管理组织机构与项目管理组织机构的统一。

2. 适宜性原则

岗位的设置首先依据施工项目的规模、性质、内容、要求等整体分析，满足项目质量管理的需要，其次要考虑经济问题，另外还要考虑有利于工作的协调问题，利于整个项目组织管理。

3. 关键岗位原则

无论什么样的组织结构，项目管理要成功，就要依赖于管理关键职能的领导和个人。如项目经理、项目总工、项目副经理、质量总监等，在人员配备方面不仅要考虑人员的各种技能、知识、素养，还要考虑配备人员的环境适应能力和特殊任务接收以及项目合作精神等因素。

1.2.4 项目经理职责

项目经理是由企业法定代表人书面任命委托，主持施工项目管理机构工作，负责履行建设工程施工合同和企业目标，承担施工项目质量和安全的第一责任人。

（1）组建、管理施工项目管理机构，依据企业规定组织制订施工项目管理机构人员岗位职责。

（2）执行企业各项规章制度，并组织建立和实施施工现场项目管理制度。

（3）组织项目团队人员进行施工合同交底和项目管理目标责任书分析解读。

（4）在授权范围内，组织编制和落实施工组织设计、项目管理实施规划、安全文明和环境保护措施、质量安全技术措施和施工方案。

（5）在授权范围内进行任务分解和利益分配，科学组织项目资源，并对施工机具、设备、材料、构配件等资源的质量和安全使用进行动态监控。

（6）建立健全协调工作机制，主持工程例会，协调解决工程施工问题。

（7）依据企业规定和施工合同选择专业工程分包，组织审核分包工程款支付申请，签收建设单位工程款支付证书。

（8）组织与建设单位、分包单位、供应单位之间的结算工作，在授权范围内签署结算文件。

（9）组织管理工程资料，规范工程档案文件，准备工程结算和竣工资料，参与工程竣工验收。

（10）组织进行工程保修工作和项目管理工作总结。

1.2.5 其他人员职责

其他管理岗位的工作界面由其工作范围、任务、权限等形成。

1.3 机电工程总承包管理策划

项目管理策划属于项目初级阶段的工作，管理策划是一个综合性的、完整的、全面的、总体的计划，是预测未来，确定目标，估计会碰到的问题，提出实现目标、解决问题的有效方案、方针、措施和手段的过程。项目策划又是基于项目实际的考虑、想象和谋划，进而确定、决定和安排实现项目目标所需要的各种活动和工作成果，是机电总承包管理过程的一个重要环节。

1.3.1 策划内容

（1）明确项目管理的目标，包括质量、安全、成本、进度、职业健康、环境保护等目标。

（2）确定项目的管理模式、组织结构和职责分工。

（3）制订质量、安全、成本、进度、职业健康、环境保护等方面的管理程序和控制指标。

（4）深化设计过程的管理。

（5）制订资源（人、财、物、技术和信息等）的配置计划。

（6）制订项目沟通的程序和规定。

（7）制订风险管理计划。

（8）制订分包管理计划。

（9）制订工程验收计划。

1.3.2 编制要求

项目管理策划的编制应由项目经理负责，项目部主要管理班子成员参加，有必要时可邀请主要分包单位参加，而且策划的内容应是动态的，随着项目实际情况的变化而进行调整，总体的策划应符合以下要求：

符合招标文件、合同条件以及发包人（包括监理）对工程的要求。

具有科学性和可执行性，能符合工程实际，符合工程建设的自身规律，充分反映相关施工方的特长、能力。

符合国家现行的法律、法规，国家和地方的规范、规程以及设计图纸。

符合现代项目管理理论，采用新的管理方法、手段和工具等，如BIM技术、互联网信息化技术。

1.4 机电工程总承包管理措施

1.4.1 进度管理

项目进度管理的目的是为了实现进度目标，进度控制的依据是进度计划。机电工程总承包进行进度管理应编制若干进度计划，进度计划应该成系统、相关联和相互制约，而且计划之间相互协调，主要是：总体和部分之间的协调；控制性计划和实施性计划协调；长期计划和短期计划协调；各阶段之间计划协调；工程计划和供应计划协调；各相关方之间的计划协调。

（1）健全机电工程总承包计划控制体系，设立进度控制部门或进度控制人员，明确岗位职责，建立编制进度计划的工作流程，建立进度控制会议制度。

（2）依据项目总控计划，采取提出设计、采购、施工、竣工、试运行里程碑（目标）控制点，细分年、季、月、周等计划，利用网络技术，科学分析工作之间的逻辑关系，发现关键工作和关键线路，实施科学、有序控制。

（3）编制与进度计划相适应的资源需求计划，包括资金需要计划、人力资源计划、物资计划、设备、技术准备工作计划、质量检验控制计划、安全消防控制计划等，分析实现计划的可能性，提前发现风险，建立预案，进行预控管理。

（4）机电总承包项目经理部应根据工程项目的特点，有针对性地分析特殊时期的施工措施，应进行施工措施的先进性、经济合理性以及可操作性分析，重点管控特殊时期的进度，确保进度管理持续有效。

（5）机电总承包项目经理部应重视施工进度动态管理，避免只重视编制，不重视及时的动态调整，及时对进度控制情况进行总结，总结进度控制中的问题以及经验，逐步提高进度控制工作水平。

（6）机电总承包项目经理部应积极主动与土建、装修及其他专业进行计划协调，避免工序、技术、作业面等矛盾而影响计划的实施，使进度计划管理形成层次分明、深入全面、贯彻始终的特色，切实保证计划的实施效果。

（7）优选有信用成建制劳务队，选择有良好施工技术和施工作风的操作工人。劳务队管理要符合规定，花名册、考勤表、工资发放表要进行严格管理。季节性施工要有劳务短缺应急措施，确保施工人员力量稳定。

（8）在工程上不折不扣地实行专款专用，分析项目资金使用风险，提前预管控。

1.4.2 质量管理

工程项目质量管理是机电工程总承包管理的一项重要内容，质量管理应坚持“计划、组织、协调和控制”等活动要求，坚持“质量第一，策划先行”的方针，通过质量管理策划、分解质量管理目标、强化过程管理，最终实现质量目标，使各方满意。

（1）质量保证体系的建立：机电总承包单位首先要建立符合有关规定要求的质量保证体系，进行项目组织内部工程质量的全面管理和控制，同时接受业主、总承包商、监理单位及质检站的监督、检查和指导。

（2）根据项目质量计划和质量保证体系，协助、要求和敦促各专业承包商建立起完善的各专业承包商的质量计划和质量保证体系，将各专业承包商纳入统一的项目管理和质量保证体系，确保质量体系的有效运行，并定期检查质量保证体系的运行情况。

（3）制订质量通病预防及纠正措施，实现对通病的预控，进行有针对性的质量会诊、质量讲评。

（4）质量的控制包括对深化设计和施工详图设计图纸的质量控制。施工方案的质量控制、设备材料的质量控制、现场施工的质量控制以及工程资料的质量控制等。

（5）严格程序控制和过程控制，同样使各专业承包商的专业工程质量实现“过程精品”。

（6）对各指定承包商严格质量管理，严格实行样板先行制、三检制、挂牌制和问题追究制度，严格实行工序交接制度。

1）样板先行制度

分项工程开工前，由项目经理部的责任工程师，根据专项方案、措施交底及现行的国家规范、标准，组织作业队伍进行样板分项（工序样板、分项工程样板、样板间、样板段等）施工，样板工程验收合格后才能进行专项工程的施工。同时作业队伍在样板施工中也接受了技术标准、质量标准的培训，做到统一操作程序、统一施工做法、统一质量验收标准。

2）“三检制”和检查验收制度

在施工过程中要坚持检查上道工序、保障本道工序、服务下道工序，做好自检、互检、交接检；遵循作业队伍自检、总包复检、监理验收的三级检查制度；严格工序管理，认真做好隐蔽工程的检测和记录。

① 自检：在每一项分项工程施工完成后均需由施工班组对所施工产品进行自检，如符合质量验收标准要求，由班组长填写自检记录表。

② 互检：经自检合格的分项工程，在项目经理部专业工长的组织下，由作业队伍工长及质量员组织上下工序的施工班组进行互检，对互检中发现的问题上下工序班组应认真及时地予以解决。

③ 交接检：上下工序班组通过互检认为符合分项工程质量验收标准要求，则双方填写交接检记录，经作业队伍工长签字认可后，方可进行下道工序施工，项目专业责任工程师要亲自参与监督。

在三检完成后，由项目责任师组织作业队伍填写验收资料，报项目质检员进行验收，合格后由项目质检员组织向监理报验，验收合格后才能进入下道工序。严格履行三检制和检查验收制度是工程质量的基本保证，参建各方应严格按此程序执行。

3）挂牌制度

① 施工部位挂牌

执行施工部位挂牌制度：在现场施工部位挂“施工部位牌”，牌中注明施工部位、工序名称、施工要求、检查标准、检查责任人、操作责任人、处罚条例等，保证出现问题可以追查到底，并且执行奖罚条例，从而提高相关责任人的责任心和业务水平，达到练队伍、造人才的目的。

② 成品、半成品挂牌制度

对施工现场使用的成品、半成品等进行挂牌标识，标识须注明使用部位、规格、产地、进场时间等，必要时必须注明存放要求。

4）问题追究制度

① 发生重大工程质量事故不仅要追究直接责任人的责任，而且要追究有关负责人的责任，同时涉及项目工程质量的技术、材料、机具设备管理人员和作业队伍等，也要对工程质量事故承担相应责任。

② 对不合格检验批、分项分部工程必须处理。不合格检验批流入下道工序，要追究班组长、作业队伍负责人和项目责任师、质量员的责任；不合格分项工程流入下道工序，要追究项目责任师、技术负责人的责任；不合格分部工程流入下道工序，还要追究项目经理责任。

（7）最大限度地协调好各专业承包商的立体交叉作业和正确的工序衔接。

（8）严格检验程序和检验、报验、试验工作。

（9）制定切实可行的成品保护方案和管理细则，统一部署、各专业承包商一道做好成品保护工作。

（10）协助、检查、敦促各专业承包商做好工程资料和竣工图、竣工资料的管理工作，要求竣工图、竣工资料与工程竣工同步。

1.4.3 职业健康、安全与绿色施工管理

职业健康、安全和环境管理，是对健康、安全和环境的综合管理。安全生产是整个施工过程中管理工作的关键环节，项目安全控制的目的是消除或控制施工现场内发生安全事故的条件和因素，避免人员伤亡和财产损失，机电总承包承担着自始至终的安全管理责任。机电总承包及各分包单位的项目经理为安全生产的第一责任人，应有组织、有秩序地开展安全生产活动。

（1）首先是协助、要求和敦促各专业承包商建立起完善的安全管理体系，将各专业承包商纳入统一的项目管理，确保各项工作有效开展和运行，并定期检查执行情况。

（2）机电总承包建立全方位、全过程、全员参与的安全管理体系，项目经理是项目安全生产的总负责人，生产副经理和项目总工程师是项目安全生产的直接负责人，横向包括各职能部门，纵向包括上自项目经理、下至操作工人，切实做到人人有责、人人负责的安全机构，每个人都有明确的书面的安全职责，安全负责人具体负责安全生产日常管理及安全活动组织工作。

（3）安全管理策划。编制专项工程或分部工程安全施工组织设计，针对重要的冷冻机

房、水泵房、冷却塔、发电机房、大型竖井和高低压配电室等编制了单项工程安全技术方案和措施，从制度、人员、材料、设备、技术、资金和施工环境条件等各方面作出策划和安排，确保安全施工的顺利开展。

（4）安全教育、培训。项目部主要进行安全生产的法律法规宣讲与贯彻，每日进行“班前会”，定期召开“安全组织技术交流会”。

（5）组织实施。项目部重点抓好三方面的工作：其一，根据安全施工组织设计和安全生产责任制要求，把安全责任目标进行层层分解，分解到岗、落实到人，制定书面的安全岗位责任制；其二，上至项目经理、下至操作工人的层层安全技术交底工作，交底人与被交底人双方履行安全技术交底签字记录；其三，项目经理部、劳务施工队伍和操作工人岗前全面的安全教育，做到上岗前人人受到教育。

（6）过程监控、安全检查。施工安全过程监控主要由项目安全部负责，主要形式有：参加总承包组织的每周例行工地安全巡查、项目部安全管理小组组织的定期组织例行安全检查、迎检地方政府主管部门的安全监督检查、日常跟踪检查等。

（7）安全工作持续改进。当项目施工安全管理中存在安全问题或安全隐患时，应提出解决措施，每次检查验证要有记录，并做好保存。对于重复出现的问题，不仅要分析原因、采取措施、给予纠正，而且要追究责任，给予处罚。

（8）安全事故处理应按照“四不放过”原则进行处理，确保安全意识警钟长鸣，同时要建立明确的事故报告和处理制度。

（9）工程项目的环境管理，应坚持绿色施工的理念，在保证质量、安全等基本要求的前提下，通过科学管理和技术进步，最大限度地节约资源并减少对环境的负面影响，达到“五节”和环境保护的要求。

1.4.4 综合深化设计管理

深化设计也是综合设计，是机电工程总承包管理的一项关键重要环节，也是体现机电总承包管理水平的一项重要指标，深化设计质量直接影响工程最终的整体质量，机电总包单位应强化对机电综合深化设计的管控力度和协调组织力度。机电总包单位应强化与建设单位、设计单位、监理单位的沟通，及时建立起高效、科学的深化设计工作流程，确保签字审批及时有效。

（1）机电总承包单位应建立符合项目需要的深化设计部门，人员配置要符合工程要求，建立深化设计流程和管理制度。选择具有一定的设计基础和一定业务综合技能，熟练掌握 AutoCAD、BIM 及相关设计软件，熟悉机电工程施工验收规范，工作踏实能干、吃苦耐劳的技术人员，同时设计部还需要纳入现场作业的工长。

（2）图纸会审和现场摸底交圈

首先收集达到施工图设计深度的最新版建筑图、结构图、机电图（包括给水排水、电气、暖通、燃气、消防、保安监控、楼宇自控、综合布线、手机覆盖、一卡通等所有工程项目涉及专业图纸），以及甲方直接招标项目系统供货商深化设计图纸、甲方对各区域的净空要求等；理解所有专业设计说明及意图，理解甲方对项目的精装要求，如各区域装修物料、净空等。熟悉施工图和配套使用的标准图，对设计深度未达到要求的以及设计图的明显缺陷，组织人员对其进行分析和深化，并在图纸会审答疑会议上提出，或与设计人员联系，征得同意和签证认可。

（3）机电管线深化设计原则

1）管线布置排列一般原则：决定各管道的最终安装标高的优先排序是排水管、电缆桥架、线槽、暖通管道、通风管道；电缆桥架、线槽尽量高位安装，通风管道低位安装；水管与电缆桥架、线槽应尽量错位安装，保证水管与电缆桥架平面不在同一路由；遇管线交叉时，应本着“小管让大管、有压让无压”原则避让。

2）方便施工的原则：充分考虑安装工序及条件，机电设备、管线对安装空间的要求，合理确定管线的位置和距离。

3）方便系统调试、检测、维修的原则：充分考虑系统调试、检测、维修各方面对空间的要求，合理确定各种机电设备、管线及各种阀门、开关的位置和距离，以及日常维护操作、照明、通风。如注意考虑日常操作与使用的灯具要维护方便；各种水阀、风阀安装位置要操作方便；诱导风机安装后要使其出风不受遮挡，保证使用功能；水系统排空时便于水流的组织排放等。

4）美观的原则：管线综合布置排列应充分考虑各机电系统安装后外观整齐有序、间距均匀的原则。

5）结构安全的原则：机电管线穿越结构构件，其预留洞口或套管的位置、大小须保证结构安全。

（4）深化设计工作流程及审批流程

1）机电专业间沟通工作流程

深化设计工作须协调其他分包商共同完成，并须与设计师加强沟通，因此必须建立相应的工作流程和制度，以保证深化设计工作顺利开展（图 1-1）。

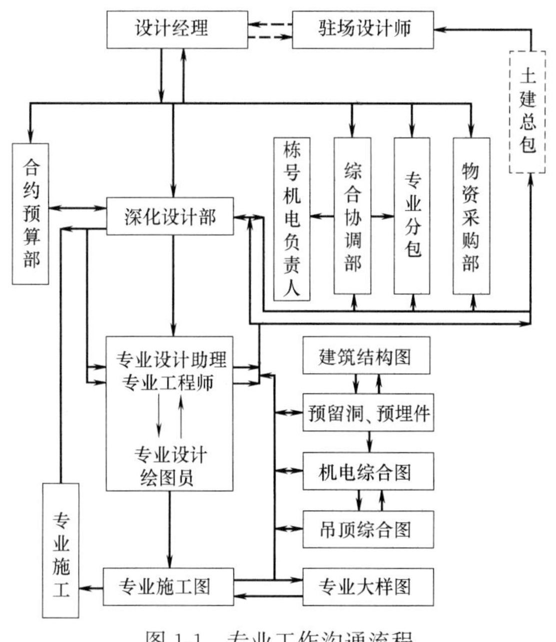

图 1-1　专业工作沟通流程

2）图纸深化设计工作流程

如图 1-2 所示。

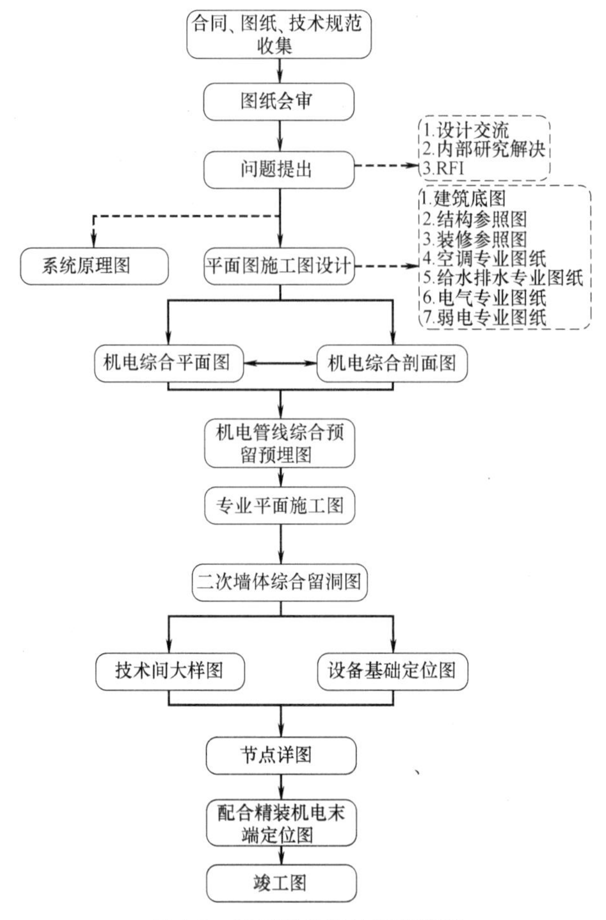

图 1-2 图纸深化设计工作流程

3）深化图纸审批流程

如图 1-3 所示。

（5）BIM 技术的应用

目前，BIM 技术已经广泛运用于机电专业的设计、深化设计中。BIM 技术有力地支持建筑安全、美观、舒适、经济，以及节能、节水、节地、节材、节时、保护环境等多方面的分析和模拟，从而易于做到建筑全生命期全方位可预测、可控制。

BIM 技术已经应用到设计、深化设计、监理、运行维护等全生命周期过程。机电总包单位应充分发挥承上启下的牵头作用，利用 BIM 三维模型直观检查管线的碰撞和位置的冲突，避免安装工程“错、缺、漏、碰”现象的发生，同时发挥好对建筑产品设计、施工、验收交付、运行维护等过程的协调配合和支持工作。

机电总承包应充分利用 BIM 技术进行总包管理，实现设计成果三维可视、施工方案模拟、交底，实施过程监控、管理，将管理工作前置，优化管理方案，降低管理风险，提升管理效率，实现项目管理协调同步。

1.4.5 物资管理

主要设备物资的管理直接涉及工程工期的进展、工程的质量，各专业技术接口确认对

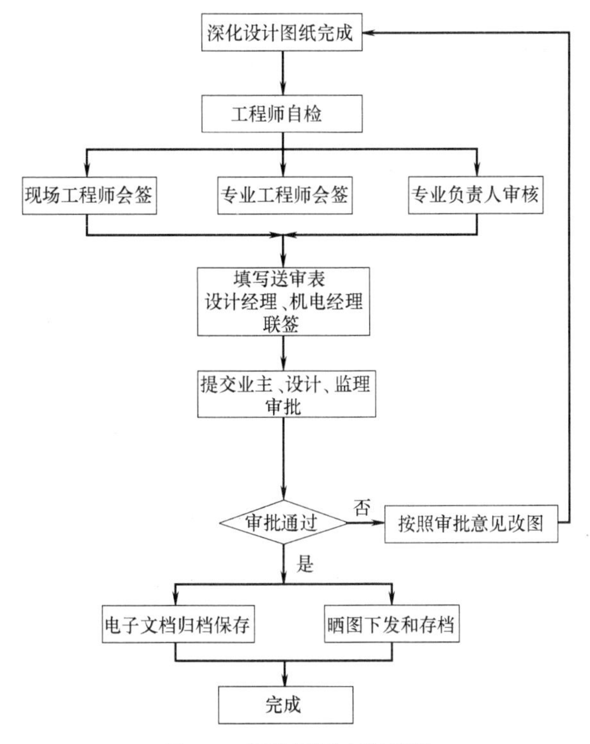

图 1-3 深化图纸审批流程

机电系统工程产生非常大的影响，水泵、机组、冷却塔、配电箱柜直接影响设备基础的施工、机房设备管线的综合深化布置，机电工程总承包项目经理部应重视物资设备的管理，确保施工生产平稳有序开展。

(1) 对招标文件所圈定品牌的厂商（或供应商），派遣资深的物资采购经理及技术人员组建物资采购部，负责专门设备材料的呈审、采购及物资管理等相关事宜。对甲供设备的采购，派遣资深的物资采购经理及技术人员向甲方提交准确的设备数量及型号，对甲供厂家提供的设备参数的技术响应度进行核实。

(2) 在深化施工图过程中，协助设计单位进行机电系统负荷、管网平衡、噪声控制、设备参数等复核计算；针对问题向业主提出合理化建议，确保机电系统的效能。

(3) 从投标阶段即开始进行设备的技术考证，针对设计参数及招标文件技术规范要求，逐一核对，编制技术响应书。工程开工制定详细计划（进度计划、设备材料进场计划、订货计划）保证设备及时到场投入安装。

(4) 在设备加工过程中，根据需要派遣技术人员对产品的质量、技术要求等进行监督。保证设备能满足本工程的要求。

(5) 机电安装设备供应量大，供货周期紧，应根据施工进度要求，制定设备招采计划、进场计划，提早订货；同时设备材料的接收、进场检验、仓储、保管，既要有利于施工，又要妥善保管，有效衔接施工节点，确保质量和进度要求。

1) 物资采购部根据技术人员编制的材料计划，积极进行市场调研，货比三家及早订货。

2) 对厂家提供的技术资料及样品由物资经理、专业工程师进行核对自审后进行呈审，对重要材料在自审合格的基础上提供样品经总包报送驻场设计师及业主工程师审查，书面获批后方可订货，并按供应计划的要求及时组织材料进场。

3）材料在运输、入库、保管、出库过程中，实施严格的控制措施，每道程序均有交接制度。

4）材料在进场时按设计要求核对其材质、型号、规格、数量，材料必须有制造厂的合格证明书或质保书，收集齐此类资料。必须送样检验的材料或验收时有问题的材料要及时送样检验，在取得试验报告前严禁使用。对数量上有缺少或品种、规格不符合要求的材料不准使用，待处理后方可使用。

5）材料入库后堆放应分门别类，堆放整齐，标识清楚，同时采取防止变形、防止受潮霉变等措施。

6）项目经理部应建立材料台账，保证项目有一套完整、及时、准确的原始数据和资料。

7）材料出库办理领用手续，出库后在施工现场妥善保管，存放地点安全可靠。如材料堆放的场地可能产生积水，在下面必须垫上枕木，室外堆放的材料必须用塑料布遮挡严实，避免日晒雨淋。材料堆放要求整齐，并挂上标识牌。

8）材料使用前进行严格检查，包括外观检查、附着物的清除。

9）发现材料不能满足或可能不满足设计要求时，将其与合格材料相隔离，按照不合格物资处置程序要求进行处理。

1.4.6 协调管理

机电总包如何协调管理好与业主、监理单位、设计单位、总承包单位、机电分包单位、设备、材料供应单位、政府专项主管部门的关系是非常关键的，对于推进工程建设至关重要，协调管理也是体现机电总包管理能力、服务能力的一个重要方面（图 1-4）。

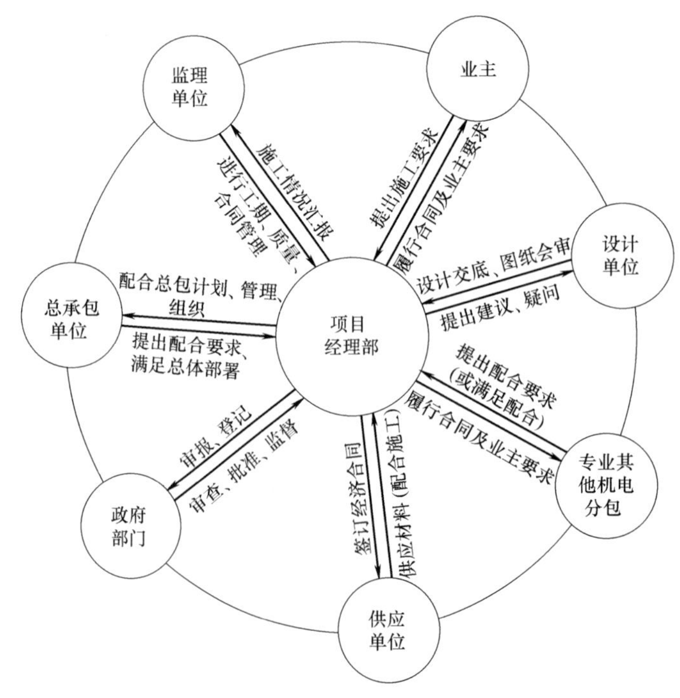

图 1-4　项目协调管理协调工作环形图

1. 与业主方

机电总承包方与业主方是合同关系，按照合同约定对业主负责，提供优质的服务，建设优质的工程是机电总承包的职责所在。机电总包与业主配合应坚持“三个服从原则”：业主要求超出合同规定但对工程质量或使用功能有好处时，服从业主要求；业主要求与总承包想法不一致，但业主要求不低于国家规范要求或者都达到效果时，服从业主要求；业主要求超出合同范围，但总承包经过努力能够做到时，服从业主要求。

(1) 积极配合业主进行施工场内的各项工作，主动为业主排忧解难。

(2) 在熟悉图纸的基础上及时准确地编制工程预算书和施工进度计划，提供设备及材料清单报送业主，并派出具有丰富经验的采供人员密切协助业主进行设备材料订购的“三比”(比质量、比价格、比运费)、“一算”(算成本) 等联系工作，使设备和材料采购过程与工程施工过程相衔接。

(3) 对业主进行甲供的材料设备，提前编制进场计划，必要时协助业主进行设备的选型考察、订货，设备、材料的交接和检验工作。

(4) 积极配合业主做好市政配套等工作，如供水、供电、供气、环保等工作。

(5) 根据业主意愿，及时按设计变更调整施工图，并重新编制方案，重新进行技术论证。方案确定、技术论证，从业主的角度出发，提出材料代用建议，并进行合理的经济分析，直到业主满意为止。同时绝不借故小修小改拖延工期。

(6) 在施工过程中组织专家进行“降本节能”分析，便于物业管理的计量仪器设置，对各系统的价格性能比较，提出合理化建议，使业主在满足功能要求的基础上降低工程造价。

(7) 如果发生工程进度滞后于计划进度的情况，积极组织新的施工资源进场并实行加班、加点等赶工措施，确保工程按期竣工。

(8) 工程施工中，将自始至终站在业主的立场上，切实从使用舒适、操作方便、便于维修的角度进行施工，为业主提供最好的服务。

(9) 协助业主组织制定分包工程的招标，审核优化专业工程方案，过程控制及检查验收各类分包工程的竣工资料。

2. 与设计方

(1) 收到图纸后组织项目以及分包商有关工程技术人员认真学习、研读图纸，了解图纸重点和实施难点，了解设计意图和设计要求，及时提出有关图纸的合理化意见，机电总承包汇总后移交设计单位。

(2) 在业主的组织下，进行图纸会审会议和技术交底会议的组织工作，做好会审记录、技术交底记录的确认工作，并将设计单位确认的图纸会审记录及时报送业主、监理及发放到有关分包单位。

(3) 在每个分部分项工程施工之前，提交与设计有关的施工方案或作业指导书，并听取设计方的意见。

(4) 定期交换对设计内容的意见，用丰富的施工经验来完善细部节点设计，以达到最佳效果。

(5) 如遇业主改变使用功能或提高建设标准或采用合理化建议需要进行设计变更时，积极配合，若需部分停工，及时改变施工部署，尽量减少工期损失。

（6）配置设计人员深入现场制作施工详图，绘制管线综合图，指导施工；参与施工图纸设计的协调，及时为精装修提供设计建议。

（7）进场后，呈送一份详细的深化设计图纸送审计划，并成立深化设计小组，按计划立即进行深化设计工作。

（8）按照设计师的批复意见修改深化图纸，在规定时间内二次送审，直至批复。

（9）按批复的设备、材料送审计划，提供符合要求的资料及样品，呈送驻场设计师、业主，并按批复意见进行采购订货；制定具体到货计划时间表，保证安装所需的设备、材料按时到货。

（10）及时与业主进行沟通，了解业主在使用功能、美观等方面的需求变化，根据业主需要在施工之前进行变更。

（11）按照要求做好对设计图纸的保密工作。

3. 与监理方

机电总承包方与监理单位是被监理与监理的关系。机电总承包方应认真学习监理规范和监理交底，自觉服从监理的全过程监理。

（1）与监理配合坚持“三让”原则：在机电总承包与监理方案不一致，但效果相同时，让位于监理意见；在监理要求有利于使用功能时，让位于监理意见；在监理要求高于规范或标准要求时，让位于监理意见。

（2）及时向监理单位提供监理要求的各种方案、计划、报表等。

（3）积极参加监理工程师主持召开的生产例会和召集的其他会议，及时与监理交换工作信息，及时解决存在的问题。

（4）积极配合监理做好单位、分部、分项工程的划分及交竣工资料表样的确认工作，确保整个工程资料管理工作标准化。

（5）监理在施工过程中，对安装施工进度及质量进行监督，设备工厂测试、设备材料的进货检验、隐蔽验收、分项工程验收、试车及系统调试等应按要求请报业主、监理参加。

4. 与土建方

机电总承包项目经理部与建设项目总包单位的协调配合是协调工作的重要内容。协调配合好坏将直接影响到施工进度、施工质量、施工成本、施工效果等。与土建总包配合遵循“三服从”“五配合”原则。

（1）“三服从”原则

在施工过程中，服从土建总包单位的管理，遵循总包的各项管理制度；执行总包单位统一部署的总工期目标、质量目标等管理目标；在努力做好自身工作的基础上，向土建总承包方提供对工程有利的合理化建议。

机电施工中有不同专业多个分承包商在同一现场施工，在施工中相互交叉或同工作面“撞车”是在所难免的，遇到这种情况，将按合同要求服从总包单位的协调和安排，以确保整个工程的顺利进行。

服从总包单位的总进度计划，按时间段组织施工，必要时将实行加班加点或两班工作制，确保工期总目标的实现。

(2)“五配合”原则

配合总包制定机电工程施工进度计划。重点控制里程碑节点、关键机房、屋面设备基础、外线接驳等关键点。

配合总包确定机电工程的工序设计,协助总包对其他(机电)分包商的统筹及协调。

配合土建总包对施工现场的总平面布置管理及文明施工、成品保护工作。

配合土建总包单位做好所有工程文件的收、发文工作和单位、分部、分项工程的划分及交竣工资料表样的确认工作,确保整个工程资料管理工作标准化。

配合土建总包进行(单位)工程总体验收工作,并协助进行机电工程调试及分部工程验收的统筹。

5. 与装饰方

机电工程与装饰配合是实现工程项目观感、功能质量的关键环节,机电总承包单位应积极主动与装饰单位做好图纸优化、样板确认、工序配合、工序交接会签等协调工作。

(1)在与装饰配合时,积极做好工序安排,在按设计做好隐蔽验收的基础上交付装饰单位,并在施工中仔细复核标高、尺寸,及时报告监理、业主与施工单位,绝不损坏装饰产品。

(2)在精装饰进入安装衔接阶段时要严格控制出入施工人员,进行登记出入证管理,减少损坏因素,同时操作人员要戴白手套施工,保证装饰产品一尘不染。

(3)对嵌入吊顶安装的末端设备如散流器、风口等,装饰单位在安装龙骨之前,配合装饰设计单位画出详细的局部布置图,标明各末端设备的布置位置、吊顶开孔尺寸,提交装饰单位进行吊顶板开孔,以保证该部分设备安装尺寸的精确性。

(4)对需要留检查孔、检查口的地方,在装饰施工之前,用联络单及时通知装饰单位。联络单中要注明吊顶留孔的位置及尺寸大小,以便于装饰单位施工。

(5)做好产品的保护工作,对自己安装的设备及器件要进行封闭管理,温度计及压力表等仪表要在调试前最后装设,以免造成损坏。

(6)隐蔽工程做好会签,机电总承包单位负责机电所有分包的统一管理工作,应专业验收、总包验收、监理验收合格后,再会签交接装饰单位。

6. 与供应商

材料供应的及时与否直接影响到施工过程能否顺利开展,必须要采取有力措施确保材料及时、平稳供应,满足施工生产需要。

(1)应选择信誉可靠、实力雄厚的供应商,并进行供应评价。

(2)签订完善的合同,编制物资供应计划,而且至少提前一周对材料进行监控,确保材料按时进场。

(3)应建立材料供应应急机制,对某种或几种材料可能不能按时到场的情况,要事先确定应急预案。

7. 与政府监督部门

政府监管部门主要有:住房和城乡建设委、质量监督站、市政、热力、消防、环卫、人防、交通、劳动等部门。应主动积极得到或获得政府部门的指导、支持和谅解,为工程施工的顺利进行打下良好的基础。

(1)遵守有关部门对施工场地交通、施工噪声以及环境保护和安全生产等方面的规定，及时办理有关手续。如开工审批、夜间施工、污水排放等。

（2）遵照有关部门规定，自觉接受政府相关部门的日常监督、检查、指导，按照要求及时反馈相关信息，并及时处理检查中的问题。

（3）建立综合治理小组，对涉及施工现场的治安、环卫、环保、消防等问题按有关规定进行管理；确保不因上述方面的问题影响工程的顺利进行。

（4）积极配合（质检总站）消防监督验收部门对消防系统进行检测，提供给（质检总站）消防监督验收部门完整的竣工验收资料。

（5）做好施工现场地下管线和邻近建筑物、构筑物及有关文物、古树等的保护工作。

8. 其他专业分包方

机电总承包应做好与业主（或总承包商）雇用的其他专业分包商或独立承包商的接驳分界点协调，对各专业承包商进行组织、管理、协调和控制，配合其完成相应的机电系统的安装、调试工作。专业分包商应尊重和服从机电总承包统一的现场协调，才能保证各承包商相互之间衔接紧密，工程进展顺利。

（1）遵照总承包合同关于总包给分包提供的条件，提前做好各方面工作，保证各专业分包商一旦选定，即具备进场条件，进场即具备施工条件。机电总承包项目经理部将从办公、仓库、生产、生活等各方面提供优质服务，尤其是对施工用水、用电、作业场地、水平及垂直运输提供良好的工作条件。

（2）分包商在其工程开工前、竣工后必须在机电总包组织下与其他交接分包办理交接验收手续，并在验收手续上签字，承担有关经济责任。分包接受工作面后，机电总包不再安排实施总包控制的任何工作，以给分包提供一个良好的施工环境。

（3）在施工中，机电总承包编制统一施工计划，给各专业分包商创造有利条件，合理专业施工流水节拍，通过定期召开的协调会，解决机电安装专业与各专业分包之间在施工过程中所出现的技术、进度、质量等问题。

（4）由机电总承包商组织各机电专业分包商，绘制安装综合总图，确定各专业正确的施工次序，解决各专业相互冲突的问题。

（5）所有由建筑工程师发给机电总承包的指示，只要涉及专业分包商的工作或工程，应及时转发给相应的专业分包商。如果各专业分包商在工程施工过程中有需要业主解决的问题，作为机电总承包方，应该以最快的速度转交业主，以便问题得到及时解决，保证施工顺利进行。

（6）机电总承包项目部，牵头负责机电系统的调试，与各专业分包商成立联合调试小组，提前做好调试方案及计划，并切实落实相关计划，明确职责与范围，主动配合，做好服务工作，加强配合力度，服从统一指挥。

1.4.7 风险管理

由于机电工程日趋发展的特点，机电总承包项目经理部应建立风险管理组织体系，识别、分析、控制风险。风险管理是对项目风险进行识别、分析和应对的过程，最终目的是为了实现项目的总目标。风险管理的基础在于掌握有关资料、数据，核心是用系统的、动态的方法进行风险控制，最大限度减少项目实施过程的不确定性。

（1）风险管理目标：机电总承包项目经理部应根据项目管理的总体目标和风险管理需

要，制定风险管理要达到的目标或目标群，作为风险管理目标。主要的目标有：使项目获得成功；创造安全的环境；合理控制项目成本；减少环境或内部对项目的干扰，使项目按照计划顺利地进行；确保工程的质量。

（2）风险识别：机电总承包项目经理部应对工程项目所面临的和潜在内部风险、外部风险进行分析、判断归类，要确定风险的来源、描述风险的特征，风险识别的主要成果是进入风险清单。

（3）风险分析评价：机电总承包项目经理部应对已经识别的风险，通过对所收集大量资料的分析，利用定性或定量的分析方法，估计和预测风险发生的可能性和相应损失的大小，对风险造成的后果进行评价，并做出是否采取控制措施的结论。

（4）风险应对、处置：机电总承包项目经理部应在风险发生时采取处置措施，包括风险控制方案、风险转移方案和风险保留方案等。

（5）风险管理计划实施：机电总承包项目经理部应按照风险管理计划进行风险管理。

（6）风险管理后评价：机电总承包项目经理部应在风险管理过程中，定期或不定期地对风险因素的变化情况进行收集并进行重新评估。

具体如图 1-5 所示。

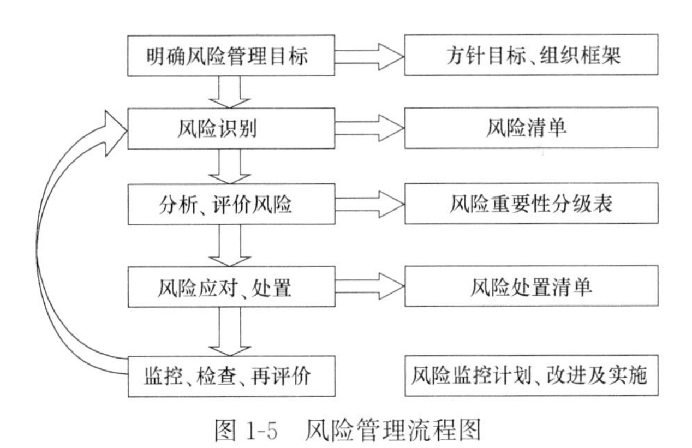

图 1-5 风险管理流程图

1.5 机电工程总承包管理的发展趋势

近年来，工程建设结构性变化明显，一些“高、大、精、尖、特”的新建筑不断涌现，综合性工程也不断增加；工程建设技术科技含量不断加大，对绿色、节能、智能、可持续等方面要求越来越高；工程建设的商务条件愈加苛刻，对垫资、支付条件要求越发严格；业主新需求不断产生，全社会、人民群众对建筑产品的质量要求日益提高。建筑行业技术、经济、结构、管理方式等方面的变革推动了工程项目管理水平的不断提高，机电工程项目管理也呈现出新的发展趋势。

（1）可持续发展理念在机电工程项目管理中逐步形成共识，要求机电工程项目建设的各项活动中（项目全寿命周期），以最节约能源、最有效利用资源的方式尽量降低环境负荷，同时为人们提供安全、健康、舒适的工作与生活空间，其目的是达到人、工程建设与环境三者的平衡优化和持续发展。全寿命周期践行可持续发展理念，实现反复利用、综合利用、持久利用的思路。

（2）合作共赢、伙伴关系的项目管理文化理念逐渐产生，伙伴关系管理模式就是以伙伴关系为基础，业主与参加各方在相互信任、资源共享的基础上，通过签订伙伴关系协议做出承诺和组建项目团队，在兼顾各方利益的条件下，明确团队的共同目标，建立完善的协调和沟通机制，实现风险的合理分担和争议的友好解决。

（3）全面一体化管理理念日趋明显，所谓全面一体化管理是指企业在所有领域内以质量、环境、职业健康安全为核心，以全面质量管理理论为基础，依据国际管理性标准框架，融合其他管理要求，集成 ISO 9000 质量管理体系、ISO 14000 环境管理体系和 OH SMS18000 职业健康安全管理体系及卓越绩效管理模式标准，通过建立一体化管理体系，优化整合协调一致管理，其目的是使顾客满意及员工、相关方受益而达到长期成功的管理途径。全面一体化管理体现到工程项目，要求机电总承包企业在项目前期的策划和开发以及设计、施工，以至物业管理，为业主提供全过程、全方位的服务，使设计与施工紧密结合，施工与运营紧密结合。

（4）机电工程项目管理的信息化已经成为必然趋势，建立基于 Internet 的项目管理集成化信息平台，将成为提高工程项目管理水平和企业核心竞争力的有效手段。项目管理信息技术的应用已经体现在标准化、集成化、网络化和虚拟化特点等方面，BIM 技术的综合应用，体现了标准化、集成化、网络化和虚拟化的特点，其利用 5D 建模概念、信息技术和软件的互可操作性实现建设项目的设计、建造、运营、维护，也可实现信息的沟通。BIM 技术正在快速而深刻地影响着整个工程建设行业及其所有参与方（包括政府部门、业主、开发商、咨询单位、设计单位、施工单位、运营单位等），将提高工程项目设计、建造和管理的质量和效率，给建筑业带来极大的新增价值，引发建筑行业生产方式的重大变革，从而对机电工程项目管理带来新的更高的要求。

（5）装配产业化、预制化趋势。装配化机房、装配化支吊架、装配化预制管线等技术逐步发展起来。装配式技术具有设计多样化、功能现代化、制造工厂化、施工装配化、时间最优化的特点。有效减少有害气体、噪声污染、建筑噪声的影响，保护资源环境，促进机电安装精细化，提升机电安装工程总体质量，促进了我国建筑行业健康发展，符合国家经济发展的要求。

2 机电工程施工进度管理

2.1 机电工程项目进度管理概述

2.1.1 施工进度管理的概念

施工进度管理是根据工程项目的进度目标，编制经济合理的进度计划，并据以检查工程项目进度计划的执行情况，若发现实际执行情况与计划进度不一致，应及时分析原因，并采取必要的措施对原工程进度计划进行调整或修正的过程。项目进度管理是一个动态、循环、复杂的过程，也是一项效益显著的工作。

机电工程施工进度管理是指对机电安装项目各阶段的工作内容、工作程序、持续时间和衔接关系，根据进度总目标和资源优化配置的原则编制计划，将该计划付诸实施，并在实施过程中经常检查实际进度是否按计划进行，对出现的偏差及时找出原因，采取补救措施或调整、修改原计划，直到项目竣工交付使用。

2.1.2 项目进度管理程序

机电工程项目经理部应按照以下程序进行进度管理（图 2-1）：

（1）根据施工合同的要求确定施工进度目标，明确计划开工日期、计划总工期和计划竣工日期，确定项目分期分批的开竣工日期。

（2）编制施工进度计划，具体安排实现计划目标的工艺关系、组织关系、搭接关系、起止时间、劳动力计划、材料计划、机械计划及其他保证性计划。分包人负责根据项目施工进度计划编制分包工程施工进度计划。

（3）进行计划交底，落实责任，并向监理工程师提出开工申请报告，按监理工程师开工令确定的日期开工。

（4）实施施工进度计划。项目经理应通过施工部署、组织协调、生产调度和指挥、改善施工程序和方法的决策等，应用技术、经济和管理手段实现有效的进度管理。

（5）全部任务完成后，进行进度管理总结并编写进度管理报告。

2.1.3 项目进度管理目的和任务

机电工程项目管理是保证工程项目按期完成，合理安排资源供应、节约工程成本的重要措施。其目的是通过控制以实现工程的进度目标，通过进度计划控制，可以有效地保证进度计划的落实与执行，减少各单位和部门之间的相互干扰，确保施工项目工期目标以及质量、成本目标的实现；同时也为可能出现的施工索赔提供依据。工程项目各参与方都有各自的进度管理的任务，但都应该围绕总目标展开。机电安装工程项目各参与方的进度管理任务见表 2-1。

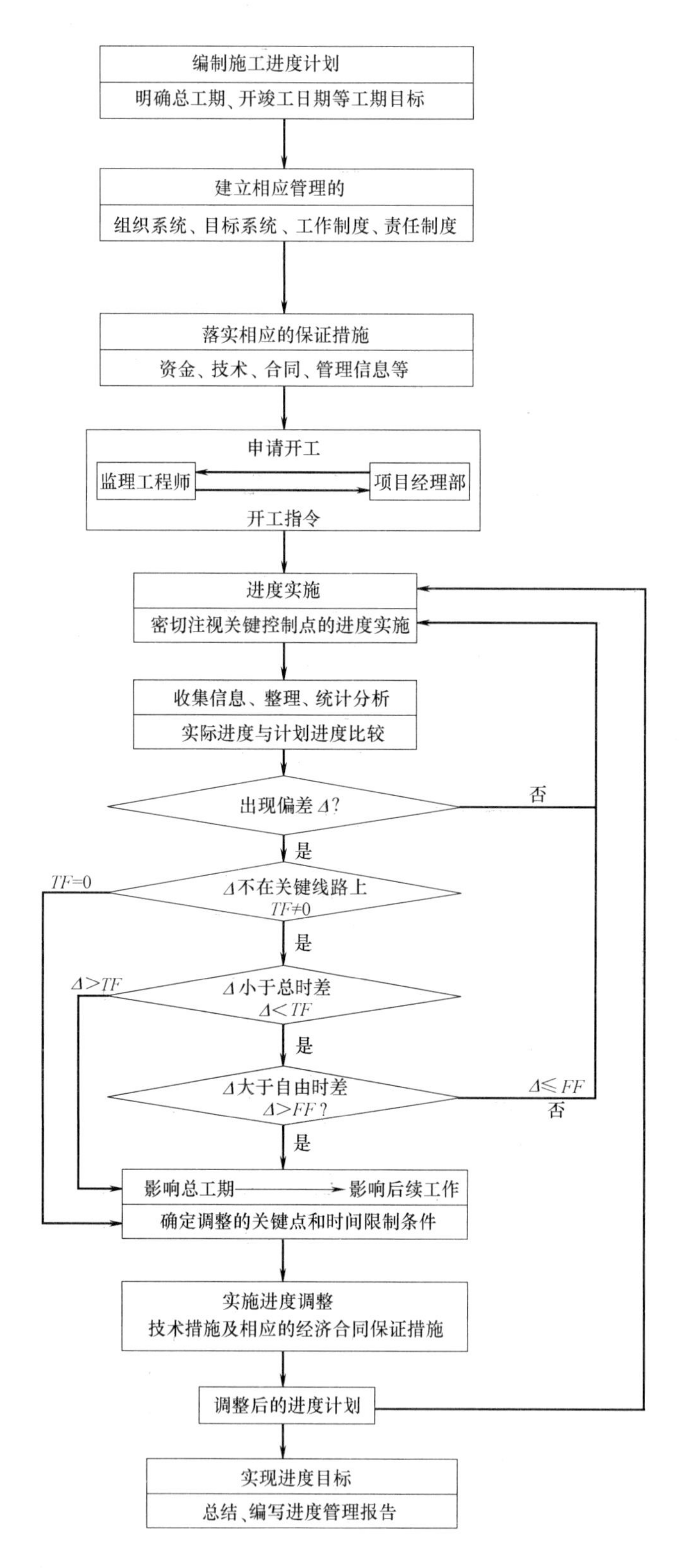

图 2-1　进度管理程序流程

工程项目参与方的进度管理任务 表 2-1

参与方	任 务	涉及时段
投资方	控制整个项目实施阶段的进度	设计准备阶段、设计阶段、施工阶段、物资采购阶段
设计方	根据设计任务委托合同控制设计进度，并能满足施工、招投标、物资采购进度协调	设计阶段
施工方	根据施工任务委托合同控制施工进度	施工阶段
供货方	根据供货合同控制供货进度	物资采购阶段

2.1.4 施工进度管理方法与措施

1. 施工进度管理方法

项目进度管理方法主要是规划、控制和协调。规划是指确定施工项目总进度控制目标和分进度控制目标，并编制其进度计划。控制是指在施工项目实施的全过程中，比较施工实际进度与施工计划进度，出现偏差及时采取措施调整。协调是指协调与施工进度有关的单位、部门和工作队组之间的进度关系。

2. 施工进度管理措施

机电工程项目进度管理采取的主要措施有组织措施、技术措施、合同措施和经济措施，见表 2-2。

机电工程项目进度管理措施 表 2-2

类别	内 容
组织措施	建立施工项目进度实施和控制的组织架构，建立进度控制工作制度，落实各层次进度控制人员、具体任务和工作职责，确定施工项目进度目标，建立施工项目进度控制目标体系
技术措施	尽可能采用先进施工技术、方法和新材料、新工艺、新技术，保证进度目标，实现落实施工方案
合同措施	以合同形式保证工期进度的实现，即保持总进度控制目标与合同总工期相一致，分包合同的工期与总包合同的工期相一致，供货、供电、运输、构件加工等合同规定的提供服务时间与有关的进度控制目标一致
经济措施	落实实现进度目标的保证资金，签订并实施关于工期和进度的经济承包责任制，建立并实施关于工期和进度的奖惩制度

2.2 机电工程项目进度计划编制

2.2.1 项目进度计划的分类

项目进度计划应包括项目总进度计划和单位工程项目进度计划。项目总进度计划还需要进一步按时间段细化，编制年、季、月、旬（或周）计划。特别是要通过编制和实施月、旬（或周）的作业计划来保证施工总进度计划目标的实现。

机电工程施工项目进度计划的类型较多，可根据工程实际情况，选用合适的类型，使之有利于施工进度控制。机电安装工程进度计划分类见表2-3。

机电工程进度计划的分类　　表2-3

序号	分　类	计划类别
1	按工程项目分类	(1)工程项目施工总进度计划 (2)单位工程施工进度计划 (3)分部分项工程施工进度计划
2	按施工时间分类	(1)年度施工进度计划 (2)季度施工进度计划 (3)月施工进度计划 (4)旬或周施工进度计划
3	按计划表示方法分类	(1)横道图施工进度计划 (2)网络图施工进度计划

2.2.2　项目进度计划编制要求

机电工程项目进度计划编制要求见表2-4。

建设工程项目进度计划编制要求　　表2-4

名称	编制依据	编制内容	编制步骤	编制形式
施工总进度计划	(1)施工合同 (2)施工总进度目标 (3)工期定额和技术经济资料 (4)施工部署与主要工程施工方案	(1)编制说明 (2)施工总进度计划图(表) (3)分期分批施工工程的开工日期、完工日期及工期一览表 (4)资源需要量及供应平衡表	(1)收集编制依据 (2)确定进度控制目标 (3)计算工程量 (4)确定各单体工程的工期和开竣工日期 (5)安排各单体工程的搭接关系 (6)编写施工进度计划说明书	网络图
单体工程施工进度计划	(1)项目管理目标责任书 (2)施工总进度计划 (3)施工方案 (4)主要材料和设备的供应能力 (5)施工人员的技术素质及劳动效率 (6)施工现场、气候条件、环境条件 (7)已建成的同类工程实际进度及经济指标	(1)编制说明 (2)进度计划图 (3)单体工程进度计划的风险分析及控制措施	(1)划分施工工序 (2)确定工序的作业工时和人数 (3)编写施工进度计划 (4)进度计划的检查与调整 (5)编写施工进度计划说明书	网络图或横道图

2.2.3　项目进度计划编制步骤

1. 机电工程总进度计划的编制步骤

(1) 确定工程项目施工顺序，列出工程项目明细表。

（2）计算工程量，确定各项工程的持续时间。

（3）确定各项工程的开、竣工时间和相互搭接协调关系。

（4）安排施工进度，编制进度计划图表。

（5）施工项目总进度计划的调整和修正。

（6）总进度计划的审议。

（7）经内外征求意见后，修改完善总进度计划，使总进度计划定案。

2. 单位工程施工进度计划的编制步骤

（1）划分施工工序。

（2）确定工序的作业工时和人数。

（3）编制施工进度计划。

（4）检查与调整施工进度计划。

2.2.4 项目进度计划编制方法

（1）横道图进度计划法是传统的进度计划方法，横道图计划表中的进度线（横道）与时间坐标相对应，这种表达方式较直观，易看懂计划编制的意图。

（2）使用网络计划更有利于明确各工序之间的逻辑关系和判断主要矛盾。网络计划包括双代号网络计划、单代号网络计划、双代号时标网络计划和单代号搭接网络计划等多种类型和总体网络、局部网络、专业网络等多个层次，可根据具体情况选用。编制网络计划应符合现行国家标准《网络计划技术》GB/T 13400 和行业标准《工程网络计划技术规程》JGJ/T 121 的规定。

2.2.5 机电安装工程施工程序的确定和施工阶段的划分

1. 施工程序确定的原则

（1）按合同约定确定施工程序的原则。

（2）按安装条件等土建交付安装先后顺序、图纸、设备等确定施工程序的原则。

（3）按各分部、分项工程搭接关系确定施工程序的原则。

（4）按各专业技术特点确定施工程序的原则。

2. 施工阶段的划分

（1）施工准备阶段

合同交底、落实任务、配合土建前期准备等施工许可证已办理。施工图纸已经过会审。施工预算已编制。施工组织设计已经批准并已交底。施工临时设施已按施工总平面图设计的要求设置，并能基本满足开工后施工和生产的需要。材料和工程设备有适当的储备，并能陆续进入现场。施工机械设备已进入现场，并能保证正常运转。劳动力计划落实并已进行必要的技术安全防火教育，可以随时调动进场。安装配合土建预埋预留管线和构件的工序已完成，土建工程达到安装施工条件等。

（2）施工阶段

组织施工时一般应遵循的程序是先地下后地上，厂房或楼房内同一空间应先里后外、顶部处先高后低、低部处先下后上。各类设备安装和多种管线安装应先大后小、先粗后精，先单机调试和试运转，后联动调试和试运转。每道工序未经检验和试验合格，不准进入下道工序施工。

（3）竣工验收阶段

1）单位工程施工（包括土建、安装、装饰装修）全部完成以后，各施工责任方内部预先验收，严格检查工程质量并保证合格，整理各项技术经济资料。

2）各施工责任方按规定要求提交工程验收报告，即各分包方向总承包方提交工程验收报告，总承包方经检查确认后，向建设单位提交工程验收报告。

3）建设单位组织有关的施工方、设计方、监理方进行单位工程验收，经检查合格后，办理交竣工验收手续及有关事宜。

2.3 机电安装工程施工组织

2.3.1 流水施工

机电工程项目施工过程，采用流水施工所需的工期比依次施工短，资源消耗的强度比平行施工少，最重要的是各专业班组能连续地、均衡地施工，前后施工过程尽可能平行搭接施工，能比较充分地利用施工工作面。

流水施工是将拟建工程项目的整个建造过程分解为若干个施工过程，也就是划分为若干个工作性质相同的分部、分项工程或工序；同时将拟建工程项目在平面上划分为若干个劳动量大致相等的施工段。

流水施工的特点如下：

（1）尽可能地利用工作面进行施工，工期比较短。

（2）各工作队实现了专业化施工，有利于提高技术水平和劳动生产率，也有利于提高工程质量。

（3）专业工作队能够连续施工，同时使相邻专业队的开工时间能够最大限度地搭接。

（4）单位时间内投入的劳动力、施工机具、材料等资源量较为均衡，有利于资源供应的组织。

（5）为施工现场的文明施工和科学管理创造了有利条件。

2.3.2 流水施工基本参数

1. 工艺参数

工艺参数主要是指在组织流水施工时，用以表达流水施工在施工工艺方面进展状态的参数，通常包括施工过程和流水强度两个参数。

（1）施工过程。组织流水施工时，根据施工组织及计划安排需要将计划任务划分为若干施工过程。施工过程划分的粗细程度由实际需要决定，当编制控制性施工进度计划时，组织流水施工的施工过程可以划分得粗一些，施工过程可以是单位工程，也可以是分部工程。当编制实施性施工进度计划时，施工过程可以划分得细一些，施工过程可以是分项工程，甚至可以是将分项工程按照专业工种不同分解而成的施工工序。

施工过程的数目一般用 n 表示，它是流水施工的主要参数之一。

（2）流水强度。流水强度是指流水施工的某施工过程在单位时间内所完成的工程量，也称为流水能力或生产能力。

流水强度可用式（2-1）计算：

$$V_j = R_j S_j \tag{2-1}$$

式中　V_j——某施工过程（j）流水强度；

R_j——某施工过程的工人数或机械台数；

S_j——某施工过程的计划产量定额。

2. 空间参数

空间参数是指在组织流水施工时，用以表达流水施工在空间布置上进展状态的参数。通常包括工作面、施工段和施工层。

（1）工作面。工作面是指供某专业工种的工人或某种施工机械进行施工的活动空间。工作面的大小，表明能安排施工人数或机械台数的多少。每个作业的工人或每台施工机械所需工作面的大小，取决于单位时间内其完成的工程量和安全施工的要求。工作面确定得合理与否，直接影响专业工作队的生产效率，因此必须合理确定工作面。

（2）施工段。将施工对象在平面或空间上划分为若干个劳动量大致相等的施工段落，称为施工段或流水段。施工段的数目一般用 m 表示，它是流水施工的主要参数之一。

（3）施工层。在组织流水施工时，为满足专业工种对操作高度的要求，通常将施工项目在竖向上划分为若干个作业层，这些作业层均称为施工层。

3. 时间参数

时间参数是指在组织流水施工时，用以表达流水施工在时间排列上所处状态的参数。包括流水节拍、流水步距、平行搭接时间、技术间歇时间和组织间歇时间五种。

（1）流水节拍。流水节拍是指在组织流水施工时，每个专业工作队在各个施工段上完成相应的施工任务所需要的工作持续时间。通常以 t_i 表示，它是流水施工的基本参数之一。

流水节拍的大小可以反映出流水施工速度的快慢、节奏感的强弱和资源消耗量的多少。

影响流水节拍数值大小的因素主要有：项目施工时所采取的施工方案，各施工段投入的劳动力人数或施工机械台数、工作班次以及该施工段工程量的多少。为避免工作队转移时浪费工时，流水节拍在数值上最好是半个班的整倍数。

（2）流水步距。流水步距是指组织流水施工时，相邻两个施工过程（或专业工作队）相继开始施工的最小间隔时间。流水步距一般用 $K_{j,j+1}$ 来表示，其中 j（$j=1$，2，…，$n-1$）为专业工作队或施工过程的编号，它是流水施工的主要参数之一。

流水步距的数目取决于参加流水的施工过程数，如果施工过程数为 n 个，则流水步距的总数为 $n-1$ 个。

流水步距的大小取决于相邻两个施工过程（或专业工作队）在各个施工段上的流水节拍及流水施工的组织方式。

（3）平行搭接时间。在组织流水施工时，有时为了缩短工期，在工作面允许的条件下，如果前一个专业工作队完成部分施工任务后，能够提前为后一个专业工作队提供工作面，使后者提前进入前一个施工段，两者在同一施工段上平行搭接施工，这个搭接时间称为平行搭接时间或插入时间，通常以 $C_{j,j+1}$ 表示。

（4）技术间歇时间。在组织流水施工时，除要考虑相邻专业工作队之间的流水步距外，有时根据建筑材料或现浇构件等的工艺性质，还要考虑合理的工艺等待间歇时间，这个等待时间称为技术间歇时间。技术间歇时间以 $Z_{j,j+1}$ 表示。

（5）组织间歇时间。组织间歇时间是指在流水施工中，由于施工技术或施工组织的原因造成在流水步距以外增加的间歇时间，组织间歇时间以 $G_{j,j+1}$ 表示。

2.3.3 无节奏流水施工

在组织流水施工时，由于工程结构形式、施工条件不同等原因，使得各施工过程在各施工段上的工程量有较大差异，或因专业工作队的生产效率相差较大，导致各施工过程的流水节拍随施工段的不同而不同，且不同施工过程之间的流水节拍又有很大差异，这时流水节拍虽无任何规律，但仍可利用流水施工原理组织流水施工，使各专业工作队在满足连续施工的条件下实现最大搭接。这种无节奏流水施工方式又称分别流水施工，是建设工程流水施工的普遍方式。

1. 无节奏流水施工特点

（1）每个施工过程在各个施工段上的流水节拍不尽相等。

（2）在多数情况下，流水步距彼此不相等，而且流水步距与流水节拍两者之间存在着某种函数关系。

（3）各专业工作队都能连续施工，个别施工段可能有空闲。

2. 无节奏流水施工建立步骤

（1）确定施工起点流向，划分施工段。

（2）分解施工过程，确定施工顺序。

（3）确定流水节拍。

（4）按式（2-2）确定流水步距：

$$K_{j,j+1}=\max\{K_i^{j,j+1}=\sum\Delta t_i^{j,j+1}+t_i^{j+1}\} \tag{2-2}$$

$$(1\leqslant j\leqslant n_1-1；1\leqslant i\leqslant m)$$

式中 $K_{j,j+1}$——专业工作队（j）与（$j+1$）之间的流水步距；

$K_i^{j,j+1}$——（j）与（$j+1$）在各个施工段上的“假定段步距”；

$\Delta t_i^{j,j+1}$——（j）与（$j+1$）在各个施工段上的“段时差”，即 $\Delta t_i^{j,j+1}=t_i^j-t_i^{j+1}$

t_i^{j+1}——专业工作队（$j+1$）在施工段（i）流水节拍；

t_i^j——专业工作队（j）在施工段（i）流水节拍；

i——施工段编号，$1\leqslant i\leqslant m$；

j——专业工作队编号，$1\leqslant j\leqslant n_1-1$；

n_1——专业工作队数目，此时 $n_1=n$。

在无节奏流水施工中，通常采用累加数列错位相减取大差法计算流水步距，这种方法简捷、准确，便于掌握。

累加数列错位相减取大差法的基本步骤如下：

（1）对每一个施工过程在各施工段上的流水节拍依次累加，求得各施工过程流水节拍的累加数列。

（2）将相邻施工过程流水节拍累加数列中的后者错后一位，相减后求得一个差数列。

（3）在差数列中取最大值，即为这两个相邻施工过程的流水步距。

（4）按式（2-3）确定计算总工期：

$$T=\sum_{j=1}^{n_1}K_{j,j+1}+\sum_{i=1}^{m}t_i^{n_1}+\sum Z_{j,j+1}+\sum G_{j,j+1} \tag{2-3}$$

式中 T——流水施工方案的计算总工期；

$t_i^{n_1}$——最后一个专业工作队（n_1）在各个施工段的流水节拍。

其他符号同前。

（5）绘制流水施工指示图表。

2.4 机电安装工程项目网络计划技术

2.4.1 网络计划技术的概念

网络图是由箭头和节点组成的，用来表示工作流程的有向、有序的网状图形，在网络图上加注工作的时间参数而编成的进度计划，称为网络计划。

工程网络计划技术是指在工程项目管理中，应用网络计划将一个工程项目的各个工序（工作、活动）用箭杆或节点表，依其先后顺序和相互关系绘成网络图；再通过各种计算找出网络图中的关键工序、关键线路和工期，求出最优计划方案，并在计划执行过程中进行有效的控制和监督，以保证最合理地使用人力、物力、财力，充分利用时间和空间，多快好省地完成任务。

网络计划技术主要有关键线路法（Critical Path Method，CPM）和计划评审法（Program Evaluation and Review Technique，PERT）两种，分别适用于工序间的逻辑关系及工序需用时间肯定的情况和不能肯定的情况。

网络计划的要求可归纳为以下几点：

（1）把一项工程的全部建造过程分解为若干项工作，并按其开展顺序和相互制约、相互依赖的关系，绘制出网络图。

（2）计算时间参数，找出关键工作和关键线路。

（3）利用最优化原理，改进初始方案，寻求最优网络计划方案。

（4）在网络计划执行过程中，进行有效监督与控制，以最少的消耗获得最佳的经济效果。

2.4.2 双代号网络计划

双代号网络计划是目前应用较为普遍的一种网络计划形式，它用圆圈箭线表达计划内所要完成的各项工作的先后顺序和相互关系。其中箭线表示一个施工过程，施工过程名称写在箭线上面，施工持续时间写在箭线下面，箭尾表示施工过程开始，箭头表示施工过程结束。矢箭两端的圆周称为节点，在节点内进行编号，用箭尾节点号码 i 和箭头节点号码 j 作为这个施工过程的代号，如图 2-2 所示，由于各施工过程均用两个代号表示，所以叫作双代号法，用此办法绘制的网络图叫双代号网络图。

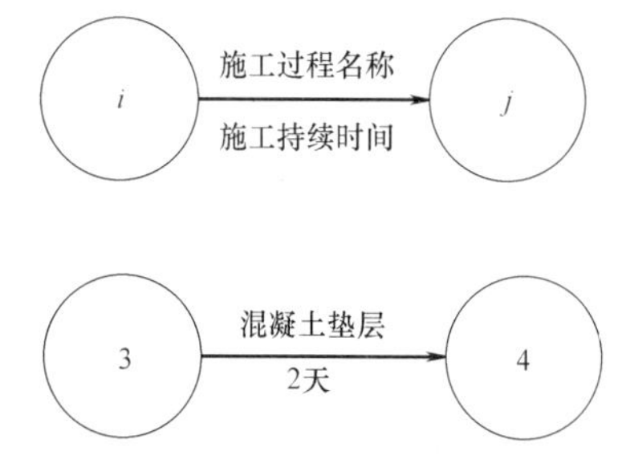

图 2-2　双代号表示法

1. 双代号网络图的组成

双代号网络图由工作、节点和线路三个基本要素组成。

（1）工作。工作是指能够独立存在的实施性活动。如工序、施工过程或施工项目等实施性活动。工作可分为需要消耗时间和资源的工作、只消耗时间而不消耗资源的工作和不消耗时间及资源的工作三种。前两种为实工作，最后一种为虚工作；工作表示方法如图 2-3 所示。工作根据一项计划（或工程）的规模不同，其划分的粗细程度、大小范围也有所不同。如对于一个规模较大的建设项目来讲，一项工作可能代表一个单位工程或一个构筑物；如对于一个单位工程，一项工作可能只代表一个分部或分项工作。

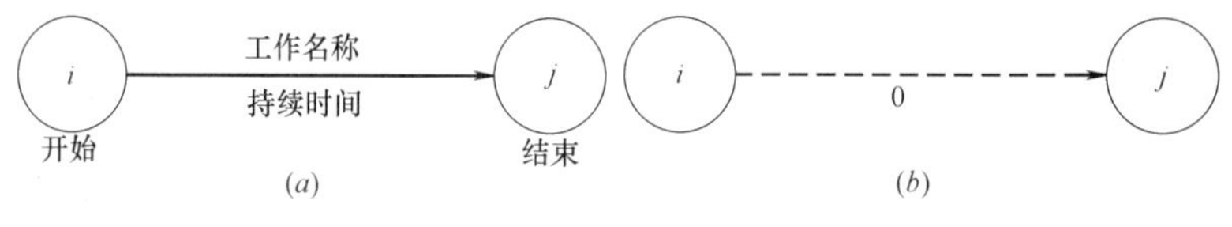

图 2-3　工作的表示方法

（2）节点。在网络图中箭线的出发和交会处通常画上圆圈，用以标志该圆圈前面一项或若干项工作的结束和允许后面一项或若干项工作开始的时间点称为节点（也称为结点、事件）。

在网络图中，节点不同于工作，它只标志着工作的结束和开始的瞬间，具有承上启下的衔接作用，而不需要消耗时间或资源。

网络图的第一个节点称为起节点，表示一项计划的开始；网络图的最后一个节点称为终节点，它表示一项计划的结束；其余节点都称为中间节点，任何一个中间节点既是其紧前各施工过程的结束节点，又是其紧后各施工过程的开始节点。

网络图中的每一个节点都要编号，编号的顺序是：每一个箭线的箭尾节点代号 i 必须小于箭头节点代号 j，且所有节点代号不能重复出现，如图 2-4 所示。

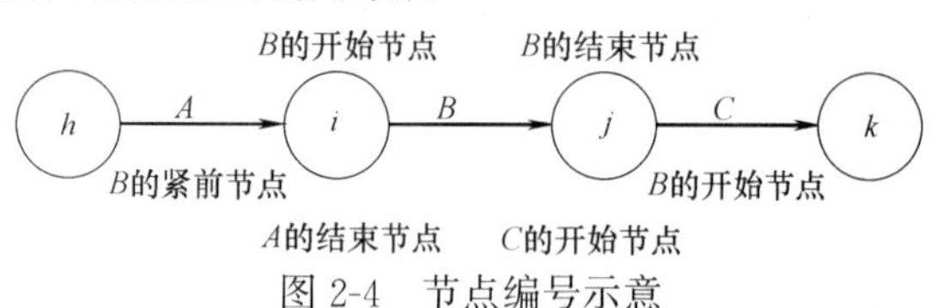

图 2-4　节点编号示意

（3）线路。网络图中从起点节点开始，沿箭线方向连续通过一系列箭线与节点，最后到达终点节点所经过的通路，称为线路。

每条线路都有自己确定的完成时间，它等于该线路上各项工作持续时间的总和，称为线路时间。根据每条线路的线路时间长短，可将网络图的线路区分为关键线路和非关键线路两种。

关键线路是指网络图中线路时间最长的线路，其线路时间代表整个网络图的计算总工期。关键线路至少有一条以粗箭线或双箭线表示。关键线路上的工作都是关键工作，关键工作都没有时间储备。

在网络图中关键线路有时不止一条，可能同时存在几条关键线路，即这几条线路上的持续时间相同且是线路持续时间的最大值。但从管理的角度出发，为了实行重点管理，一般不希望出现太多的关键线路。

关键线路并不是一成不变的。在一定的条件下，关键线路和非关键线路可以相互转化。例如当采用了一定的技术组织措施，缩短了关键线路上各工作的持续时间就有可能使关键线路发生转移，使原来的关键线路变成非关键线路，而原来的非关键线路却变成关键线路。

位于非关键线路的工作除关键工作外，其余的均称为非关键工作，有机动时间（即时差）。非关键工作也不是一成不变的，它可以转化为关键工作；利用非关键工作的机动时间可以科学地、合理地调配资源和对网络计划进行优化。

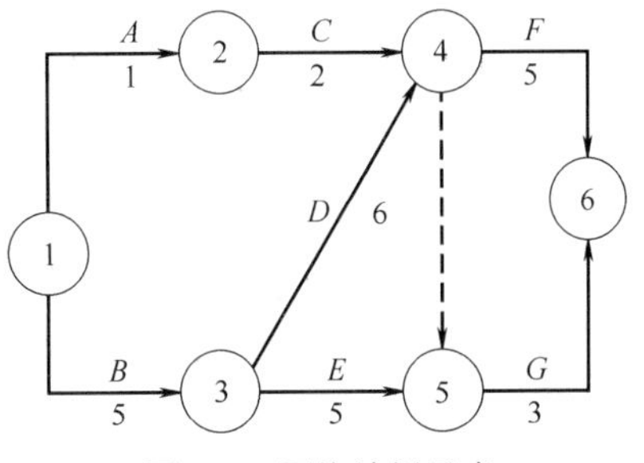

图 2-5 网络计划示意

以图 2-5 为例，列表计算线路时间，见表 2-5。

线路计算时间 **表 2-5**

序号	线路	线长	序号	线路	线长
1	①—1→②—2→④—5→⑥	8	4	①—5→③—6→④—0→⑤—3→⑥	14
2	①—1→②—2→④—0→⑤—3→⑥	6	5	①—5→③—5→⑤—3→⑥	13
3	①—5→③—6→④—5→⑥	16			

根据表 2-5，图 2-5 中共有 5 条线路，其中第三条线路即①→③→④→⑥的时间最长，为 16 天，这条线路即为关键线路，其上的工作即为关键工作。

2. 双代号网络图的绘制步骤

当已知每一项工作的紧前工作时，可按下述步骤绘制双代号网络图：

（1）绘制没有紧前工作的工作箭线，使它们具有相同的开始节点，以保证网络图只有一个起点节点。

（2）依次绘制其他工作箭线，这些工作箭线的绘制条件是其所有紧前工作箭线都已经绘制出来。

（3）当各项工作箭线都绘制出来之后，应合并那些没有紧后工作的工作箭线的箭头节点，以保证网络图只有一个终点节点（多目标网络计划除外）。

（4）按照各道工作的逻辑顺序绘制好网络图，要对节点编号。编号的方法有水平编号法和垂直编号法两种。

1）水平编号法就是从起点节点开始由上到下逐行编号，每行则自左向右按顺序编排，如图 2-6 所示。

2）垂直编号法就是从起点节点开始自左向右逐列编号，每列则根据编号规则的要求或自上而下，或自下而上，或先上下后中间，或先中间后上下进行编排，如图 2-7 所示。

以上是已知每一项工作的紧前工作时的绘图方法，当已知每一项工作的紧后工作时，也可按类似的方法进行网络图的绘制，只是其绘图顺序由前述的从左向右改为从右向左。

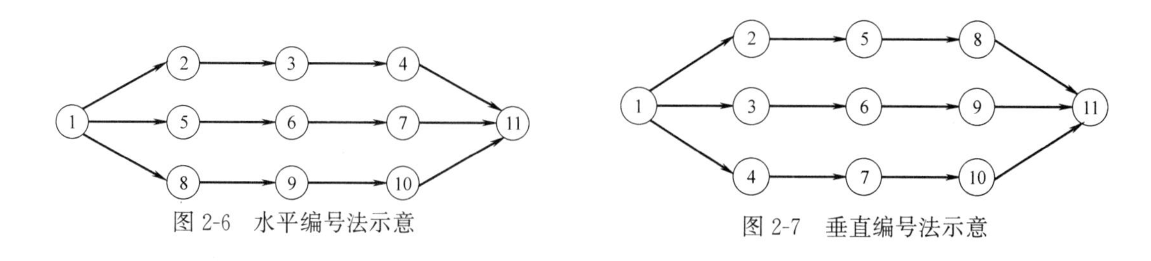

图 2-6　水平编号法示意　　图 2-7　垂直编号法示意

2.4.3　单代号网络计划

单代号网络计划是在工作流程图的基础上演绎而成的网络计划形式，它具有绘图简便、逻辑关系明确、易于修改等优点。

单代号网络图与双代号网络图一样，均由节点和箭线两种基本符号组成。所不同的是单代号网络图用节点表示工序，用箭线表达工序之间的逻辑关系。在单代号网络图中，每一个节点表示一道工序，且有唯一的一个编号，因此可用一个节点编号表示唯一的一道工序，单代号网络图的一般表示方法如图 2-8 所示。

1. 单代号网络图的组成

通常，单代号网络图由工作和线路两个基本要素组成。

（1）工作。在单代号网络图中，工作由节点及其关联箭线组成。通常将节点画成一个大圆圈或方框形式，其内标注工作编号、名称和持续时间。关联箭线表示该工作开始前和结束后的环境关系，如图 2-9 所示。

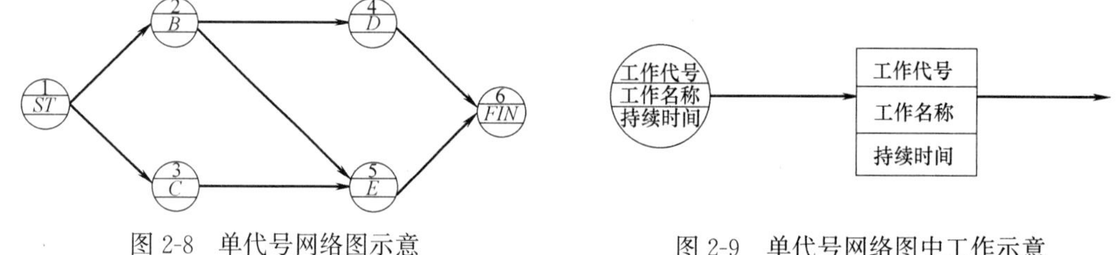

图 2-8　单代号网络图示意　　图 2-9　单代号网络图中工作示意

（2）线路。线路是由起点节点出发，顺着箭线方向到达终点节点的，中间经由一系列节点和箭线所组成的通道，这些通道均称为线路。在单代号网络图中，线路也分为关键线路和非关键线路两种，它们的性质与双代号网络图相应线路性质一致。

2. 单代号网络图绘制步骤

（1）在保证网络逻辑关系正确的前提下，图面布局要合理，层次要清晰，重点要突出。

（2）尽量避免交叉箭线。交叉箭线容易造成线路逻辑关系混乱，绘图时应尽量避免。无法避免时，对于较简单的相交箭线，可采用过桥法处理。对于较复杂的相交线路可采用增加中间虚拟节点的办法进行处理，以简化图面。

2.4.4　网络计划优化

网络计划的优化是指在一定约束条件下，利用最优化原理，按照某一衡定指标（时间、成本、资源等）对网络计划的初始方案不断改进，寻求一个最优的计划方案。根据优化目标的不同，网络计划的优化可分为工期优化、资源优化和费用优化三种。

1. 工期优化

在网络计划中，完成任务的计划工期是否符合规定的要求是衡量编制计划是否达到预期目标的一个首要问题。工期优化就是以缩短工期为目标，对初始网络计划加以调整，使其满足规定。一般是通过压缩关键工作的持续时间，使关键线路的线路时间即工期缩短，需要注意的是，在压缩关键线路的线路时间时，会使某些时差较小的次关键线路上升为关键线路，这时需要再次压缩新的关键线路，如此逐次逼近，直至达到规定工期为止。

（1）当计算工期不满足要求工期时，可通过压缩关键工作的持续时间满足工期要求。

（2）工期优化的计算，应按下述规定步骤进行：

1）计算并找出初始网络计划的计算工期、关键线路及关键工作。

2）按要求工期计算应缩短的时间 ΔT：

$$\Delta T = T_c - T_r \tag{2-4}$$

式中 T_c——网络计划的计算工期；

T_r——要求工期。

3）确定各关键工作能缩短的持续时间。

4）选择关键工作，压缩其持续时间，并重新计算网络计划的计算工期。

5）若计算工期仍超过要求工期，则重复以上步骤，直到满足工期要求或工期已不能再缩短为止。

6）当所有关键工作的持续时间都已达到其能缩短的极限而工期仍不能满足要求时，应对计划的原技术、组织方案进行调整或对要求工期重新审定。

（3）选择应缩短持续时间的关键工作宜考虑下列因素：

1）缩短持续时间对质量和安全影响不大的工作。

2）有充足备用资源的工作。

3）缩短持续时间所需增加的费用最少的工作。

在优化过程中不一定需要全部时间参数值，只需寻求出关键线路，下面介绍一种关键线路直接寻求法——标号法。根据计算节点最早时间的原理，设网络计划起节点①的标号值为0，即 $b_1=0$；中间节点 j 的标号值 b_j 等于该节点的所有内向工作（即指向该节点的工作）的开始节点 i 的标号值 b_i 与该工作的持续时间 D_{i-j} 之和的最大值，即：

$$b_j = \max\{b_i + D_{i-j}\} \tag{2-5}$$

我们称能求得最大值的节点 i 为节点 j 的源节点，将源节点及 b，标注于节点上，直至最后一个节点。从网络计划终点开始，自右向左按源节点寻求关键线路，终节点的标号值即为网络计划的计算工期。

2. 资源优化

一个部门或单位在一定时间内所能提供的各种资源（劳动力、机械及材料等）是有限的，如何经济而有效地利用这些资源是个十分重要的问题。在资源计划安排时有两种情况：一种情况是在一定时间内如何安排各工作活动时间，使可供使用的资源均衡地消耗；另一种情况是网络计划所需要的资源受到限制，如果不增加资源数量（例如劳动力），有时会迫使工程的工期延长，资源优化的目的是使工期延长最少。

（1）“工期固定—资源均衡”优化。资源的均衡性是指每天资源的供应量力求接近其平均值，避免资源出现供应高峰，方便资源供应计划的掌握与安排，使资源运用更趋于合理；工期固定是在优化过程中不改变原工期。

工期固定—资源均衡优化是指施工项目按合同工期完成，寻求资源均衡的进度计划方案。因为网络计划的初始方案是在未考虑资源情况下编制出来的，因此各时段对资源的需要量往往相差很大，如果不进行资源分配的均衡性优化，工程进行中就可能产生资源供给脱节，影响工期；也可能产生资源供应过剩，产生积压，影响成本。

（2）“资源有限—工期最短”优化。资源有限是指安排计划时，每天资源需要量能超过限值，否则资源将供应不上，计划将无法执行。计划工期是由关键线路及其关键程序确定的，移动关键工序将会延长工期。因此，工期最短目标要求尽可能移走资源高峰段内的非关键工序，且移动尽可能在时差范围内。这实际上是优先满足高峰时段内关键程序的资源需要量。当然，满足资源限值是第一位的，当移动非关键工序无法削去高峰可考虑移动关键工序，这时的工期仍是最短的。

“资源有限—工期最短”的优化，应按下述规定步骤调整工作的最早开始时间：

1）计算网络计划每“时间单位”的资源需用量。

2）从计划开始日期起，逐个检查每个“时间单位”资源需用量是否超过资源限量，如果在整个工期内每个“时间单位”均能满足资源限量的要求，可行优化方案就编制完成，否则必须进行计划调整。

3）分析超过资源限量的时段（每“时间单位”资源需用量相同的时间区段），依据 $\Delta D'_{\mathrm{m}}-n$，$i'-j'=\min\{\Delta D'_{\mathrm{m}}-n$，$i'-j'\}$ 或 $\Delta D'_{m}$，i'的值，确定新的安排顺序。

4）对调整后的网络计划安排重新计算每个“时间单位”的资源需用量。

5）重复上述2）～4）步骤，直至网络计划整个工期范围内每个“时间单位”的资源需用量均满足资源限量为止。

3. 费用优化

费用优化是以满足要求的施工费用最低为目标的施工计划方案的调整过程。通常在寻求网络计划的最佳工期大于规定工期或在执行计划时需要加快施工进度时，需要进行工期—成本优化。

费用优化的基本方法就是从组成网络计划的各项工作的持续时间与费用关系中，得出能使计划工期缩短而又能使得直接费用增加最少的工作，不断地缩短其持续时间，然后考虑间接费用随着工期缩短而减少的影响，把不同工期下的直接费用和间接费用分别叠加起来，即可求得工程成本最低时的相应最优工期和工期一定时相应的最低工程成本。

2.5 机电安装项目进度计划实施

机电项目进度计划的实施就是利用项目进度计划指导施工活动，落实和完成计划。项目进度计划逐步实施的进程就是项目逐步完成的过程。

2.5.1 施工进度计划执行准备

要保证施工进度计划的落实，首先必须做好准备工作，估计和预测执行中可能出现的问题，做好进度计划执行的准备工作是施工进度计划顺利执行的保证。

2.5.2 签发施工任务书

编制好月或旬作业计划之后，签发施工任务书使其进一步落实。施工任务书是向班组下达任务、实行责任承包全面管理的综合性文件，它是计划和实施的纽带。施工任务书包括施工任务单、限额领料单、考勤表等。其中施工任务单包括分项工程施工任务、工程量、劳动量、开工及完工日期，工艺、质量和安全要求等内容。限额领料单根据施工任务单编制，它是控制班组领用料的依据，主要列明材料名称、规格、型号、单位和数量以及退领料记录等。

2.5.3 做好施工进度记录

在计划任务完成的过程中，各级施工进度计划的执行者都要跟踪做好施工记录，实事求是记载计划中的每项开始日期、工作进度和完成日期，并填好有关图表；为施工项目进度检查分析提供信息。

2.5.4 做好施工中的调度工作

施工调度是指在施工过程中不断组织新的平衡，建立和维护正常的施工条件及施工程序所作的工作。它的主要任务是督促、检查工程项目计划和工程合同执行情况，调度物资、设备、劳动力，解决施工现场出现的矛盾，协调内外部的配合关系，促进和确保各项计划指标的落实。

2.6 机电工程项目进度计划的检查与调整

2.6.1 项目进度计划的检查

为了能够经常掌握机电安装工程项目的进度情况，在进度计划执行一段时间后就要检查实际进度是否按照计划进度顺利进行。进度控制人员应经常地、定期地跟踪检查施工实际进度情况，收集项目进度材料，统计整理和对比分析，研究实际进度之间的偏差。

1. 跟踪检查施工实际进度

跟踪检查的主要工作是定期收集反映实际过程进度的有关数据。收集的方式有两种：报表的方式和现场实地检查。收集的数据应完整、准确，避免导致不全面或不正确的决策。

进度控制的效果与收集信息资料的时间间隔有关，不经常、定期地收集报表资料，就很难达到进度控制的效果。此外，进度检查的时间间隔还与工程项目类型、规模、监理对象的范围大小、现场条件等多方面因素有关，可视工程进度的实际情况，每月、半个月或每周检查一次。在某些特殊情况下，甚至可能进行每日进度检查。

2. 整理统计检查数据

收集到的工程项目实际进度数据，要进行必要的整理，按计划控制的工作项目进行统计，形成与计划进度具有可比性的数据、相同的量纲和形象进度。一般可以按实物工程量、工作量和劳动消耗量以及累计百分比整理和统计实际检查的数据，以便与相应的计划完成量相对比。

3. 对比实际进度与计划进度

主要是将实际的数据与计划的数据进行比较，如将实际的完成量、实际完成的百分比分别与计划的完成量、计划完成的百分比进行比较。通常可利用表格形成各种进度比较报表或直接绘制比较图形直观地反映实际与计划的差距。通过比较，了解实际进度比计划进度拖后、超前还是与计划进度一致。

4. 项目进度检查结果的处理

项目进度检查的结果，按照检查报告制度的规定，形成进度控制报告，并向有关主管人员和部门汇报。进度控制报告是把检查比较的结果、有关施工进度形状和发展趋势，提供给项目经理及各级业务职能负责人的最简单的书面形式报告。

机电安装工程项目进度控制报告的基本内容如下：

（1）对施工进度执行情况的综合描述。检查期间的起止时间、当地气象及晴雨天数统计、计划目标及实际进度、检查期间内施工现场主要大事记。

（2）项目实施、管理、进度概况的总说明。施工进度、形象进度及简要说明；施工图纸提供进度；材料、物资、构配件供应进度；劳务记录及预测；日计划；对建设单位和施工者的过程变更指令、价格调整、索赔及工程款收支情况；停水、停电、事故发生及处理情况；实际进度与计划目标相比较的偏差状况及其原因分析；解决问题措施；计划调整意见等。

2.6.2 项目进度计划的调整

机电工程项目进度计划的调整应依据项目进度检查结果，在进度计划执行发生偏离的时候，调整施工内容、工程量、起止时间、资源供应，或局部改变施工顺序，重新确认作业过程相互协作方式等工作关系，充分利用施工的时间和空间进行合理交叉衔接，并编制调整后的项目进度计划，以保证项目总目标的实现。

1. 进度偏差影响分析

在机电工程项目实施过程中，当通过实际进度与计划进度的比较，发现存在进度偏差时，需要分析该偏差对后续工作及总工期的影响，从而采取相应的调整措施对原进度计划进行调整，以确保工期目标的顺利实现。进度偏差的大小及其所处的位置不同，对后续工作和总工期的影响程度是不同的，分析时需要利用网络计划中工作总时差和自由时差的概念进行判断。

机电工程项目进度偏差影响分析步骤如下：

（1）分析进度偏差的工作是否为关键工作。若出现偏差的工作为关键工作，则无论偏差大小，都会对后续工作及总工期产生影响，必须采取相应的调整措施；若出现偏差的工作不是关键工作，需要根据偏差值与总时差和自由时差的大小关系，确定对后续工作和总工期的影响程度。

（2）分析进度偏差是否大于总时差。若工作的进度偏差大于该工作的总时差，说明此偏差必将影响后续工作和总工期，必须采取相应的调整措施；若工作的进度偏差小于或等于该工作的总时差，说明此偏差对总工期无影响，但它对后续工作的影响程度，需要根据比较偏差与自由时差的情况来确定。

（3）分析进度偏差是否大于自由时差。若工作的进度影响偏差大于该工作的自由时差，说明此偏差对后续工作产生影响，如何调整应根据后续工作允许影响的程度而定；若工作的进度偏差小于或等于该工作的自由时差，则说明此偏差对后续工作无影响，因此，原进度计划可以不作调整。

经过以上分析，进度控制人员可以确认应该调整产生进度偏差的工作和调整偏差值的大小，以便确定采取调整新措施，获得新的符合实际进度情况和计划目标的新进度计划。

2. 项目进度计划调整方法

（1）缩短某些工作的持续时间。这种方法是不改变工作之间的逻辑关系，而是缩短某些工作的持续时间使施工进度加快，并保证实现计划工期的方法。这些被压缩持续时间的工作是由于实际施工进度的拖延而引起总工期增长的关键线路和某些非关键线路上的工作，同时，这些工作又是可压缩持续时间的工作。这种方法实际上就是网络计划优化中的工期优化方法和工期与费用优化的方法。具体做法：

1）研究后续各工作持续时间压缩的可能性及其极限工作持续时间。

2）确定由于计划调整和采取必要措施而引起的各工作的费用变化率。

3）选择直接引起拖期的工作及紧后工作优先压缩，以免拖期影响扩大。

4）选择费用变化率最小的工作优先压缩，以求花费最小代价，满足既定工期要求。

5）综合考虑 3）、4），确定新的调整计划。

（2）改变某些工作间的逻辑关系。当工程项目实施中产生的进度偏差影响到总工期，且有关工作的逻辑关系允许改变时，可以改变关键线路和超过计划工期的非关键线路上的有关工作之间的逻辑关系，达到缩短工期的目的。例如，将顺序进行的工作改为平行作业、搭接作业以及分段组织流水作业等，都可以有效地缩短工期；对于大型群体工程项目，单位工程间的相互制约相对较小，可调幅度较大；对于单位工程内部，由于施工顺序和逻辑关系约束较大，可调幅度较小。

（3）资源供应的调整。对于因资源供应发生变化而引起进度计划执行问题，应采用资源优化方法对计划进行调整，或采取应急措施，使其对工期影响最小。

（4）增减施工内容。增减施工内容应做到不打乱原计划的逻辑关系，只对局部逻辑关系进行调整。在增减施工内容以后，应重新计算时间参数，分析对原网络计划的影响。当对工期有影响时，应进行调整，保证计划工期不变。

（5）增减工程量。增减工程量主要是指改变施工方案、施工方法，使工程量增加或减少。

（6）起止时间的改变。起止时间的改变在相应的工作时差范围内进行，如延长或缩短工作的持续时间，或将工作在最早开始时间和最迟完成时间范围内移动。每次调整必须重新计算时间参数，观察该项调整对整个施工计划的影响。

3 机电安装工程施工质量控制

3.1 概　　述

3.1.1 施工质量控制综述

施工质量是建设工程项目管理的控制目标之一，而机电安装工程作为整个建筑工程的组成部分，按照现行国家标准《建筑工程施工质量验收统一标准》GB 50300 的规定，一般分为建筑给水排水及采暖、建筑电气、智能建筑、通风与空调、电梯五个分部工程与建筑节能分部工程的部分分项工程。

质量控制需要系统、有效地应用质量管理和质量控制的基本原理和方法，建立和运行机电安装工程项目的质量控制体系，落实项目各责任方的质量责任，通过实施各个环节质量控制的职能活动，有效预防和处理质量问题的发生，顺利实现项目的质量目标。

机电工程施工质量控制主要是指施工单位的施工质量控制，包括机电总承包、机电分包单位（包括专业分包单位、劳务分包单位）的施工质量控制。因此，从机电安装工程项目管理的角度，应全面了解施工质量控制的内涵，掌握施工质量控制的目标、依据和基本环节；在分项工程施工之前识别并制定防控工程项目设计质量风险的有效措施，充分协调机电安装工程施工质量与设计质量的关系，在保证设计质量基础上，做好质量策划，并把机电安装工程质量标准化方法与理念在施工过程的质量管理中充分采用，保证机电安装工程分部工程、分项工程的质量均衡性，从而施工出机电精品工程，以减少质量返工、返修造成的成本损失；了解机电安装工程的专项质量验收、竣工质量验收与竣工验收备案等相关要求是十分必要的。

作为对机电优质工程进行评审的北京市建筑业联合会团体标准《北京市优质安装工程奖工程质量评审标准》T/BCAT 0003，已于 2018 年 11 月 16 日发布，2018 年 12 月 1 日正式实施，对其主要内容做到知行合一是必要的；住房和城乡建设部关于全国工程质量治理两年与三年提升行动一直在持续开展中，同时北京市工程建设行政主管单位对于建设工程质量的治理行动永远在路上，建造师能深入了解质量治理与提升行动要求及在北京市、全国执行的情况，对于提升质量管理工作是大有裨益的。

3.1.2 质量的定义与工程质量的判定标准

1. 质量的定义

什么是质量？朱兰博士认为：“质量就是产品的适用性。”即产品在使用时能成功地满足用户需要的程度。ISO 8402 质量定义是“反映实体满足明确或隐含需要能力的特性总和，具有适用性和符合性”；现行国际标准 ISO 9000 所给出质量的定义是“一组固有特性满足要求的程度，其中固有特性是指事物本来就有的属性。满足要求可以理解为，企业生产的产品应满足明示的（如法律、法规，行业标准、规范等有明确规定的内容）和隐含的

（如行业的惯例、一般习惯和发展趋势等）需要和期望。”只有最大可能满足明示和隐含需求的产品，才能评定为好的质量或优秀的质量。同时，质量还具有动态性，随着时间、地点、环境的变化而变化。因此，我们认为好的质量是动态的，应符合法律、法规、习惯等方面的相关规定或约定，最大限度地满足客户需求。

2. 工程质量的判定标准

建设工程是指土木工程、建筑工程、线路管道和设备安装工程及装修工程等，能够满足人们日常生产、生活和经济社会发展需要的各类工业、交通和房屋建筑等。工程质量应该同样具有符合性、适用性和动态性三个特点。

工程质量的“符合性”是指工程建造过程中，从勘察、设计、施工、竣工验收等环节应符合国家、行业相关的法律、法规、标准、规范、规程和工艺等。与工程建设相关的法律、法规、政策和工艺标准是工程实施的依据，也是判别的标准。工程质量的“适用性”建立在“符合性”的基础上，在保证工程结构安全、使用功能完善的前提下，合理优化建筑物的空间布局、功能分区等，最大限度地满足用户需求或使产能、效能最大化；同时，随着经济社会的发展，工程质量的“符合性”和“适用性”是一个动态的、发展的过程，在不同历史阶段会有所不同。

（1）从“符合性”谈工程质量判别标准

符合性（Compliance）是指工程实施的全过程应符合相关的法律、法规、标准规范、施工工艺、国家主导的方针政策和管理规程等。工程的“符合性”主要体现在：第一，勘察设计质量的符合性。勘察成果应准确翔实，客观真实地反映拟建建筑物的地质情况；设计构思新颖、方案科学合理、工艺先进，在建筑物全生命周期内融入了生态低碳、节能环保的理念。第二，工程实体质量的符合性。地基基础稳定，结构安全可靠，尺寸准确，内坚外美；装饰装修材料安装或粘贴牢固，排列合理，表面平整，线角清晰，工艺考究，做法细腻，功能完善。屋面排水组织有序，无渗漏、倒坡和积水现象，细部处理科学、合理，经济实用；门窗安装牢固，开启灵活；电气设备安装规范，排列整齐有序，设备运行平稳，安全有效；工程资料齐全、真实有效、编目规范，具有可追溯性。第三，建造技术和节能环保措施的符合性。科学技术是第一生产力，是推动工程质量水平不断进步的主要途径，通过采用先进、实用的科学技术改进施工工艺、优化作业流程、提高检测和监控水平等；有针对性地开展一系列科技攻关活动，在技术方面不断创新，获得科技进步奖、工法、优秀QC成果等荣誉。同时，在施工过程中积极采用绿色建造技术和文明施工措施，在保证质量安全的前提下，尽可能降低对环境的影响，做好“四节一环保”工作。第四，项目管理的符合性。项目管理是工程质量管理的核心，严谨的质量安全保证体系和组织机构，科学合理的人员配备，简洁实用的管理制度，高效畅通的协调机制，是创建优质工程的前提。第五，产能、效能的符合性。产能、效能（工业项目）和使用功能是建筑物设计基本参数，是工程竣工投入（产）运行必须要满足的基本要求。

（2）从“适用性”谈工程质量的判别标准

适用性（Serviceability）又称“一致性”。工程质量的“适用性”是指建造的工程的使用功能或生产（运行）能力在满足工程质量安全的前提下，对客户需求的满足程度，即尊重客户意愿的程度。为客户提供环境优美、功能完善、结构合理、安全可靠、方便实用的居住、出行、生产和娱乐活动场所是工程质量“适用性”的具体体现，也是推动工程质量不断进步的主要动力。2012年2月国务院印发的《质量发展纲要（2011—2020年）》中指出，把以人为本作为质量发展的价值导向，质量发展必须不断满足人民群众日益增长的物质文化需要，更好地保障和改善民生。提高质量水平，促进质量发展，也必须依靠人民群众的共同努力。

（3）从“动态性”谈工程质量的判别标准

质量的“符合性”和“适用性”不是一成不变的，随着经济社会的发展、人民生活水平的不断提高和科学技术的不断进步，与工程相关的法律、法规、规范标准和规程工艺需要废止或重新修订，客户对质量的要求也会发生变化，质量的内涵也会发生相应的变化，质量的判别标准也应与时俱进。

3.2 机电安装工程施工质量控制的阶段与依据

3.2.1 质量控制阶段

施工质量控制应贯彻全面、全过程质量管理与控制的思想，运用动态控制原理，进行质量的事前控制、事中控制和事后控制。

1. 事前质量预控阶段

即在正式施工前进行的事前主动质量控制，通过编制施工质量计划，明确质量目标，制定施工方案，设置质量管理点，落实质量责任，分析可能导致质量目标偏离的各种因素，针对这些影响因素制定有效的预防措施，防患于未然。

事前质量预控必须充分发挥组织的技术和管理方面的整体优势，把长期形成的先进技术、管理方法和经验智慧，创造性地应用于项目的机电专业中。

事前质量预控要求针对质量控制对象的控制目标、活动条件、影响因素进行周密分析，找出薄弱环节，制定有效的控制措施和对策。

2. 事中质量控制阶段

指在施工过程质量形成过程中，对影响施工质量的各种因素进行全面的动态控制。事中质量控制也称作业活动过程质量控制，包括质量活动主体的自我控制和他人监控的控制方式。

自我控制是第一位，即作业者在作业过程中对自己质量活动行为的约束和技术能力的发挥，以完成符合预定质量目标的作业任务；他人监控是指作业者质量活动过程和结果，接受来自企业内部管理者和企业外部有关方面检查检验，如工程监理机构、政府质量监督机构等的监控。

3. 事后质量控制阶段

事后质量控制也称为事后质量把关，保证不合格的工序或最终产品（包括单位工程或整个项目机电各专业）不流入下道工序、不进入市场。事后控制包括对质量活动结果的评价、认定；对工序质量偏差的纠正；对不合格产品进行整理和处理。控制的重点是发现施工质量方面的缺陷，并通过分析提出施工质量改进的措施，保证质量处于受控状态。

以上三大环节不是互相鼓励和截然分开的，他们共同构成有机的系统过程，实质上就是质量管理PDCA循环的具体化，在每一次滚动循环中不断提高，达到质量管理和质量控制的持续改进。

3.2.2 质量控制依据

1. 共同依据

指适用于施工阶段且与质量管理有关的、通用的、具有普遍指导意义和必须遵守的基本条件。主要包括：工程建设合同（涉及机电专业的范围）、设计文件、设计交底及图纸会审记录、设计修改和技术变更、国家和政府部门颁布的与质量管理有关的法律和法规性文件（如《建筑法》《建设工程质量管理条例》）等。

2. 专门技术法规性依据

指针对机电安装工程不同专业、不同质量控制对象制定的专门技术法规文件。包括规范、规程、标准、规定等，如工程建设项目质量检验评定标准，有关建筑材料、半成品和构配件的质量方面的专门的技术法规性文件，有关材料验收、包装和标识等方面的技术标准和规定，施工工艺质量等方面的技术法规性文件，有关新工艺、新技术、新材料、新设备的质量规定和鉴定意见等。

3.3 设计质量风险的防控

建设工程项目机电专业施工应按照工程设计图纸（施工图）进行，施工质量离不开设计质量，优良的施工质量要靠优良的设计质量和周到的设计现场服务来保证。

3.3.1 设计质量风险的防控阶段与维度

要保证施工质量，首先要控制设计质量。项目设计质量的控制主要是从满足项目建设需求入手，包括国家的法律法规、强制性标准和合同规定的明确要求以及潜在的需求，以安全可靠和使用功能为核心，进行下列设计质量的综合控制。在不同施工阶段的设计质量控制，特别是即将把设计图纸变成实物之前，均应对不同分部分项工程的设计质量进行审查，以控制设计风险带来的返工、返修、成本损失、工期损失等，经审查无误后，再进行施工。不同施工阶段审查的设计质量风险包括以下主要内容。

1. 项目功能性质量控制

应贯穿于各个分项工程的整个阶段，特别是设计的参数能否在施工中顺利实施并得以体现是非常重要的。功能性质量控制的目的，是保证建设工程项目使用功能的符合性，其内容主要包括项目内部的平面空间组织、生产工艺流程组织，如满足使用功能的通风、供暖、给水、排水等物理指标和节能、低碳、环保、防火等方面的符合性要求。

2. 项目可靠性质量控制

主要是指建设项目建成后，在规定的使用年限和正常的使用条件下，保证使用安全和建筑物以及建筑物内机电专业的管线和设备等系统性能稳定、可靠。

3. 项目观感质量控制

对于建设工程项目机电专业而言，应与建筑物的总体风格、装修格局、内部空间环境等适宜、协调，有文化内涵。

4. 项目经济性质量控制

建设工程项目设计经济性质量是指不同设计方案的选择对投资的影响。设计经济性质量控制的目的在于强调设计过程的多方案比较，通过优化设计不断提高建设工程项目的性价比，在满足项目投资要求的条件下，做到物有所值、防止浪费。

5. 项目施工可行性质量控制

任何设计意图都要通过施工来实现，设计意图不能脱离现实的施工技术水平和装备水平，否则，再好的设计意图也无法实现。设计一定要充分考虑施工的可行性，并尽量做到便于施工，这样，施工才能顺利进行，才能保证施工质量。

3.3.2 施工单位与设计单位的协调与沟通

从项目施工质量控制的角度来讲，工程建设的三个责任主体（包括建设单位、施工单位、监理单位，设计单位除外）都要注意施工与设计的相互协调，其协调工作主要包括以下几个方面。

1. 设计联络

设计联络的主要任务如下：

（1）全面深入了解设计意图、设计内容和特殊技术要求，分析其中施工的重点和难点，以便有针对性地编制施工组织设计，及早做好施工准备；对于以现有的施工技术和装备水平实施设计意图有困难时，要及时提出意见，协商修改设计或通过探讨技术攻关，提高技术和装备水平来实施的可能性，同时向设计单位接收和推荐先进的施工新技术、新工艺和工法，争取通过适当的设计，使这些新技术、新工艺和工法在施工中得到应用。

（2）了解设计进度，根据项目进度控制总目标、施工工艺顺序和施工进度安排，提出设计出图的时间和顺序要求，对设计和施工进度进行协调，使施工得以连续进行。

（3）从施工质量控制的角度，提出合理化建议，优化设计，为保证和提高施工质量创造更好的条件。

2. 设计交底和图纸会审

建设单位应组织设计交底活动，以使得施工单位充分了解设计意图，了解设计内容和技术要求，明确质量控制的重点和难点；同时，认真组织图纸会审，深入发现和解决各专业设计之间可能存在的矛盾，尽早消除施工图的差错。

3. 设计现场服务和技术核定

建设单位应要求设计单位派出得力的设计人员进驻现场进行设计服务，以及时解决施工中发现和提出的与设计有关的问题，并做好相关设计的核定工作。

4. 设计变更

在施工期间需要进行局部设计变更时，都必须按照规定的程序，经设计单位审核认可并签发《设计变更通知书》后，再由监理工程师下达变更指令。

3.4 机电安装工程施工过程质量策划

机电安装工程施工过程质量策划属于工程项目质量实际形成过程中的事前质量控制，是对单位工程施工组织设计内容在质量控制方面的有效补充，是与机电安装工程分部工程施工方案同一级别的质量管理文件，属于施工准备的范畴。

机电安装工程的过程质量策划是对一系列相互关联、相互制约的全部作业过程（也可称之为工序）施工质量应达到既定质量目标的标准进行策划与管理，从项目管理的立场看，工序作业质量的策划，首先是质量生产者即作业者的自控策划，在施工生产要素合格的条件下，保证作业者能力及其发挥的程度是决定作业质量的关键。其次是来自作业者外部的各种作业质量检查、验收和对质量的监督，也应进行设防和把关的质量控制措施策划。

机电施工过程的质量策划主要包括工程质量目标策划、工程特点与难点策划、质量组织管理策划、质量管理实施策划、特殊过程与关键过程识别策划、过程质量监管工作计划策划、质量创优策划、质量样板策划、成品保护措施策划。

3.4.1 工程质量目标策划

工程质量目标包括工程质量总目标策划、机电安装工程质量目标策划以及质量目标分解的策划。

1. 工程质量总目标策划

工程质量总目标策划首先来自于工程总承包单位的合约质量目标，其次是总承包单位根据项目的设计特色、在属地的定位考量、影响力、企业市场投标与营销需求等综合考虑后进行的决策，该质量目标可以与施工总承包合同质量目标一致，也可高于施工总承包合同的质量目标。

2. 机电安装工程质量目标策划

当施工项目是土建工程与机电工程一体化总承包施工项目时，由于机电安装工程是工程施工总承包的一部分，因而机电安装工程质量目标就是施工总承包目标的分目标；当施工项目是机电专业分包或机电总承包工程时，机电安装工程质量目标也会与施工总承包单位的质量目标一致。机电安装工程质量目标包括属地安装工程优质奖目标的策划（例如北京市优质安装工程奖）、中国安装工程优质奖（又名中国安装之星）质量目标的策划。

3. 质量目标分解的策划

工程质量目标应对照设计实际存在的系统按照现行国家标准《建筑工程施工质量验收统一标准》GB 50300 中分部分项工程进行分解，按照主控项目、一般项目与允许偏差项目指标值制定出需要控制的项目与允许偏差指标值，项目制定的指标值应严于相应现行国家标准中的指标，同时根据项目质量管理体系中责任人、相关部门职责落实到责任部门、责任人，完成从申报到迎检等不同阶段的工作职责，以保证质量目标的最终实现。

3.4.2 工程特点与难点策划

1. 充分发掘施工特点

首先要与设计单位、建设单位进行充分沟通，全面发掘设计特色，如建设单位在工程立项时的主要宗旨，设计单位在工程建筑设计时主要考虑的特色等；其次是施工单位根据设定的质量目标需要打造机电安装工程质量特色，这是机电安装工程质量的自控策划。

2. 全面分析工程难点

工程难点包括设计图纸本身存在的施工难点以及施工方案或质量策划书编制时应考虑的施工难点，例如机电大型设备的吊装、机电专业不同系统管道管线的分层布置、细部工艺质量标准的确定等。

3.4.3 质量组织管理策划

首先，建立健全项目质量管理组织机构；其次，机电安装项目各级管理人员应明确各自的职责，划分出明显界面，避免管理职责不清晰导致的扯皮风险；最后，列出项目需要执行的质量管理制度，要求用制度管理相关工作的工作流程。

3.4.4 质量管理实施策划

1. 教育与培训计划策划

应根据项目的设计实际情况、质量目标以及相应质量标准，充分结合所选定分包单位与操作工人的素质制定出项目不同阶段、不同分部分项的教育与培训计划，该计划应策划培训内容、拟参加培训人数、培训地点、培训工作责任人、师资来源等事项。

2. 质量管理控制点策划

质量管理控制点应按照控制过程、控制环节、控制要点、控制依据、控制内容、责任人进行策划，质量控制过程应按照施工准备阶段、施工阶段、验收阶段三个阶段分段进行策划。

3. 技术资料管理策划

技术资料管理应按照技术资料名称、技术资料内容、管理责任人进行策划，技术资料名称主要包括前期报建资料、施工物资资料（包括所有机电安装设备、所有主要材料、所有辅助材料）、施工资料（包括施工管理资料、施工测量资料、施工试验资料、质量验收资料、竣工验收资料等）、质量保证资料、主要技术资料、主要归档资料。

当项目质量目标为合格或创建属地工程质量奖时，技术资料管理可依据属地资料管理规程内容进行策划；当项目质量目标为国家级奖项时，技术资料管理应优先按照属地资料管理规程要求进行策划，还应补充现行国家标准中要求的相关资料，属地资料管理规程中未包括相应资料表格时，项目可以自行根据规范要求编制相关表格。

4. 施工测量控制策划

首先，应进行施工测量人员策划，主要包括测量人员数量与职责；其次，应进行测量仪器策划，主要包括测量仪器名称、型号、规格、精度要求、使用单位、年度内送第三方检定与检定证书收集整理、责任人等内容。

5. 原材料质量管理策划

机电安装工程的主要原材料包括各种型钢、圆钢、板材等。

6. 计量管理控制策划

计量管理控制主要包括施工检验试验的内容、拟定试验时间、采用的试验器具名称、型号、规格、使用单位、送交第三方计量检定机构检定以及检定证书的收集、责任人等策划。

7. 检测、试验管理策划

计量管理策划的主要内容包括分部分项工程检验试验计划，如管道强度严密性试验计划、电气绝缘电阻试验计划、阀门进场强度严密性试验计划、低压配电系统电线电缆进场见证复试计划、绝热材料进场见证复试计划、风机盘管进场见证复试计划等。

8. BIM管理策划

BIM管理策划主要包括应用部位或场所、应用的分部分项工程、细部质量标准样板、责任人等的策划。

3.4.5 特殊过程与关键过程质量策划

1. 特殊过程质量策划

机电安装工程的特殊过程主要包括设计图纸中的特殊系统、工程设计图纸中未包括在现行国家标准《建筑工程施工质量验收统一标准》GB 50300所列举分部分项工程的系统、四新技术等的策划。

2. 关键过程质量策划

关键过程质量策划包括现行国家标准中强制性条文、主控项目要求的涉及使用功能、使用安全、使用耐久性、使用可靠性等方面的质量策划；同时，也包括对设计图纸、现行国家与地方标准中规定的区间性指标应进行指标数值确定策划，对多发性常见质量问题（俗称“质量通病”）应进行防控措施的策划。

3.4.6 过程质量监管工作计划策划

1. 质量监管人员配备计划

机电安装工程质量监督管理人员的策划应包括人员数量、专业、职务等方面的策划。专业施工班组人数超过一定数量应配备专职质量监管人员，并应纳入项目质量监管系统的管理。

2. 质量监管计划

质量监管计划应包括分项工程检验批划分名称、监管方式、监管内容、验收时间等项目的策划。

3.4.7 质量创优策划

机电安装工程质量创优策划包括质量创优目标、宏观质量策划、细部质量策划、技术资料策划等内容。

（1）质量创优目标主要包括项目确定的质量目标以及为了实现该质量创优目标而需要创建的其他创优目标。

（2）宏观质量策划主要包括大开间场所内管道、管线、设备安装的整体布置、规划策划。

（3）细部质量策划主要包括分项工程的细部处理、细部节点详图及做法质量标准的策划。

（4）技术资料策划包括执行的属地或国家行业资料管理规程、资料编制要求、资料报验流程、资料收集整理要求等的策划。

3.4.8 质量样板策划

1. 质量样板策划主要有以下作用

（1）验证设计是否合理，是否达到使用功能要求；

（2）充分暴露各专业之间矛盾以便改进设计；

（3）材料质量在使用上有无问题；

（4）施工操作上是否合适，能否保证工程质量；

（5）各部位尺寸是否交圈；

（6）选择加工订货的依据；

（7）大面积施工、检查、验收的依据；

（8）工程样板应具有指导性、代表性、引领性、专业性；

（9）充分挖掘工程的难点、重点、科技含量（包括规划、设计和施工），全面培育工程的质量特色与质量亮点。

2. 主要分部分项工程控制要点的策划，但不限于以下策划

（1）各种水电设备终端、线盒、插座、开关、卫生器具、地漏及检查口等布置协调、整齐美观、接缝严密。不同材料交接处缝隙处理得当，整体观感效果好。

（2）吊顶工程应牢固美观，吊顶面的各种灯具、风口、喷淋、烟感、检修口和各种终端设备应做到整体规划，位置整齐美观、与面板交接严密。

（3）饰面板表面应平整、洁净、色泽均匀，无划痕、磨痕、翘曲。孔洞套割尺寸正确，边缘整齐、方正，与电气面板交接严密、吻合。

（4）机电安装工程各分部分项工程的屋面、设备用房、各种竖井、人员密集场所等机电设备与管线的样板策划。

（5）机电安装工程分部分项工程细部做法质量标准的策划，包括管道连接丝扣数量与丝扣防腐宽度、螺栓朝向、螺母外露长度、支架间距等的策划。

（6）机电安装工程分部分项工程的标识策划，包括标识字体、大小、颜色、部位等的策划。

3.4.9 成品保护措施策划

1. 成品保护措施的重要性

成品保护的目的是避免已经完工的施工成品收到来自后续施工的污染或损坏。成品形成后可采取防护、覆盖、封闭、包裹等相应措施进行保护。

2. 成品保护措施的策划原则

（1）分不同施工阶段进行制定，例如进场阶段、安装阶段；

（2）根据不同材料、设备使用环境及性能指标要求的不同进行制定；

（3）根据不同机电系统、不同施工单位进行制定。

3. 成品保护措施的落地实施

由于成品保护措施是项目成本控制指标的一部分，应该由机电项目经理亲自主持制定方能有效落地实施。

有些项目制定的成品保护措施由技术部门甚至工长制定，导致在实施中遇到项目经理的阻力无法实施；有些成品保护措施的针对性不强，或者只考虑了安装时的保护，导致安装后的一段时间内成品损坏，没有在预定阶段对机电工程的设备、材料进行有效保护，例如配电盘柜、空调水泵等设备的油漆被磕碰损坏难以弥补，影响了工程观感质量及使用寿命等技术指标，影响了工程的顺利验收。

3.5 机电安装工程质量标准化在施工过程中的应用

1. 机电安装工程质量标准化在施工中应用的目的

进一步规范工程参建各方主体的质量行为，加强全面质量管理，强化施工过程质量控制，保证工程实体质量，全面提升各分部分项工程整体质量水平与均衡性，确保机电安装工程整体质量管理水平。

2. 指导思想

深入学习贯彻党的十九大精神和习近平新时代中国特色社会主义思想，全面落实《中共中央国务院关于进一步加强城市规划建设管理工作的若干意见》《中共中央国务院关于开展质量提升行动的指导意见》《国务院办公厅关于促进建筑业持续健康发展的意见》要求，坚持“百年大计、质量第一”方针，严格执行工程质量有关法律法规和强制性标准，以施工现场为中心，以质量行为标准化和工程实体质量控制标准化为重点，建立企业和工程项目自我约束、自我完善、持续改进的质量管理工作机制，严格落实工程参建各方主体质量责任，全面提升工程质量水平。

3. 工作目标

建立健全企业日常质量管理、施工项目质量管理、工程实体质量控制、工序质量过程控制等管理制度、工作标准和操作规程，建立工程质量管理长效机制，实现质量行为规范化和工程实体质量控制程序化，促进工程质量均衡发展，有效提高工程质量整体水平。

4. 主要内容

工程质量管理标准化，是依据有关法律法规和工程建设标准，从工程开工到竣工验收备案的全过程，对工程参建各方主体的质量行为和工程实体质量控制实行的规范化管理活动。其核心内容是质量行为标准化和工程实体质量控制标准化。

（1）质量行为标准化。依据《中华人民共和国建筑法》《建设工程质量管理条例》和《建设工程项目管理规范》GB/T 50326 等国家现行法律法规和标准规范，按照“体系健全、制度完备、责任明确”的要求，对企业和现场项目管理机构应承担的质量责任和义务等方面做出相应规定，主要包括人员管理、技术管理、材料管理、分包管理、施工管理、资料管理和验收管理等。

（2）工程实体质量控制标准化。按照“施工质量样板化、技术交底可视化、操作过程规范化”的要求，从建筑材料、构配件和设备进场质量控制、施工工序控制及质量验收控制的全过程，对影响安全和主要使用功能的分部、分项工程和关键工序做法以及管理要求等做出相应规定。

5. 重点任务

（1）建立质量责任追溯制度。明确各分部、分项工程及关键部位、关键环节的质量责任人，严格施工过程质量控制，加强施工记录和验收资料管理，建立施工过程质量责任标识制度，全面落实建设工程质量终身责任承诺和竣工后永久性标牌制度，保证工程质量的可追溯性。

（2）建立质量管理标准化岗位责任制度。将工程质量责任详细分解，落实到每一个质量管理、操作岗位，明确岗位职责，制定简洁、适用、易执行、通俗易懂的质量管理标准化岗位手册，指导工程质量管理和实施操作，提高工作效率，提升质量管理和操作水平。

（3）实施样板示范制度。在分项工程大面积施工前，以现场示范操作、视频影像、图片文字、实物展示、样板间等形式直观展示关键部位、关键工序的做法与要求，使施工人员掌握质量标准和具体工艺，并在施工过程中遵照实施。通过样板引路，将工程质量管理从事后验收提前到施工前的预控和施工过程的控制。按照“标杆引路、以点带面、有序推进、确保实效”的要求，积极培育质量管理标准化示范工程，发挥示范带动作用。

（4）促进质量管理标准化与信息化融合。充分发挥信息化手段在工程质量管理标准化中的作用，大力推广建筑信息模型（BIM）、大数据、智能化、移动通信、云计算、物联网等信息技术应用，推动各方主体、监管部门等协同管理和共享数据，打造基于信息化技术、覆盖施工全过程的质量管理标准化体系。

（5）建立质量管理标准化评价体系。及时总结具有推广价值的工作方案、管理制度、指导图册、实施细则和工作手册等质量管理标准化成果，建立基于质量行为标准化和工程实体质量控制标准化为核心内容的评价办法和评价标准，对工程质量管理标准化的实施情况及效果开展评价，评价结果作为企业评先、诚信评价和项目创优等重要参考依据。

6. 有关要求

（1）提高认识，加强领导。质量管理标准化是一项基础性、长期性工作，对夯实企业质量工作基础、落实企业质量主体责任、促进工程项目和地区质量管理水平提高起着重要作用。各级住房和城乡建设主管部门要高度重视，加强组织领导，督促参建各方落实主体责任，扎实推进工程质量管理标准化工作。

（2）强化措施，有序推进。各级住房和城乡建设主管部门要结合本地区实际，制定工作方案和实施办法，明确目标任务、工作内容、进度安排、具体措施及检查督办要求等，确保工作有序、有效开展。采取指导和激励并重的方式，健全相关管理制度，建立工作激励机制，提高主管部门、相关企业和工程项目管理机构开展质量管理标准化工作的积极性、主动性。

（3）加强指导，营造氛围。各级住房和城乡建设主管部门要加强工程质量管理标准化工作的监督检查，促进企业形成制度不断完善、工作不断细化、程序不断优化的持续改进机制。充分利用新闻报道、现场观摩、专题培训等形式，积极宣传质量管理标准化的重要意义，营造推进质量管理标准化工作的浓厚社会氛围。

（4）注重统筹，务求实效。各级住房和城乡建设主管部门要将质量管理标准化工作与工程质量常见问题治理结合、与安全生产标准化结合、与诚信体系建设结合，及时总结推广成熟经验做法，培育典型，示范引导，推进质量管理标准化工作广泛深入、扎实有效开展，实现工程质量整体水平不断提升。

3.6 竣工质量验收与竣工验收备案

施工项目竣工质量验收是施工质量控制的最后一个环节，是对施工过程质量控制成果的全面检验，是从终端把关方面进行质量控制。未经过验收或验收不合格的工程不得交付使用。机电安装工程通常涉及使用功能与使用安全方面的验收，是各单位工程竣工质量验收的有机组成部分。

3.6.1 竣工质量验收的依据

工程项目竣工质量验收的依据有：

（1）国家相关法律法规和建设主管部门颁布的管理条例和办法；

（2）工程质量验收统一标准；

（3）专业工程施工质量验收规范；

（4）批准的设计文件、施工图纸及说明书；

（5）工程承包合同；

（6）其他相关文件。

3.6.2 竣工质量验收标准

单位工程是竣工质量验收的基本对象。按照《建筑工程施工质量验收统一标准》GB 50300的要求，建设项目单位（子单位）工程质量验收合格应符合下列规定：

（1）单位（子单位）工程所含分部（子分部）工程质量验收均应合格；

（2）质量控制资料完整；

（3）主要功能项目的抽查结果应符合相应专业质量验收规范的规定；

（4）观感质量验收应符合规定。

3.6.3 竣工验收备案

我国实行竣工验收备案制度。新建、扩建和改建的各类房屋建筑工程和市政基础设施工程的竣工验收，均应按照《建设工程质量管理条例》的规定进行备案。

（1）建设单位应当自建设工程竣工验收合格之日起15日内，将建设工程竣工验收报告、规划、公安消防、环保等部门出具的认可文件或准许使用文件，报建设行政主管部门或相关部门备案。

（2）备案部门在收到备案文件资料后的15日内，对文件进行审查，符合要求的工程，在验收备案表上加盖“竣工验收备案专用章”，并将一份退建设单位存档。如审查中发现建设单位在竣工验收过程中有违反有关建设工程质量管理规定的行为，责令停止使用，重新组织竣工验收。

3.7 《北京市优质安装工程奖评选办法》主要内容宣贯与解读

为进一步提高安装工程质量，北京市建筑业联合会自2011年组织开展了北京市优质安装工程奖评选活动。北京市优质安装工程奖的评选办法同时于2011年组织编制，于2013年进行了修订，于2019年再次进行了修订（现行）。

3.7.1 修订《北京市优质安装工程奖评选办法》（以下简称“办法”）的背景与实施日期

（1）奖项名称变更因素：2011～2018年本机电安装奖项的名称是“北京市安装工程优质奖”，现根据上级有关部门要求，2019年本奖项名称变更为“北京市优质安装工程奖”。

（2）奖项质量评审标准修订因素：北京市建筑业联合会团体标准《北京市优质安装工程奖工程质量评审标准》T/BCAT 0003 于 2018 年 12 月 1 日正式实施，因而需要评选办法与之契合。

（3）修订后的《北京市优质安装工程奖评选办法》（京建联〔2019〕14 号）于 2019 年 3 月 26 日起执行。《关于印发〈北京市安装工程优质奖评选办法〉的通知》（京建联〔2013〕21 号）同时废止。

3.7.2　现行《北京市优质安装工程奖评选办法》（以下简称“办法”）主要内容宣贯与解读

1.《北京市优质安装工程奖评选办法》内容

共七章 29 条，七章名称分别为：

第一章 总则；第二章 申报范围及条件；第三章 申报；第四章 检查与评审；第五章 纪律；第六章 表彰；第七章 附则。

2. 对办法“第一章 总则”的解读

（1）开展北京市优质安装工程奖评选活动的意义

在第一章总则中有清晰的阐述，就是“为促进建筑安装工程建设项目科学管理和技术进步，推动北京市安装工程质量水平提高，规范北京市优质安装工程奖评选活动。

（2）北京市优质安装工程奖的地位

在总则中也有概述，本奖项是 2015 年 9 月经北京市民政局报北京市委、市政府批准，在北京市民政局发布的“北京市社会组织评比达标表彰项目公告”已位列其中的奖项。此奖是北京市建筑行业安装工程的质量最高奖项。与北京市工程建设质量管理协会颁发的北京市建筑（结构）长城杯、竣工长城杯；北京市建筑装饰协会颁发的北京市建筑装饰优质工程等奖项同属省市级奖项。

“北京市优质安装工程奖”经过近年评选活动的开展，该奖项在建筑机电领域中逐渐产生影响，而且社会的关注度、认知度、支持度也越来越高。首先，评选活动持续得到北京市建筑业联合会、北京市住房和城乡建设委员会、北京市安全质量监督总站等各级领导的大力支持。在奖项评选之初，北京市住房和城乡建设委员会即将该奖列入北京市住房和城乡建设委员会质量奖管理体系，其后在 2017 年 11 月，北京市住房和城乡建设委员会又将该奖列入北京市建筑施工总承包企业市场行为信用评价标准内，给予 2 分的加分，这对打造北京地区安装品牌工程必将起到积极的促进作用。

（3）评选周期

按照北京市民政局的审批规定，本奖项评选周期为两年。为及时、准确反映工程实际情况，保证获奖工程水平，方便检查和评审，本奖项每周期的评选活动分两批进行。每年检查、评审一次，公示一次，每两年表彰一次。本奖项坚持企业自愿申报参评的原则。参加北京市优质安装工程奖的评选活动，是企业的自愿行为，申报单位应遵守评选办法的规定。

（4）北京市优质安装工程奖的作用以及与相关创优活动的关系

总则中提到，北京市优质安装工程奖是北京市建筑行业安装工程质量的最高奖项，这实际上体现了该奖项的专业性和唯一性。

办法补充完善了北京市工程建设质量奖表彰体系。在北京市住房和城乡建设委员会网站随时可以查到北京市安装工程优质奖获奖项目信息，标志着北京市优质安装工程奖已纳入北京市住房和城乡建设委员会质量奖管理体系。

获得“北京市优质安装工程奖”，可使北京地区企业有更多的机会参与中国安装工程优质奖（中国安装之星）评奖活动。中国安装协会的各项评优评奖活动，对提高获奖企业在全国的社会信誉和知名度、增强市场竞争力具有积极的促进作用。

获得“北京市优质安装工程奖”项目的项目经理和建造师，可申报北京市优秀项目经理和优秀建造师，参与评选，改变了以往安装企业没有省市级奖项而无法申报的状况。近年北京市优质安装工程奖评选活动的开展，带动了安装企业参与联合会优秀项目管理成果、优秀项目部评选活动的积极性。

同时，促进企业间的交流，共同提高安装技术水平、施工质量。通过查验和被查验，机电工程各专业新的设备、安装新技术及如何规范项目管理和消除质量通病等，都能相互交流，共同提高。

（5）组织评选

北京市优质安装工程奖由北京市建筑业联合会颁发并负责组织评选。北京市建筑业联合会是北京市社会建设工作领导小组认定的“枢纽型”行业社会组织。受北京市建筑业联合会委托，北京市建筑业联合会安装分会负责评选的具体组织工作。

北京市优质安装工程奖评选活动的开展：每年由北京市建筑业联合会发布评选活动通知。通知中讲明申报时间、初评检查工作时间等。

3. 对办法“第二章 申报范围及条件”的解读

（1）申报单位可以是在北京市注册的企业，也可以是外省在京施工的企业。评选工程主要以北京行政区域内的工程为主（外地工程是否可申报以当年通知为准）。结合近年北京市施工企业承担了很多外地项目的实际情况，目前北京企业在外省的施工项目也可申报，但评选应从严掌握，并应有一定比例。为解决外地施工项目有关信息的对称问题，申报单位必须取得当地建设主管部门（质量监督部门）对该申报项目未发生质量安全事故的证明材料，方可申报。

（2）申报工程应符合国家法定建设程序、国家工程建设强制性条文、相关工程建设标准、工程质量验收规范和技能、环保的规定，工程设计先进合理。

（3）申报工程项目应有合法审批手续，应有开工许可证、竣工验收（备案）手续。应是经过竣工后使用一年以上三年以内的新建、改建、扩建项目的安装工程。经过一年以上时间的运行使用后，没有发生质量事故，无质量隐患，运转正常。

（4）积极推进技术进步与科技创新。申报工程项目应有建筑行业推广的新技术应用项目，积极采用新技术、新工艺、新材料、新设备，并在关键技术和工艺上有所创新。

（5）申报工程项目范围：考虑到机电工程的实际施工特点，除评选机电安装整体工程外，也评选能独立发挥功能的单项工程，主要包括：

综合安装工程：安装工程在2000万元及以上并具有独立使用功能的项目；

工业安装工程：安装工程在1000万元及以上并具有独立使用功能的，可按单项工业安装工程单独申报；

其他安装工程：安装工程项目在800万元及其以上。

科技含量较高，施工难度大，工艺先进、独特，有一定代表性，规模较小的项目，也可申报参评。

（6）下列5类工程未列入评选范围，不予以评选，包括：

1）使用国家、地方明令淘汰的建筑材料、设备、配件的工程。发生过重大环境污染投诉、事故或重大不良社会影响事件的工程；

2）不能查验的工程项目，且竣工后全部或绝大部分被隐蔽且不便查看的工程项目；

3）在施工中发生过死亡或严重经济损失的质量、安全责任事故的工程；

4）保密工程；

5）已经参加过北京市优质安装工程奖评选而未被评选上的工程。

4. 对办法“第三章 申报”的解读

（1）凡符合评选办法申报范围和申报条件的建筑安装工程项目，由承建单位提出申请。

（2）由几个施工单位共同承建的机电安装工程项目，可以联合申报。申报应以承建该项目工程量最大的施工单位负责组织申报资料和安排接受检查工作。

（3）申报单位应是具备相应企业资质的独立法人单位。

（4）参加工程建设的建设单位、设计单位、监理单位及其他施工单位，可作为参建单位自愿随申报单位一并申报，由申报单位统一填写《北京市优质安装工程奖申报表》，申报北京市优质安装工程奖参建的设计单位、监理单位，参建的施工单位完成的工作量应不低于申报工程总量的20%。

（5）申报单位应按程序，在规定的时间内履行申报手续和提交下述有关资料（提交申报表原件2份，其中1份放在书面申报资料内，书面申报资料一套，电子版资料一份），报送北京市建筑业联合会安装分会。

（6）申报材料装订顺序

申报表、工程承包合同、工程开工许可证、工程竣工验收证明材料、申报单位企业法人营业执照、资质证书和项目经理建造师证书复印件、工程项目所涉及必要的第三方检测机构报告、先进安装技术应用介绍、工程介绍、工程实景照片。

（7）申报资料初审

由北京市建筑业联合会安装分会负责组织有关人员，对所有申报资料进行分类，对资料完整性进行初审。检查申报资料是否完整，申报工程项目指标是否符合规定。及时将初审结果告知申报单位，并将符合评选范围和申报条件的申报项目，列入初评检查计划。

申报单位应根据资料审查时提出的质疑及时补充相关证明资料。申报单位在补齐相关证明资料后，可继续参加评选。不能在要求时间内补齐相关证明资料的，将视为自动放弃评审。在此过程中，我们将积极联系申报单位，及时补充缺少的资料，补充相关证明资料等。

5. 对办法“第四章 检查与评审”的解读

（1）根据申报工程情况，从北京市建筑业联合会专家库（机电专业）中遴选专家，对通过初审的申报工程进行初评检查。检查专家实行轮换制。

（2）初评检查工作程序：每项申报工程，组织一次初评检查。

首先，初评检查首次会议。由申报单位介绍工程情况并提交书面及电子版介绍资料。

工程介绍材料的内容包括工程概况、施工特点难点与质量亮点、施工关键技术措施、施工过程管控、新技术推广应用、工程质量获奖等情况，要充分反映工程质量前期策划、过程控制、细部做法和隐蔽工程的检验情况等。

听取建设、使用、设计、监理等单位对工程质量的评价意见。检查组与上述单位座谈时，受检单位的人员应当回避（上述单位因故未参加会议，应提供书面意见）。

其次，进行工程实体质量查验。随机指定工程部位和路线，进行现场各项管理贯彻实施和工程质量状况检查。凡是检查组要求查看的内容和部位，不得以任何理由回避或拒绝。申报单位应与使用单位提前联系好，方便复查组安排时间顺利检查。同时要安排好陪检人员及必要的检测器具。

再其次，进行工程资料查验。检查内容主要包括：工程合同、开工手续、工程交工验收和竣工手续；消防、特种设备、燃气、防雷、电气、人防、防疫、建筑节能等与项目验收报告；施工组织设计和施工方案，会议记录及施工日志等；安装隐蔽记录、调试记录、系统运行记录，工程质量验收记录；材料、设备合格证等质量证明文件；工程竣工图及用户手册等资料；工程创优策划方案及计划；其他项目管理资料。

最后，初评检查末次会议。由检查组对检查情况和质量情况进行讲评。

（3）初评检查小组对现场检查按照《北京市优质安装工程奖工程质量评审标准》进行评分。在此基础上，提出初评检查意见。

（4）由初评检查小组根据检查、评分进行综合评定，并提出书面评价意见。初评检查小组及其相关人员不得自行对外公布工程初评评价结果。

（5）北京市优质安装工程奖评审工作设立评审委员会。其中主任委员、副主任委员、评审委员由行业内知名专家组成。

（6）评审委员会听取初评检查小组的汇报（要求初评检查小组对每项工程逐一以PPT形式做汇报），审查申报资料，质询评议，以无记名投票表决。评审委员会评审表决的人数必须达到应到人数的75%及其以上。凡得票数达到或超过三分之二以上的工程项目，确定为入选工程。

（7）公示

评选结果将在“北京市建筑业联合会网”或有关媒体上进行公示。征求相关单位和社会的意见，接受社会的监督。如相关单位和社会无异议，将通知申报单位。工程获奖单位应对本单位的名称、工程名称进行核对，并将信息反馈安装分会。

6. 对办法“第五章纪律”的解读

参加工程查验和评审工作的所有人员必须遵守国家有关的法律、法规，初评检查小组在工程查验期间，应尽量减少受检企业的负担。要秉公办事，廉洁自律，保守机密，公平、公正。不得牟私利收取礼品、礼金。有违反者，视其情节轻重给予批评，直至公示取消其参评资格。

评审工作组织机构及参与评审人员要接受被评单位和公众监督，评审人员要对本企业工程进行回避。同时，申报单位不得弄虚作假、请客送礼。

凡违反本办法及有关纪律规定，情节严重的，对申报单位取消参评资格；对检查专家取消检查资格，取消北京市建筑业联合会专家库专家资格；对有关工作人员建议所在单位给予严肃处理。

7. 对办法“第六章 表彰”的解读

由北京市建筑业联合会每两年向荣获北京市优质安装工程奖的单位授予奖杯和证书，并进行表彰；向获奖工程项目的项目经理、项目技术负责人颁发相应奖项证书。

参加北京市优质安装工程奖的评选活动，是安装企业的自愿行为，申报单位应遵守评选办法的规定。申报单位不得弄虚作假，评选结果公布后，发现严重质量问题，经核实，取消其荣誉称号，收回奖杯和证书。

任何单位和个人不得自行复制奖杯、证书。

3.8 全国开展工程质量治理两年行动与三年提升行动的重点内容宣贯

3.8.1 持续落实五方责任主体项目负责人质量终身责任

主要体现在三个方面：

1. 明确了质量终身责任人及其应负的责任

1997 年颁布、2011 年修订施行的《中华人民共和国建筑法》，在第六章“建筑工程质量管理”和第七章“法律责任”中规定了建设、勘察、设计、施工和监理单位在工程建设中的质量管理要求以及违反规定应负的法律责任。2000 年国务院颁布的《建设工程质量管理条例》进一步对建设、勘察、设计、施工和监理五方责任主体的质量责任和义务进行了规定。这些法律法规，对责任单位的责任比较明确，但没有落实到具体人。在工程建设过程中，涉及的单位和人员很多，但责任最大、作用最关键的首推建设、勘察、设计、施工和监理这 5 个单位，也就是我们常讲的五方责任主体。五方责任主体具体到人，就是建设、勘察、设计、施工和监理这五方责任主体的项目负责人。为此，住房和城乡建设部下发了《建筑工程五方责任主体项目负责人质量终身责任追究暂行办法》（建质〔2014〕124 号）。这五方责任主体的项目负责人中，最关键的是施工单位的项目经理。住房和城乡建设部又专门下发了《建筑施工项目经理质量安全责任十项规定（试行）》（建质〔2014〕123 号）。

2. 建立了三项配套制度，即承诺制度、标牌制度和信息档案制度

文件要求，建设、勘察、设计、施工和监理这五方责任主体的项目负责人要对工程质量签署终身责任承诺书。工程竣工验收备案前，建设单位负责收集整理《承诺书》和工程质量终身责任信息表等资料，形成工程质量责任信息档案，移交城建档案管理部门，并作为竣工验收备案材料报竣工验收备案部门。这是此次两年行动的新要求，必须严格贯彻落实。

对永久性质量责任标牌制度，2010 年住房和城乡建设部第 5 号令《房屋建筑和市政基础设施工程质量监督管理规定》第七条规定，工程竣工验收合格后，建设单位应当在建筑物明显部位设置永久性标牌，载明建设、勘察、设计、施工、监理单位等工程质量责任主体的名称和主要责任人姓名。

3. 加大了责任追究力度

按照《建筑工程五方责任主体项目负责人质量终身责任追究暂行办法》的规定，在工程设计使用年限内，凡是发生工程质量事故或严重质量问题的，都要依法追究五个项目负责人的责任，包括经济责任、诚信责任、执业责任和刑事责任。不管五个项目负责人是否已经离开原单位，是否已经退休，都要追究其终身责任。第十八条还明确，在追究五个项

目负责人责任的同时，并不能免除企业法人和其他执业人员应当承担的责任。

《建筑工程五方责任主体项目负责人质量终身责任追究暂行办法》偏重于管长远，《建筑施工项目经理质量安全责任十项规定（试行）》偏重于管施工过程。该文件有两个附件，一是建筑施工项目经理质量安全违法违规行为行政处罚规定；二是建筑施工项目经理质量安全违法违规行为记分管理规定。行政处罚规定对项目经理违反十项规定的任何一条如何进行处罚进行了明确，方便操作。记分管理规定中明确记分周期为12个月，满分是12分。根据违法违规行为的类别和严重程度，分别记12分、6分、3分、1分。对项目经理违反十项规定的，既要进行行政处罚，又要给予记分。

3.8.2　持续加强建筑市场管理

1. 关于违法违规行为的认定标准

施工单位有八种情形可以认定为违法分包。市场执法中最难认定的就是转包和挂靠两种违法行为，这两种违法行为有很多的共同点，住房和城乡建设部《建筑工程转包、违法分包等违法行为认定查处办法（试行）》（建市〔2014〕118号文，以下简称《认定办法》）设定了7种情形可以认定为转包，8种情形可以认定为挂靠。主要是从施工现场主要管理人员的劳动关系，主要建筑材料、设备的采购租赁，工程款的收付关系等方面着手，确定中标单位是否真正在项目管理中履职，并由此认定企业是否存在转包和挂靠的违法行为。其中有一款规定，施工单位在施工现场派驻的项目负责人、技术负责人、质量管理负责人、安全管理负责人中一人以上与施工单位没有订立劳动合同，或没有建立劳动工资或社会养老保险关系的可以认定为挂靠。《认定办法》自2014年10月1日起开始实行。

2. 对违法违规行为的全面排查

主要检查：一是建设单位是否履行了基本建设程序，是否存在违法发包行为。二是施工单位是否存在出借资质、挂靠、转包、违法分包、无资质或超越资质承接工程的行为，项目经理（建造师）及五大员是否到岗履职，特别是关键岗位持证情况，企业劳务分包合同和工人劳动合同签订、工人工资支付情况；三是监理企业是否存在出借、挂靠、超资质承接业务，机构的设置及人员配备情况。排查频率是每四个月一次，也就是一个工程项目一年最少得有三次关于违法发包、转包、挂靠、违法分包行为的检查记录。对排查中发现存在问题的项目，要跟踪检查，督促企业整改到位，并防止新的问题出现。

3. 对违法违规行为的处罚问题

对于检查中认定存在转包、违法分包等4种违法行为的企业和个人，《认定办法》将法律法规中对应的处罚规定也进行了梳理和明确。需要说明的是，一是对查出存在转包行为的，对转包和接受转包的都要进行处罚，转包的没收违法所得并按工程合同价款0.5%～1%罚款，接受转包的按照《认定办法》中挂靠行为给予处罚。二是对查处存在挂靠行为的挂靠方和被挂靠方都要进行处罚，挂靠双方则是以出借资质和借用资质的违法行为分别处罚，按照合同价款的2%～4%处罚。三是《认定办法》要求对转包等4种违法行为除行政处罚外，还规定了一定的行政措施。比如施工企业认定有转包、违法分包的，可依法限制其在3个月内不得参加招标投标活动、承揽新的工程项目，并对其企业资质实施动态核查。对2年内发生2次转包、违法分包、挂靠的施工单位，责令其停业整顿6个月以上。对2年内发生3次以上转包、违法分包、挂靠的施工单位，资质审批机关直接降低其资质等级。对认定有转包、挂靠行为的个人，不得再担任该项目施工单位项目负责人，由建设行政主管部门吊销其执业资格证书，5年内不予注册，造成重大质量安全事故的，吊销其执业资格证书，终身不予注册。

3.8.3 持续健全工程质量监督机制

《北京市工程质量两年行动工作方案》（京建发〔2014〕375号）在完善监督检查制度方面，采取“四不、两直”（即不发通知、不打招呼、不听汇报、不陪同接待，直奔基层、直奔现场）方式，每4个月对本辖区在建工程进行一次全面检查，及时发现问题，督促整改落实，消除质量隐患。市住房和城乡建设委员会每半年组织一次全市督查，不定期开展巡查。

1. 在工程实体质量常见突出问题治理方面，狠抓重点

首先是抓好建筑原材料的专项治理。不断完善商品混凝土质量监管方法，对混凝土企业随机抽查水泥、砂石、外加剂等质量问题。开展钢筋质量专项检查，对发现使用瘦身钢筋的现场，坚决予以清退，对已经使用的要全部拆除并跟踪整改，确保工程主体结构安全。其次是开展现场突出问题专项治理。重点整治渗漏、开裂、焊接及后浇带安拆不规范等问题。严格执行现行标准规范和规范性文件，如《进一步加强建筑钢材焊接质量管理》的文件，从材料管理、验收和人员资格管理、责任单位管理和推广新连接技术四个角度提出了具体要求。最后是强化住宅分户验收。从验收人员、验收方案、程序、责任等方面进行规范和约束，各地必须严格执行。

2. 对未经竣工验收擅自投入使用和不按期备案的行为，要加大处罚力度

一方面对未经竣工验收擅自投入使用和不按期备案的项目通过发告知书、催办书等方式，阐明建设单位的责任和义务，以及不经验收擅自投入使用和不按期备案应承担的法律责任。另一方面，对拒不改正的单位进行相应行政处罚。

3.8.4 三年质量提升行动的重点内容宣贯

“质量发展是兴国之道、强国之策”，质量是工程建设永恒的主题。《中共中央 国务院关于进一步加强城市规划建设管理工作的若干意见》提出，要提升工程建设质量，完善工程质量安全管理制度，落实建设、勘察、设计、施工和监理五方主体的质量安全责任，加强工程建设过程质量安全监管。这是推进新型城镇化、增强城市承载能力、提高城市运行能力的重要保障。

1. 充分认识提升工程建设质量的重要性

工程建设质量是指建筑工程按照相关标准规定或合同约定的要求，具有安全使用功能、耐久性能、环境保护等方面的特性，能满足人们的一定需要，具备坚固、耐久、经济、适用、美观等属性。改革开放40多年来，我国建筑业和工程建设保持着持续高速发展，工程质量管理工作取得显著成效。工程建设质量总体受控，工程质量水平稳步提升，工程质量事故得到有效遏制，房屋结构安全性得到有效保障，使用功能总体满足要求。但工程质量事故仍时有发生，质量常见问题较为普遍，还不能完全适应经济社会发展的新要求和人民群众对工程质量的更高期盼。因此，必须充分认识提升工程建设质量的重要性。

（1）保障人民生命财产安全的需要

工程质量、百年大计，关乎人民生命财产安全，是工程建设的重中之重。当前，我国

工程质量不断提高，但仍存在许多令人担忧的问题，如工程质量事故给人民群众生命财产安全带来威胁；参建各方主体质量责任难以追溯，使得人民群众的合法权益无法得到及时有效保障等。这需要不断深化工程质量管理制度改革，努力完善工程质量管理长效机制，全面加强工程质量管理，提升工程质量水平，消除事故隐患，保障人民的生命财产安全。

（2）实现质量强国的需要

坚持以质取胜，建设质量强国，是保障和改善民生的迫切需要，是调整经济结构和转变发展方式的内在要求，是实现科学发展和全面建设小康社会的战略选择，是增强综合国力和实现中华民族伟大复兴的必由之路。其中，提高工程质量对于迈进质量时代、实现质量强国起着举足轻重的作用。必须推动各方把促进发展的立足点转到提高质量和效益上，牢固确立质量即是生命、质量决定效益和价值的理念，把我国的工程建设发展推向质量时代。

（3）推进新型城镇化建设的需要

新型城镇化正在成为中国经济增长和社会发展的强大引擎。推进新型城镇化建设，提高工程质量是关键。新型城镇化更强调内在质量的全面提高，即推动城镇化由偏重数量规模的增加向注重质量内涵的提升转变。随着新型城镇化进程的加快，工程建设呈现出点多、面广、量大、线长、周期短的特征，且“高、深、大、难”工程大量涌现，技术难度大，施工工艺复杂，工程质量风险和隐患增加，因此迫切需要进一步研究工程质量管理规律，不断完善管理手段，创新管理机制，调整管理模式，切实提高工程质量，有效推进新型城镇化建设。

（4）促进建筑行业发展的需要

工程质量管理工作的规范化、制度化、法制化，能够有效地促进建筑行业的持续健康发展。建筑市场主体多元化，市场行为不规范，特别是在经济利益的驱动下，随意压缩合理工期和造价、虚假招投标、违法分包、转包挂靠、偷工减料等违法违规问题仍然较多，严重影响工程质量安全。因此，需要从源头抓起，规范市场秩序，健全管理体系，加强诚信建设，加大处罚力度，强化市场现场联动，使工程建设各方主体不敢、不能、不想违法违规建设劣质工程，确保建筑行业健康发展。

2. 提升工程建设质量的主要措施

（1）落实主体责任，提高从业人员素质

严格落实建设、勘察、设计、施工和监理各参建主体的质量责任，严格落实人员特别是五方主体项目负责人的质量终身责任。强化建设单位对工程建设各阶段的质量管理责任。督促工程参建各方严格执行工程建设相关法律法规和技术标准，完善质量保证体系，强化对项目的质量管理，积极开展工程质量管理标准化活动，深入开展住宅工程质量常见问题专项治理，提高工程质量管理水平。完善工程质量事故和质量问题调查处理机制，加大违法违规案件曝光力度，充分发挥社会舆论监督作用，逐步形成工程质量社会共治的局面。

从业人员的素质、技能水平是影响工程质量的重要因素之一。首先，要倡导“建筑工匠”精神，落实企业培训主体责任，形成重技能、重技术、重教育的良好氛围。坚持“先培训，后从业”的原则，引导施工企业采取工学结合、校企合作、师傅带徒弟等方式，加强职业道德规范和技能培训，提升工人素质和技能水平。鼓励社会力量参与建筑工人职业技能培训，发挥职业院校、培训机构专业优势，采用校企联合、创建实训基地等方式，培育更多合格的产业工人。其次，要健全技能鉴定体系，制订统一的建筑业职业技能鉴定标准，加强职业技能鉴定机构建设和规范化管理。最后，要推行建筑用工实名制管理，逐步实现建筑工人的身份信息、培训情况、职业技能、用工信息等信息的互联共享。

（2）推动技术创新

大力推进建筑产业现代化，加快推动装配式建筑结构体系、建筑部品技术体系进一步完善。加快装配式建筑设计、构配件生产、施工等标准体系建设。加快推进建筑信息模型（BIM）、基于网络协同等信息化技术在工程设计、施工和运营维护中的开发应用，提高投资、建设、运营维护全过程综合效益。建立技术研究应用与标准制订有效衔接的机制，完善以工法和专有技术成果、试点示范工程为抓手的技术转移与推广机制，促进建筑科技成果转化，加快先进适用技术的推广应用。积极推动以防治质量通病、提高工程质量、节能环保为特征的实用建造技术应用。推动建筑领域国际技术交流合作。

（3）强化工程监理

提高监理服务的标准化、规范化水平，督促监理单位按照涵盖项目监理的组织机构、质量控制、安全监督、合同和资料管理等主要内容的监理服务标准体系，以工程项目质量监督为核心，以监理人员到岗履职为重点，提升服务水平。建设单位应在委托合同中明确法律法规赋予监理单位的开工审核权、工程款支付认定权、进场材料把关权、隐蔽工程验收权等监督工程质量的权责，保障和配合监理单位依法对施工质量、建设工期和资金使用实施监督。强化对监理单位和总监理工程师履职情况的监督检查。改革监理制度，加快研究相关配套政策，推进工程监理服务主体和服务模式多元化，引导政府部门、保险机构等主体通过购买服务的方式，委托监理单位开展质量巡查或质量监督等工作。推动工程监理企业向工程建设全过程咨询服务方向发展。

（4）充分发挥工程质量监督机构作用

加强工程质量监督机构建设，改革完善质量监督执法检查机制，创新工程质量监管方式，突出质量监管工作重点，实行差别化监管，加大日常巡查、飞行检查和随机抽查力度。加大对质量事故、质量问题的查处力度，及时公开监督执法情况，曝光质量事故、质量问题。进一步健全质量信用信息管理制度，将监督执法情况作为责任主体信用评价重要内容之一，督促参建主体履行质量责任，提升工程质量水平。推进工程质量监管工作标准化、规范化、信息化建设，提升监管机构及人员能力，提高监管效能。鼓励通过政府购买社会服务等方式，缓解监督力量不足的问题。

（5）完善工程质量风险控制机制、加强行业自律

探索实行工程质量责任保险，有效进行风险转移，促进技术发展。鼓励大型公共建筑、地铁等按市场化原则向保险公司投保重大工程保险。对结构体型复杂、技术难度大、突破标准规范、工程风险高的工程项目，积极引入保险等市场手段，参与工程管理。进一步完善工程风险的评估、防控、规避、转移机制，降低工程风险概率，减少事故灾难损失，保障相关人员、企业的生命财产安全，维护业主、用户的权益。

建立有效的社会监督机制，充分发挥协会在规范行业秩序、建立行业从业人员行为准则、促进企业诚信经营等方面的行业自律作用，提高协会在促进行业技术进步、提升行业管理水平、反映企业和从业人员诉求、提出政策建议等方面的服务能力。倡导企业加强自律，共同维护市场秩序。

4 机电安装工程施工资料管理

4.1 施工资料管理

建筑工程资料是记载建筑工程建设全过程的一项重要内容。建筑工程资料的填写、编制、审批、收集、整理、组卷、移交及归档等全过程的管理，统称为工程资料管理。

机电安装工程资料是城建档案的重要组成部分，是建筑工程进行竣工验收和竣工备案的必备条件，也是对工程进行检查、维修、管理、使用、改建的重要依据，是企业施工经验、管理经验的积累。

机电安装工程资料，是指在机电安装工程施工过程中形成的各种工程信息资料，并按一定原则分类、组卷，最后移交各相关管理部门归档的整个机电安装工程的历史记录。它包括机电安装工程施工过程中形成的文字、图纸、图表、声像等各种文件资料。

机电工程施工技术资料是反映机电工程质量、工作质量状况及工程项目基础管理工作的重要依据，是机电工程质量竣工验收的必备条件，是城建档案的重要组成部分，也是评审各级奖项、反映各安装系统内在质量的见证资料。因此，完整地收集、积累机电安装工程资料和科学地管理机电安装工程资料就成为整个工程建设管理的重要组成部分。

同时，建立和完善机电安装工程资料，对同类工程进行对比分析及相关资料的查询提供极大帮助，也有助于保证工程资料满足合同规定和竣工验收备案制的要求。

4.2 施工资料管理的原则

工程资料记录内容与工程实体相一致的原则，各专业责任人员应按照岗位职责的要求，根据工程实体形象进度与工程资料管理记录内容和标准要求，认真进行填写，做到及时、准确、真实，项目齐全，无未了事项。

按照机电安装工程质量竣工资料及企业质量管理体系运行程序文件规定的单位工程竣工资料清单内容进行补充和完善，并逐级进行认真审查，以保证工程资料的完整性、及时性、准确性和可追溯性。

涉及工程项目的诸多相关单位，他们各有分工，各司其职，协同工作，最后才能形成一套完整的工程资料，这些相关单位包括建设单位，勘察、设计单位，监理单位，施工单位和城建档案管理单位等。因此，要求施工单位设立专人负责工程资料的收集、整理与归档，严格执行工程资料档案管理的实施要求，以确保工程资料的完整性。

4.3 资料分类及编号

4.3.1 分类

机电工程资料按照其特性、收集和形成阶段的不同分为施工资料和竣工图。

（1）施工资料是机电施工单位在工程施工过程中所形成的全部资料。按其性质可分为：施工管理（C1）、施工技术（C2）、施工物资（C4）、施工记录（C5）、施工试验（C6）、过程验收（C7）及工程竣工质量验收（C8）资料。

（2）各项新建、改建、扩建的机电工程均应编制竣工图，机电工程竣工图包括：建筑给水排水及采暖、建筑电气、燃气、智能建筑、通风与空调、电梯和规划红线以内的小市政工程。机电工程竣工图内容包括管线走向、设备安装、工艺布置等，还要把设计变更、洽商等变更内容画到相应专业的竣工图上，确保与工程实际情况相一致。

4.3.2 编号

施工资料应按图4-1的形式进行编号，分部工程代号详见表4-1、表4-2。

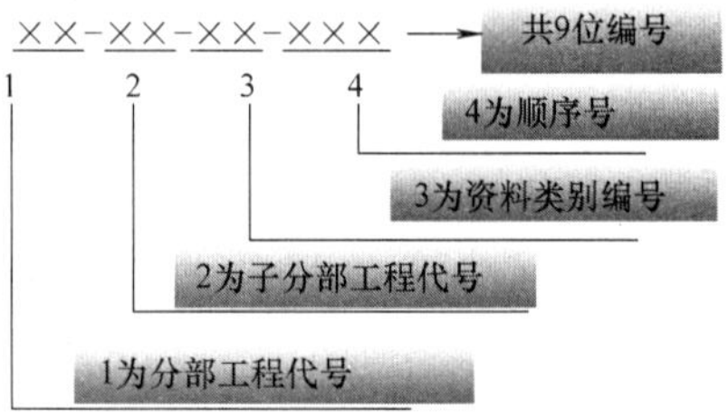

××-××-××-×××
1 2 3 4
共9位编号
4为顺序号
3为资料类别编号
2为子分部工程代号
1为分部工程代号

图4-1 资料编号示意图

机电工程分部工程代号及名称 表4-1

分部代号	05	06	07	08	09
分部工程名称	建筑给水排水及采暖	建筑电气	智能建筑	通风与空调	电梯

建筑电气子分部代号及名称 表4-2

子分部代号	01	02	03	04	05	06	07
子分部名称	室外电气	变配电室	供电干线	电气动力	电气照明	不间断电源	防雷接地

4.4 施工资料管理策划

4.4.1 明确项目质量目标

工程项目质量目标是实施项目质量管理，实现项目质量目标的事前规划。工程项目质量目标要确定该工程的编制依据，执行的有关国家标准、规范，企业的有关工艺、工法、操作规程，明确各单位工程所涉及的各分部（子分部）工程、分项工程、检验批工程质量验收具体内容，特别是落实检验批的划分。使参建各专业施工技术人员、质量人员对整个工程施工过程中，对各专业的施工检验批质量验收按照划定的施工部位进行质量验收。保证各专业施工记录、检验检测记录、质量验收记录的正确填写与确认。

4.4.2 确定单位工程质量要求

按合同约定在确保合格等级基础上，确立工程创奖目标，如北京市长城杯、安装优质工程奖、鲁班奖等。各专业分包单位要按照相应的质量目标编制质量控制资料及技术资料。

4.4.3 机电工程质量控制要点及资料记录

1. 给水排水工程质量控制要点及资料记录

详见表4-3。

给水排水工程质量控制要点及资料记录 表 4-3

序号	工序名称	质量控制要点
1	套管安装	套管类型、位置、标高、规格、水平度、垂直度
2	水管安装	管材质量,管道连接、位置、标高、坡度; 管道伸缩; 管道支架(包括滑动支架、固定支架)
3	阀门安装	阀门规格、强度严密性试验
4	水泵安装	水泵型号、规格,减振及安装位置,设备单机试运转记录
5	防腐处理	除锈彻底、防腐均匀
6	填堵孔洞	填堵材料,套管与管道间隙均匀、无空洞
7	保温	保温材料的容重、规格、阻燃性; 保温的厚度、平整度
8	强度严密性试验	试验覆盖面,试验压力、打压时间,查验渗漏情况
9	系统冲洗	冲洗全面彻底,查验出水清洁度

2. 电气工程质量控制要点及资料记录

详见表 4-4。

电气工程质量控制要点及资料记录 表 4-4

序号	工序名称	质量控制要点
1	配电柜安装	检验产品质量证书、"CCC"证书及合格证,金属框架及装有电器的可开启门的接地,基础型钢的偏差,配电柜内的配线
2	动力照明配电箱	金属箱体的接地,盘内的配线,PE 及 N 排的设置,漏电开关动作等灵活可靠
3	配管及管内穿线	导管的连接、电气导通性、弯曲倍数、防腐;导线的型号、颜色、绝缘测试
4	电缆桥架及桥架内线、缆敷设	桥架连接、电气导通性,支吊架的间距及平整度,连接件的规格、质量;电缆检测报告、绝缘测试、弯曲半径、电缆头制作
5	母线	检测报告,可接近裸露导体的接地,母线的搭接
6	低压电动机	电动机的接地,绝缘电阻测试,设备的防松措施
7	灯具	灯具的固定,灯具回路控制与照明箱回路控制一致,高度低于 2.4m 的灯具外壳接地
8	开关插座	开关插座接线,开关的安装位置和控制顺序
9	防雷及接地装置	避雷网平整度,支架的间距及牢固度 测试点的位置,接地电阻值,接地干线与接地装置的连接

3. 通风空调工程质量控制要点及资料记录

详见表 4-5。

4. 设备安装质量控制要点及资料记录

详见表 4-6。

通风空调工程质量控制要点及资料记录　　表 4-5

序号	工序名称	质量控制要点
1	风管连接	钢板的厚度应符合设计要求及规范规定； 管道接口翻边顺直，宽度应为 6～9mm； 法兰连接螺栓规格、间距、方向、长度； 法兰垫料的厚度； 风管安装的标高、位置、水平度、垂直度
2	风管软连接	风管软连接材料必须符合设计要求； 软管连接长度为 150～250mm； 软管与法兰连接铆钉间距不大于 80mm； 不得使用软连接做变径使用
3	风管支、吊架	支、吊架的规格、间距、位置、方向； 风管支架安装平整牢固，与风管接触紧密； 吊杆与风管之间距离应一致，为 30mm； 风管弯头处、三通处、阀门处必须加吊架； 保温风管与支、吊架之间的绝热垫块
4	风机安装	风机的规格、型号； 风机安装的减振； 风机传动装置的外露部位以及直通大气的进、出口，必须装设防护罩或其他安全设施

设备安装质量控制要点及资料记录　　表 4-6

序号	工序名称	质量控制要点
1	设备就位	设备基础的混凝土强度必须达到设计要求； 设备基础的坐标、标高、几何尺寸和螺栓孔位置应符合设计要求； 设备安装应平稳牢固
2	设备减振	风机等有振动的设备应按设计要求或施工规范规定安装减振装置； 减振装置的型号、规格、减振强度及安装方式应符合设计要求
3	设备试验	风机设备应进行设备单机试运转试验，轴承温升应符合规范规定

4.4.4 机电工程质量控制措施及相关记录

针对合同范围内机电工程的质量控制措施形成相关记录，详见表 4-7。

机电工程质量控制措施及相关记录　　表 4-7

项　目	控制措施
建立质量保证体系	建立岗位责任制，按照工程规模配备充足的质量管理人员
施工方案的质量预控	工程施工前，填写施工组织设计和方案申报表，经内部审核会签并报监理审核批准后方可实施，无施工方案不得施工，施工前组织针对施工组织设计和施工方案的专项交底。施工组织设计和施工方案在实施过程中不得随意修改，必须修改的，施工单位应提出修改报告，经监理同意后方可修改
施工队伍的质量预控	严格控制施工质量，组织相关部门对其技术资质、操作质量等情况进行评价，特殊工种要求必须持证上岗

续表

项　目	控制措施
工序施工的质量预控	必须坚持"三检制"，即对每一工序实行自检、互检、交接检，并有三检记录，上道工序不合格不得进行下道工序
分项工程的质量预控	分项工程完成后，在自检的基础上，填好分项工程检验批质量验收记录和分项工程报验单，由项目部核查后，报监理确认并核实质量等级
隐蔽工程的质量预控	吊顶内、管道井及有保温的分项工程在隐蔽前必须做隐检，即上述工程完成后，隐蔽之前，在自检合格的基础上，填好分项工程检验批质量验收记录、分项工程报验单及隐检记录表等报监理审核。未经监理确认的隐蔽工程不得进入下道工序
单机试运转及系统调试的质量预控	分部工程完成后，应按有关规定进行试运转，由项目部组织，并通知甲方、监理参加，试运转未合格，分部工程不得报验。 单机试运转完成后，应编写系统调试方案，报监理审批。审批合格后方可进行系统联调

4.4.5 施工技术资料管理

施工技术资料是指导施工全过程的纲领性文件，包括施工组织设计（交底）、施工方案（交底）、分项工程技术交底、图纸会审记录、设计变更通知单、工程变更洽商记录等文件。

1. 施工组织设计或施工方案

施工组织设计或施工方案必须贯彻国家政策、法规、规范、地方标准及企业标准，满足设计文件和合同要求，充分考虑工程施工对象的特点和主客观条件，正确处理安全、质量、功能、工期、成本的关系，确保各项经济技术指标实现，力求取得最佳企业效益和社会效益。

施工组织设计或施工方案要组织好管理机构，优化施工部署，做好施工准备工作、工程实施、季节性施工、施工阶段转换，各专业配合、竣工验收等各阶段组织协调工作，保证均衡、连续施工。其内容应涵盖先进的施工技术、科学的管理办法和成熟的科研成果，并且要积极推广住房和城乡建设部"十项新技术"，以提高机电工程项目的整体施工水平。

2. 施工组织设计或施工方案内容

编制依据，工程概况及工程特点，质量方针、目标、争创的奖项，施工安排，施工部署，施工进度计划，施工准备，主要施工做法及技术要求，质量验收标准，主要施工管理措施，关键过程控制，施工平面布置图等内容。除此之外，针对工程的实施时间和当地的气候条件，还要有针对性地编制冬期、雨期等季节性施工方案。

3. 创优工程策划

创优质工程是履行合同文件，满足机电工程使用功能，保证机电工程施工质量，提升企业品牌的必要条件。创优工程的策划主要围绕工程创优目标、明确创优工程质量理念、工程施工特色、工程质量特色展开，其主要是通过新材料、新工艺、新技术在机电工程中的应用，质量体系、标准支持体系、过程控制方法、控制要点、产品保护等在建筑产品形成过程中的具体实施来实现。

4. 新技术的应用及相关资料的收集和整理

积极开发和应用新技术，做好新技术比较和选择，如 BIM 在机电综合管线布置中的应用。

在工程实施过程中应用管线综合平衡技术，会大大减少材料的浪费，避免返工，为保证机电工程施工进度和提高工程质量奠定了基础。

5. 图纸会审记录

应由建设单位组织设计、监理和施工单位项目技术负责人及有关人员参加。设计单位对各专业图纸问题进行设计交底，施工单位将设计交底内容进行汇总，形成图纸会审记录，有关各方签字确认。

4.5 施工资料的主要内容与要求

4.5.1 施工管理资料

机电安装工程施工管理资料包括施工现场质量管理检查记录、施工日志、工程技术文件报审（施工组织设计、施工方案等文件必须审批合格、签字齐全）、危险性较大分部分项方案的专家论证资料、专业承包单位企业资质证书及相关专业人员岗位证书（特种作业人员的岗位证书收集齐全）、见证记录等。

施工日志按专业指定专人记录每天的工作内容，包括天气情况、生产情况、技术质量安全情况，可为项目成本核算、生产计划、施工进度管理、设计变更、质量验收、新材料、新技术、新工艺的推广提供依据。在创优资料检查的过程中，施工日志也是很重要的检查内容，因此施工日志是机电工程施工管理资料检查的一项重点。而在实际记录过程中，相当一部分施工日志写得比较潦草，不规范，记录内容不齐全，施工日志可参照表 4-8 填写。

施工日志　　表 4-8

	天气状况	风力	最高/最低温度	备注
白天	××	××	××	××
夜间	××	××	××	××
记录人	×××	日期	××年××月××日　星期××	

生产情况记录（施工部位、施工内容、机械作业、班组工作、生产存在问题等）：

（1）具体施工部位、施工内容填写清楚，包括土建部位；

（2）外施队劳动力情况：各外施队具体人数记录，特种作业人数记录，安全教育情况及持证情况检查。目前劳动力是否满足相关要求；

（3）外施队加班记录：加班具体部位及作业内容，加班人数记录；

（4）生产存在问题：如设计变更洽商、物资、劳动力及工种间配合等影响生产的问题；

（5）监理例会、生产例会等重要会议记录；

（6）记录来自甲方、监理、总包的重要生产、经济等各方面指示。

技术质量安全工作记录（技术质量安全活动、检查验收、技术质量安全问题等）：

（1）技术质量活动、检查验收、技术质量问题：

1）图纸会审、设计交底记录参加人员及提出主要问题；施工过程中主要设计变更情况；

2）施工方案何时报审，审批提出的主要问题，何时进行交底及交底参加人员；

3）关键作业指导书的编制及参加人员；何时上报；

4）记录甲方、监理、质检站等单位对工程的质量检查情况；

5）记录公司、分公司质量联检对工程的质量检查情况；

6）样板间检查记录参加人员及检查验收情况；

7）关键工序及隐蔽工程施工、材料等报验情况（每个检验批均需检查，写明检查验收情况，是否符合设计及施工质量规范要求，对不合格项的整改措施）；

8）施工过程的施焊情况，包括主要焊接部位、焊接人员（焊工姓名、证号）、焊接数量、检查结果、检查人员等；

9）记录当日监理对工程质量情况的指示或通知。

（2）安全工作记录：

1）向外施队下达某项安全交底；

2）安全操作规程执行情况，电气焊施工过程情况，是否符合安全消防有关规定；

3）有关各级安全检查情况，提出问题是否已整改。

4.5.2　施工技术资料

1. 机电施工技术资料内容

主要包括详见表4-9。

机电施工技术资料　　**表4-9**

类别编号	工程资料名称
C2	施工组织设计及施工方案
	技术交底记录
	图纸会审记录
	设计变更通知单
	工程变更洽商记录

2. 机电工程技术交底

（1）技术交底的概念

机电工程技术交底，是在某一个分部分项工程施工前，由机电工程施工技术人员向参与施工的全体班组人员进行的技术性交底。

（2）编制技术交底的目的

其目的是使施工人员对工程特点、技术质量要求、施工方法与措施等方面有一个较详细的了解，以便于科学地组织施工，避免技术质量等事故的发生。

（3）机电工程技术交底的范围、内容及要求

1）机电工程技术交底的范围

机电工程各个分部的各个分项都要编制技术交底，如空调风系统的风管与配件制作分项、风管系统安装分项都需要分别编制相应的技术交底。

2）机电工程技术交底包含的内容

施工范围、工程量、工作量和施工进度要求；

施工图纸的解说；

施工方案措施；

操作工艺和保证质量安全的措施；

工艺质量标准和验收方法；

技术检验和检查验收要求；

增产节约指标和措施；

技术记录内容和要求；

其他施工注意事项。

3）机电工程技术交底的要求

技术交底又分为设计交底、施工组织技术交底或施工方案技术交底、分部分项工程技术交底，从整体到局部，层层细化。

图纸会审时应进行技术交底，由设计单位对机电工程的组成及使用功能进行设计交底，明确设计意图；明确工程的关键部分和特殊部位；明确施工时应注意事项，并对新材料、新工艺在工程中的使用提出要求。

施工组织设计交底或施工方案交底针对主要机电施工方法及关键性技术问题提出解决方法和施工注意事项，并对推广新技术、新工艺、新产品、新设备提出要求，涵盖技术安全措施、规范性和特殊要求的施工技术措施。

分部分项工程技术交底是施工技术管理的重要文件，在图纸会审和施工组织设计交底的基础上，分部分项工程施工前进行。技术交底要有针对性，要对机电工程分部分项施工的具体内容做详尽说明，具有实际指导意义，符合合同及施工图纸要求，施工做法及施工工序须符合施工规范及验收标准的要求。

3. 机电工程设计变更及工程洽商

机电工程设计变更和工程洽商是工程施工技术文件的重要组成部分，是工程施工的重要依据，同时也是工程竣工后结算的重要依据。因此，设计变更和工程洽商的办理和管理是各机电工程项目的重要工作之一。办理工程洽商时，在满足技术资料要求的同时，还须把技术洽商和经济洽商分开编制，有利于将来技术资料的组卷。设计变更和工程洽商各方签字要齐全，保证洽商的有效性。

机电工程在具体实施过程中，如出现设计错误或遗漏、使用功能改变、机电专业与其他专业有冲突或设计认为有必要进行的修改及补充时，应办理设计变更；如果出现由于国家法律或标准、规范修改影响工程施工、施工工艺或施工方法改变、使用材料品种的改变、安装设备的改变等情况时，应办理工程洽商。

4.5.3 施工过程资料

1. 建筑给水排水及采暖工程

（1）建筑给水排水及采暖工程过程资料分类详见表 4-10。

建筑给水排水及采暖工程资料分类　　表 4-10

分类及编号	工程资料名称
施工物资资料 C4	主要设备(仪器仪表)安装使用说明书
	安全阀、减压阀等的定压证明文件
	成品补偿器的预拉伸记录资料
	气体灭火系统、泡沫灭火系统相关组件符合市场准入制度要求的有效证明文件
	给水管道材料卫生检测报告
	卫生洁具环保检测报告
	承压设备的焊缝无损探伤检测报告
	自动喷水灭火系统的主要组件的国家消防产品质量监督检验中心检测报告
	材料、构配件进场检验记录
	设备开箱检验记录
	设备及管道附件试验记录(闭式喷头水压试验记录、报警阀水压试验记录、安全阀调试定压记录)
施工记录 C5	隐蔽工程验收记录
	交接检验记录
	施工检查记录
施工试验记录 C6	灌(满)水试验记录
	强度严密性试验记录
	通水试验记录
	吹(冲)洗试验记录
	通球试验记录
	补偿器安装记录
	消火栓试射记录
	自动喷水灭火系统质量验收缺陷项目判定记录

（2）施工物资资料

1）共性要求

机电工程所用材料要按照进场的顺序，把质量证明文件（相关设备的安装使用说明书、相关材料的检测报告、CCC 认证证书、合格证等）、相关材料生产单位的资质证书收集齐全，并按进场顺序进行整理。另外，明令淘汰的机电材料杜绝使用。

采暖、通风和空调用保温材料，包括柔性泡沫橡塑绝热制品，玻璃棉、矿渣棉、矿棉及其制品，高密度聚乙烯外护管聚氨酯泡沫塑料预制直埋保温管：主要复验导热系数、密度、吸水率，同一厂家同材质的产品复验次数不得少于 2 次。

2）需要做复试的材料

散热器：主要复验单位散热量、金属热强度，同厂家、同材质的散热器，数量在 500 组及以下时，抽检 2 组；当数量每增加 1000 组时应增加抽检 1 组。同工程项目、同施工单位且同期施工的多个单位工程可合并计算。当符合《建筑节能工程施工质量验收规范》GB 50411 第 3.2.3 条规定时，检验批容量可以扩大一倍。

复验次数不得少于 2 次。

3）重要部件现场检验

建筑给水排水及采暖工程的阀门强度及严密性试验，试验应在每批数量中抽检 10%，且不少于 1 个。对于安装在主干管上起切断作用的闭路阀门，应逐个作强度和严密性试验。阀门的强度试验压力为公称压力的 1.5 倍，严密性试验压力为公称压力的 1.1 倍。阀门试验持续时间见表 4-11。

阀门试验持续时间表 **表 4-11**

公称直径 *DN*(mm)	最短试验持续时间(s)		
	严密性试验		强度试验
	金属密封	非金属密封	
≤50	15	15	15
65～200	30	15	60
250～450	60	30	180

安全阀的定压试验。抽检比例为 100%，试验压力应符合相应系统的试验要求，并有相应的试验记录或相应检测机构出具的定压实验报告，安全阀应在系统试压后安装。

闭式喷头应进行密封性能试验。试验数量宜从每批中抽查 1%，但不少于 5 只，试验压力应为 3.0MPa，保压时间不得少于 3min。当两只及两只以上不合格时，不得使用该批喷头。当仅有一只不合格时，应再抽查 2%，但不得少于 10 只，并重新进行密封性能试验；当仍有不合格时，亦不得使用该批喷头。

报警阀水压试验记录。报警阀应进行渗漏试验，试验压力应为额定工作压力的 2 倍，保压时间不小于 5min，阀瓣处应无渗漏，合格后作相应记录。

（3）施工记录

1）共性要求

机电工程施工记录是施工单位在施工过程中形成的，为保证工程质量和安全的各种内部检查记录的统称，主要内容包括隐蔽工程验收记录、交接检验记录、施工检查记录。

机电工程交接检查记录：不同施工单位之间工程交接，应进行交接检查，填写《交接检查记录》。移交单位、接收单位和见证单位共同对移交工程进行验收，并对质量情况、遗留问题、工序要求、注意事项、成品保护等进行记录。

2）需要做隐蔽工程验收记录的部位

详见表 4-12。

隐蔽工程验收记录的部位表 **表 4-12**

1	2	3
埋于地下或结构中，暗敷设于沟槽、管井、不进人吊顶内的给水、排水、雨水、采暖、消防管道和相关设备，以及有防水要求的套管	有绝热、防腐要求的给水、排水、采暖、消防、喷淋管道和相关设备	埋地的采暖、热水管道，在保温层、保护层完成后，所在部位进行回填之前，应进行隐检

3）施工检查记录

共性要求：建筑给水排水及采暖工程、通风与空调工程设备基础和预制构件安装，管道预留孔洞，管道预埋套管（预埋件），各系统的明装管道、设备，各表面器具等要通过施工检查记录反映出来。

（4）施工试验记录

1）（灌）满水试验记录：卫生洁具（灌）满水试验比较容易被忽略，卫生洁具安装完毕后，应进行（灌）满水试验，并做记录。

2）强度严密性试验记录：室内外输送各种介质的承压管道，设备在安装完毕后，进行隐蔽之前，应进行强度严密性试验，并做记录。

3）补偿器安装记录：热力管道常用的补偿器有方形补偿器、波纹管补偿器、套筒补偿器和球形补偿器，补偿器安装记录详见表4-13。

补偿器安装记录　　**表4-13**

名称	图　片	安装注意要点
方形补偿器		安装前，应按设计要求进行冷拉，冷拉应在补偿器两侧同时均匀进行，并记录补偿器的预拉伸量； 水平安装时，伸缩臂应水平安装，水平臂的坡度应与管道坡度一致； 垂直安装时，不得在弯管上开孔安装放气阀和泄水阀； 安装时，应防止不规范操作损伤补偿器； 安装完毕后，应按设计要求拆除运输、固定装置，并按要求调整限位装置
波纹管补偿器		补偿器应与管道同轴； 有流向标记（箭头）的补偿器，箭头方向代表介质流动的方向，不得装反； 在安装过程中，不允许焊渣飞溅到波壳表面，不允许波壳受到其他机械损伤； 补偿器安装管路的导向支架和固定支架符合要求，不得偏离轴线； 补偿器安装时应设临时固定装置，待管道安装完后，方可拆除临时固定装置； 补偿器的预拉伸要符合要求
套筒补偿器		补偿器应与管道保持同心，不得倾斜； 补偿器管路上安装的导向支架应确保补偿器运行时自由伸缩，不得偏离中心； 应按设计文件规定的安装长度及温度变化留有剩余的收缩余量
球形补偿器		严禁用波纹补偿器变形的方法来调整管道的安装超差，以免影响球形补偿器的正常功能及使用寿命； 管道安装完毕后，应尽快拆除辅助定位构件及紧固件，并按设计要求将限位调整到规定位置； 球形补偿器所有活动元件不得被外部构件卡死或限制其活动范围； 水压试验时，应对装有补偿器管路端部的次固定管架进行加固

4）消火栓试射记录：室内消火栓系统安装完成后应取屋顶层（或水箱间内）试验消火栓和首层取两处消火栓做试射试验。消火栓的水枪充实水柱应通过水力计算确定，且建筑高度不超过100m的高层建筑不应小于10m；建筑高度超过100m的高层建筑不应小于13m，试验压力应符合设计要求，做好消火栓试射试验记录。

2. 建筑电气工程

（1）建筑电气工程资料分类

详见表4-14。

建筑电气工程资料分类 表4-14

分类及编号	工程资料名称
施工物资资料C4	CCC认证证书(国家规定的认证产品)
	主要设备(仪器仪表)安装使用说明书
	材料、构配件进场检验记录
	设备开箱检验记录
	设备及管道附件试验记录
施工记录C5	隐蔽工程验收记录
	交接检验记录
	施工检查记录
施工试验记录C6	电气接地电阻测试记录
	电气防雷接地装置隐检与平面示意图
	电气绝缘电阻测试记录
	电气器具通电安全检查记录
	电气设备空载试运行记录
	建筑物照明通电试运行记录
	大型照明灯具承载试验记录
	高压部分试验记录
	漏电开关模拟试验记录
	大容量电气线路结点测温记录
	避雷带支架拉力测试记录
	逆变应急电源测试试验记录
	柴油发电机测试试验记录
	低压配电电源质量测试记录
	监测与控制节能工程检查记录
	电源与接地防雷与接地系统自检测记录
	建筑物照明系统照度测试记录

（2）施工物资资料

1）需要做复试的材料如下：

低压配电系统用电缆、电线：主要复验截面、每芯导体电阻值，同一厂家各种规格总数的10%，且不少于2个规格。

2）荧光灯灯具、高强度气体放电灯灯具、管型荧光灯镇流器和照明设备应具有性能检测报告，并与实物一致。

（3）施工记录

1）需要做隐蔽工程验收记录的详见表 4-15。

隐蔽工程验收部位表　　表 4-15

序号	施工记录 C5
1	埋于结构内的各种电线导管
2	利用结构钢筋做的避雷引下线
3	等电位及均压环暗埋
4	接地极装置埋设
5	金属门窗、幕墙与避雷引下线的连接
6	不进人吊顶内的电线导管
7	不进人吊顶内的线槽
8	直埋电缆
9	不进人的电缆沟敷设电缆

2）施工检查记录

建筑电气、智能建筑、电梯工程共性要求：管道预埋套管（预埋件），各系统的明装管道，电气明配管，明装线槽、桥架、母线，明装等电位连接，屋顶明装避雷带，变配电装置，机电表面器具等要通过施工检查记录反映出来。

（4）施工试验记录

1）电气绝缘电阻测试记录

电气设备和动力、照明线路及其他必须摇测绝缘电阻的测试，配管及管内穿线分项质量验收前和单位工程质量竣工验收前，应分别按系统回路进行测试，不得遗漏，摇测绝缘电阻应使用 1000V 的摇表。

2）电气设备空载试运行记录

成套配电（控制）柜、台、箱、盘的运行电压、电流应正常，各种仪表指示正常。

可空载运行的电动机、交流电动机、电动执行机构等设备的空载试运行要符合相关要求，并相应作电气设备空载试运行记录。

3）大型照明灯具承载试验记录

质量大于 10kg 的灯具，其固定装置应按 5 倍灯具重量的恒定均布载荷全数做强度试验。历时 15min，固定装置的部件应无明显变形。

4）逆变应急电源测试试验记录

试验内容如下：满载及空载输出电压、能量恢复时间、切换时间、逆变储存供电能力及噪声检测等。

5）柴油发电机测试试验记录

柴油发电机均应采用 380V/220V 低压发电机，满载时的输出电流不应大于额定电流，切换时间应小于发电机的额定时间，供电能力时间应大于发电机的供电额定时间，发电机噪声应小于发电机噪声额定值。

6）低压配电电源质量测试记录

工程安装完成后应对低压配电系统进行调试，调试合格后应对低压配电电源质量进行检测，其中：

三相供电电压允许偏差为标称电压的±7%；单相220V为+7%、−10%。

380V的电网标称电压，电压总谐波畸变率为5%，奇次谐波含有率为4%，偶次谐波含有量为2%。

在已安装的变频和照明等可产生谐波的用电设备的情况下，机用三相电能质量分析仪在变压器的低压侧测量。

3. 通风与空调工程

(1) 通风与空调工程资料分类

详见表4-16。

通风与空调工程资料分类　　表4-16

分类及编号	工程资料名称
施工物资资料C4	消防用风机、防火阀、排烟阀、排烟口的相应国家消防产品质量监督检验中心的检测报告
	材料、构配件进场检验记录
	设备开箱检验记录
	设备及管道附件试验记录
施工记录C5	隐蔽工程验收记录
	交接检验记录
	施工检查记录
	补偿器预拉伸(预压缩)
施工试验记录C6	风管漏风检测记录
	现场组装除尘器、空调机漏风检测记录
	各房间室内风量温度测试记录
	管网风量平衡记录
	空调系统试运转调试记录
	空调水系统试运转调试记录
	制冷系统气密性试验记录
	净化空调系统测试记录
	防排烟系统联合试运行记录
	设备单机试运转记录
	系统试运转调试记录
	冷凝水管道灌水试验记录
	风管强度试验记录

(2) 施工物资资料

按照相关标准规范的规定，需要做复试的设备如下：

风机盘管机组：主要复验供冷量、供热量、风量、出口静压、功率、噪声。

按结构形式抽检，同厂家的风机盘管机组数量在500台及以下时，抽检2台；每增加1000台时应增加抽检1台。同工程项目、同施工单位且同期施工的多个单位工程可合并计算。当符合《建筑节能工程施工质量验收规范》GB 50411第3.2.3条规定时，检验批容量可以扩大一倍。同厂家、同材质的绝热材料，复验次数不得少于2次。

（3）施工记录

1）需要做隐蔽工程验收记录的如下

敷设于竖井内、不进人吊顶内的风道（包括各类附件、部件、设备等）；

有绝热、防腐要求的风管、空调水管及设备。

2）补偿器预拉伸（预压缩）

补偿器的补偿量和安装位置必须符合设计及产品技术文件的要求，并应根据设计计算的补偿量进行预拉伸或预压缩，并形成记录。

（4）施工试验记录

1）管网风量平衡记录

通风与空调工程进行无生产负荷联合试运转时，应分系统的，将同一系统内的各测点的风压、风速、风量进行测试和调整。系统的总风量与设计风量的允许偏差不应大于10%，风口的风量与设计风量的允许偏差不应大于15%，试验后应做好记录。

2）冷凝水管道灌水试验记录

冷凝水管道安装完毕后，隐蔽前，应进行灌水试验，并做记录。

3）风管强度试验记录

风管的强度试验应能满足在1.5倍工作压力下接缝处无开裂，并提供相应的厂家检测报告。

4.5.4 机电工程专业分包

机电工程专业分包一般涵盖其他专业分包商和专业指定承包商。

1. 机电工程总包的管理职能

在施工过程中，机电总包应行使总包管理职能，对机电系统各专业工程间的工期、质量、安全及文明施工进行管理及协调，对与机电专业相关的非机电专业的工程进行协调和配合，做好相关服务工作。在实施过程中，机电总包应按照“一体化”的管理模式，对机电工程安装的全程及参与施工的所有单位实施统一的计划、组织、控制和监督，全面履行“管理、协调、配合、服务”的机电总承包管理职责，确保质量、安全、文明施工、进度等各项机电总协调管理目标的顺利实现。

在施工过程和工程竣工后，机电总包应督促各专业分包收集、整理相关施工过程资料，并定期检查，形成体系，为资料顺利通过相关的检查和验收做好准备，达到预期的资料目标要求。

2. 智能建筑工程

（1）智能建筑工程资料分类

详见表4-17。

（2）施工记录

需要做隐蔽工程验收记录的详见表4-18。

智能建筑工程资料分类　　表 4-17

分类及编号	工程资料名称
施工物资资料 C4	智能建筑工程软件资料、程序结构说明、安装调试说明、使用和维护说明书
	智能建筑工程主要设备安装、测试、运行技术文件
	智能建筑工程安全技术防范产品的国家或行业授权的认证机构（或检测机构）认证（检测）合格认证证书
	材料、构配件进场检验记录
	设备开箱检验记录
	设备及管道附件试验记录
施工记录 C5	隐蔽工程验收记录
	智能建筑工程安装质量检查记录
	交接检验记录
	施工检查记录
施工试验记录 C6	智能建筑工程设备性能测试记录
	综合布线系统工程电气性能测试记录
	通信网络系统程控电话交换系统自检测记录等 9 项
	建筑设备监控系统变配电系统自检测记录等 10 项
	火灾自动报警及消防联动系统自检测记录
	安全防范系统及安全防范综合管理系统自检测记录等 7 项
	综合布线系统性能自检测记录
	智能化集成系统可维护性和安全性自检测记录等 4 项

隐蔽工程验收部位　　表 4-18

序　　号	内　　容
1	埋在结构内的各种电线导管
2	不能进人吊顶内的电线导管
3	不能进人吊顶内的线槽
4	直埋电缆
5	不进人的电缆沟敷设电缆
6	接地保护及等电位

智能建筑工程的试验须参照相关的验收规范、标准，并符合相关要求，做好相应记录。

3. 电梯工程

（1）电梯工程资料分类

详见表 4-19。

（2）施工记录

需要做隐蔽工程验收记录的详见表 4-20。

电梯工程资料分类 表 4-19

分类及编号	工程资料名称
施工物资资料 C4	材料、构配件进场检验记录
	设备开箱检验记录
	设备及管道附件试验记录
施工记录 C5	隐蔽工程验收记录
	交接检验记录
	施工检查记录
施工试验记录 C6	轿厢平层准确度测量记录
	电梯层门安全装置检验记录
	电梯电气安全装置检验记录
	电梯整机功能检验记录
	电梯主要功能检验记录
	电梯负荷运行试验记录
	电梯负荷运行试验曲线图
	电梯噪声测试记录
	自动扶梯、自动人行道安全装置检验记录
	自动扶梯、自动人行道整机性能、运行试验记录
	接地电阻、绝缘电阻测试记录

隐蔽工程验收部位 表 4-20

1	检查电梯承重梁、起重吊环埋设
2	电梯钢丝绳头灌注
3	电梯井道导轨、层门的支架、螺栓埋设
4	电梯井道导轨接地

4.6 机电工程施工质量验收记录

4.6.1 工程竣工应提供的相关检测报告

(1) 生活水箱、生活给水管道水质检测报告，内容应包括检测机构和检测结论。
(2) 所有水、电等计量设备检定证书。
(3) 每部电梯一个合格证，一个安装验收报告（特种设备检测所验收合格）。
(4) 锅炉安装质量证明书和安装验收报告（特种设备检测所验收合格）。
(5) 消防系统消、电检，消防系统的验收报告。
(6) 避雷检测报告。

4.6.2 工程质量验收记录

机电安装工程施工质量验收，是促进企业加强管理、确保工程质量必不可少的环节，是工程质量管理的一项重要内容和关键步骤。工程竣工后，机电工程的分部工程相当一部分被隐蔽，其质量情况就得通过质量验收来反映。

1. 机电工程质量验收程序

检验批验收 ⇨ 分项工程验收 ⇨ 子分部工程验收 ⇨ 分部工程验收

机电工程各项验收程序对照详见表 4-21。

机电安装工程各项验收程序表 **表 4-21**

序号	验收表的名称	质量自检人员	质量检查验收人员		质量验收人员
			验收组织人	参加验收人员	
1	检验批质量验收记录表	班组长	项目专业质量检查员	班组长 分包项目技术负责人 项目技术负责人	监理工程师 （建设单位项目专业技术负责人）
2	分项工程质量验收记录表	班组长	项目专业技术负责人	班组长项目技术负责人 分包项目技术负责人 项目专业质量检查员	监理工程师 （建设单位项目专业技术负责人）
3	分部、子分部工程质量验收记录表	分包单位项目经理	项目经理	项目专业技术负责人 分包项目技术负责人 勘察、设计单位项目负责人 建设单位项目专业负责人	总监理工程师 （建设单位项目负责人）

2. 机电工程质量验收

机电工程质量验收一般分为检验批验收、分项工程质量验收、分部（子分部）工程验收。

（1）检验批验收

1）检验批是工程验收的最小单位，是分项工程乃至整个建筑工程质量验收的基础。检验批是施工过程中条件相同并有一定数量的材料、构配件或安装项目，由于其质量基本均匀一致，因此可以作为检验的基础单位，并按批验收。

2）检验批划分：

① 建筑给水排水及采暖、智能建筑工程检验批的划分：

检验批划分的数量不宜太多，但覆盖面要全，要能满足对全部施工过程质量的控制。为了便于检查验收，一个检验批的工程量也不宜太大。由于其抽样方法用同一个百分比的做法，其大小相差太悬殊时，验收结果可比性较差，所以，正常情况下，要防止划分的大小过于悬殊。系统相似的分项工程检验批划分的标准应基本相同。

② 通风空调工程检验批的划分：

关于通风与空调工程施工质量检验批的批次划分，《通风与空调工程施工质量验收规范》GB/T 50243 没有做出硬性规定，例如，按系统分、按楼层分、按区域分、分几次等。为的是让验收组织单位可以根据具体工程的实际情况，做出适合该工程检验批和样本抽取的科学合理的评定方案。对于数量较多的产成品宜采用单列检验方法，同类产品单独立项，检验批使用的单位产品具体怎么确定，可由施工方和监理方根据情况协商确定。

根据国内中、大型工程中通风与空调工程施工工程量的统计资料，通风与空调工程验收分项多，且特性不一。对分项工程检验批中不同的产成品数量与参与评定的样本总数量的关系做出规定后，单位产品便可参照表 4-22 确定。

通风与空调工程施工质量检验验收批单位产品的划分 表 4-22

类　别	单位产品
材料、部件	每批或每件为一个单位产品
风管、配件及产成品	每 3 件或每 $15m^2$ 为一个单位产品
风管系统安装	每个系统或每 $15m^2$ 为一个单位产品
风管与设备涂漆、绝热	每件或每 $15m^2$ 为一个单位产品
各类管道安装	每个系统或每 10m 为一个单位产品
管道涂漆、绝热	每 10m 或每 $15m^2$ 为一个单位产品
工程用的设备、部件安装	每台或每件为一个单位产品
工程调试	每个系统为一个单位产品

③ 建筑电气工程检验批的划分：

室外电气安装工程中分项工程的检验批，依据庭院大小、投运时间先后及功能区块不同划分；变配电室安装工程中分项工程的检验批，主变配电室为 1 个检验批；有数个分变配电室，且不属于子单位工程的子分部工程，各为 1 个检验批，其验收记录汇入所有变配电室有关分项工程的验收记录中；如各分变配电室属于各子单位工程的子分部工程，所属分项工程各为 1 个检验批，其验收记录应为一个分项工程验收记录，经子分部工程验收记录汇入分部工程验收记录中。

（2）分项工程质量验收

1）分项工程的验收在检验批的基础上进行。一般情况下，两者具有相同或相近的性质，只是批量的大小不同而已。因此，将有关的检验批汇集构成分项工程。分项工程合格质量的条件比较简单，只要构成分项工程的各检验批的验收资料文件完整，并且均已验收合格，则分项工程验收合格。

2）分项工程的划分：

分项工程应按主要工种、材料、施工工艺、设备类别等进行划分。

分项工程可由一个或若干检验批组成。分项工程划分成检验批进行验收有助于及时纠正施工中出现的质量问题，确保工程质量，也符合施工实际需要。

（3）分部（子分部）工程质量验收

1）分部工程的验收在其所含各分项工程验收的基础上进行。分部工程的各分项工程必须已验收合格且相应的质量控制资料文件必须完整，这是验收的基本条件。

2）分部（子分部）工程的划分：

建筑给水排水及采暖分部工程划分详见表 4-23。

建筑给水排水及采暖工程 表 4-23

序号	子　分　部
1	室内给水系统
2	室内排水系统

续表

序号	子分部
3	室内热水供应系统
4	卫生器具
5	室内供暖系统
6	室外给水管网
7	室外排水管网
8	室外供热管网
9	建筑中水系统及雨水利用系统
10	游泳池及公共浴池水系统
11	水景喷泉系统
12	热源及辅助设备
13	监测与控制仪表

建筑电气分部工程划分详见表 4-24。

建筑电气工程 **表 4-24**

序号	子分部
1	室外电气
2	变配电室
3	供电干线
4	电气动力
5	电气照明
6	备用和不间断电源安装
7	防雷及接地

智能建筑分部工程划分详见表 4-25。

智能建筑工程 **表 4-25**

序号	子分部
1	智能化集成系统
2	信息接入系统
3	用户电话交换系统
4	信息网络系统
5	综合布线系统
6	移动通信室内信号覆盖系统
7	卫星通信系统
8	有线电视及卫星电视接收系统
9	公共广播系统
10	会议系统

续表

序号	子 分 部
11	信息导引及发布系统
12	时钟系统
13	信息化应用系统
14	建筑设备监控系统
15	火灾自动报警系统
16	安全技术防范系统
17	应急响应系统
18	机房
19	防雷与接地

通风与空调分部工程划分详见表 4-26。

通风与空调工程 **表 4-26**

序号	子 分 部
1	送风系统
2	排风系统
3	防排烟系统
4	除尘系统
5	舒适型空调系统
6	恒温恒湿空调系统
7	净化空调系统
8	地下人防通风系统
9	真空吸尘系统
10	冷凝水系统
11	空调冷热水系统
12	冷却水系统
13	土壤源热泵换热系统
14	水源热泵换热系统
15	蓄能系统
16	压缩式制冷热设备系统
17	吸收式制冷设备系统
18	多联机热泵空调系统
19	太阳能供暖空调系统
20	设备自控系统

电梯分部工程划分详见表 4-27。

建筑节能分部工程划分详见表 4-28。

电梯工程　　表 4-27

序号	子 分 部
1	电力驱动的曳引式或强制式电梯
2	液压电梯
3	自动扶梯、自动人行道

建筑节能工程　　表 4-28

序号	子 分 部
1	围护系统节能
2	供暖空调设备及管网节能
3	电气动力节能
4	监控系统节能
5	可再生能源

4.6.3 质量验收资料填写要求

（1）允许有一定偏差的项目，而放在一般项目中，用数据规定的标准，可以有个别偏差范围，并有20%的检查点可以超过允许偏差值，但也不能超过允许偏差的150%。

（2）对不能确定偏差值而又允许出现一定缺陷的项目，则以缺陷的数量来区分。

（3）一些无法定量的而采用定性的项目，如卫生器具给水配件安装项目，接口严密、启闭部分灵活，管道接口项目，就要靠外观、目测进行检验。

4.7 编制与组卷

4.7.1 城建档案馆归档内容

城建档案馆归档内容详见表4-29。

城建档案馆归档资料表　　表 4-29

	施工文件	备注
C类	图纸会审记录	
	设计变更通知单	各专业
	工程洽商记录	各专业
	分部（子分部）工程验收记录	
	竣工质量验收记录	
	竣工图	

4.7.2 施工资料的编制要求

（1）施工资料必须真实地反映工程竣工后的实际情况，具有永久和长期保存价值的文件材料必须完整、准确、系统，各种程序责任者的签章手续必须齐全。

（2）施工资料必须使用原件，原件应清楚且签章齐全。如有特殊原因不能使用原件的，应在复印件或抄件上加盖公章并注明原件存放处。

（3）施工资料的签字必须使用档案规定用笔。

（4）施工资料的照片及声像档案，要求图像清晰，声音清楚，文字说明或内容准确。

4.7.3 机电工程技术资料的组卷要求

1. 组卷原则

机电工程可分为建筑给水排水及采暖工程、建筑电气工程、智能建筑工程、通风与空调工程、电梯工程、节能工程分部，组卷时按各分部的竣工验收资料分别组卷。

对于专业程度较高，施工工艺复杂的工程，通常由专业分包施工的子分部工程分别单独组卷，如供热锅炉及辅助设备、变配电室（高压）、通信网络系统、建筑设备监控系统、火灾报警及消防联动系统、安全防范系统、综合布线系统等应独立组卷。

施工技术资料应按照专业、系统划分组卷，每一专业、系统按照资料类别、依据资料数量多少可以组成一卷或多卷。组卷时还应遵循工程文件材料的自然形成规律，保持卷内文件内容之间的系统联系，便于档案的保管和利用。

组卷时按先文字、后图纸排列。每个分部工程的竣工资料应有总目录，总目录由案卷目录和卷内目录组成，且单独列为一卷。

2. 组卷要求

（1）归档文件的内容必须真实、准确、签章齐备，书写材料必须耐久、清晰，不得使用铅笔、红色和纯蓝墨水、圆珠笔等易褪色材料书写。若是复写件、复印件（需注明原件存放处）要字迹清楚、牢固，能长期保存。

（2）文件资料应完整、齐全，并按规定编制资料管理目录。

（3）大于 A4 规格的文件，应按照 A4 规格进行折叠，折叠时须留出装订线。

（4）封面、卷内目录和备考表的填写应准确，便于查找利用。

（5）组好的案卷应放入档案装具，档案装具应满足永久保存的要求。

3. 组卷顺序

（1）卷内资料排列顺序要依据卷内资料的构成而定，卷内文件材料的排列顺序，一般为封面、目录、文件材料（含工程照片）、备考表及封底。

（2）卷内资料若有多种资料时，同类资料按日期顺序排序，不同资料之间的排列顺序应按资料的编号顺序排列。

4. 案卷编目

（1）编写案卷页号

1）以独立卷为单位编写页号。对有书写内容的页面编写页号，用阿拉伯数字“1”逐张编写（用打号机或钢笔）。案卷封面卷内目录、备考表不编写页号，卷与卷之间的页号不得连续。

2）单面收发式的文字材料页号编写在右下角，双面书写的文字材料页号正面编写在右下角，背面编写在左下角。图纸折叠后无论任何形式，一律编写在右下角。

（2）卷内目录填写

根据卷内内容，打印目录，目录应排列在卷内第“1”页之前。

5. 案卷的规格及装订

（1）案卷的规格

归档的文字材料规格统一采用 A4 幅面（297mm×210mm），尺寸不同的要折叠成 A4 幅面，小于 A4 幅面的文件要用 A4 白纸衬托。

（2）案卷装订

文字材料装订组卷，用棉线在卷面左侧三孔装订，棉线装订结打在背面。装订线距左侧 20mm，上下两孔分别距中孔 80mm。

6. 竣工图

包括建筑给水排水及采暖竣工图、建筑电气竣工图、智能建筑竣工图、通风与空调竣工图、电梯竣工图。

4.8 竣 工 图

机电安装工程竣工图是机电工程档案中最重要的部分，是工程建设完成后主要凭证性材料，是机电安装的真实写照，是机电工程竣工验收的必要条件及工程维修、管理、改建、扩建的依据，因此必须编制竣工图。

4.8.1 机电工程竣工图

主要包括建筑给水排水与采暖、燃气、建筑电气、智能建筑、通风空调、电梯工程竣工图。

4.8.2 竣工图应满足的要求

竣工图应与工程实际相一致；竣工图的图纸必须是打印图纸，不得使用复印的图纸；竣工图应字迹清晰并与施工图大小比例一致；竣工图应有图纸目录，目录所列的图纸数量、图号、图名应与竣工图内容相符；竣工图使用国家法定计量单位和文字；竣工图应有竣工图章或竣工图签，并签字齐全（图 4-2）。

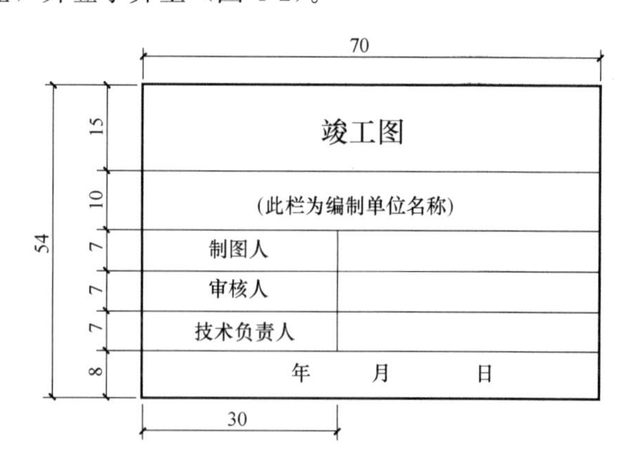

图 4-2 竣工图章

4.8.3　竣工图

（1）绘制竣工图应使用绘图笔或签字笔及绘图工具，不得使用圆珠笔或其他易于褪色的墨水绘制；竣工图文字说明应采用仿宋字，字体的大小应与原图字体的大小一致。

（2）变更洽商记录的内容必须如实反映到竣工图上，没有变更洽商或其他修改的，可在原施工图上加盖竣工图章作为竣工图；变更洽商不多的，可将变更洽商的内容直接改绘在原施工图上，并在改绘部位注明修改依据，加盖竣工图章形成竣工图；变更洽商较多的，不宜在原施工图上直接修改和补充的，可在原图修改部位注明修改依据后另绘竣工图，另绘竣工图也应有图名、图号，原图和另绘竣工图均应加盖竣工图章形成竣工图；一条变更洽商涉及多张图纸的，每张图纸均应做相应修改。

（3）竣工图可在原设计单位提供的施工图电子文件上经修改后制成，修改处应有明显标识。由施工图电子文件制成的竣工图应有原设计人员的签字；没有原设计人员签字的，须附有原施工图，原图和竣工图均应加盖竣工图章。

（4）在原施工图上改绘，不得使用涂改液、刀刮、补贴等方法修改图纸。竣工图中需增加的内容在原图相关位置无法绘制清楚的，可将修改内容绘制在本图其他空白处，并做好索引说明。如本图纸没有其他空白处时，可在原图变更部位索引说明：如具体修改内容见×××图，并新增一张图纸用于绘制补充修改内容，新增图纸要有图名、图号，图名和图号应与原图名和图号相关联。另外，竣工图绘制能以图示说明变更内容的，不再加写文字说明，如果图示无法说明清楚的，可加写文字说明。

（5）机电各专业竣工图应包括各部位、各专业深化设计的相关内容，不得漏项和重复。

（6）竣工图纸目录也应加盖竣工图章，作为竣工图归档。

4.9　档案移交

（1）列入城建档案管理部门接收范围的工程，机电工程项目应配合建设单位在工程竣工验收后3个月内向城建档案管理部门移交一套符合规定的工程档案。

（2）停建、缓建工程的机电工程档案，暂由建设单位保管。

（3）对改建、扩建和维修工程，机电工程项目应对改变的部位，重新编写工程档案，并在工程竣工验收后3个月内配合建设单位向城建档案管理部门移交。

（4）机电工程施工单位应在工程竣工验收前将工程档案按合同或协议规定的时间、套数移交给总包单位，并办理移交手续。

5　机电安装工程商务管理

5.1　商务管理的概念

机电安装工程商务管理，旨在建立完善的管理制度，明确职责分工和目标责任，通过奖惩激励约束机制，发挥管理人员的能动性和创造力，通过开源节流、降本增效策划，实现项目成本和收益目标，提高项目盈利能力和企业经济效益。

其内涵是项目实施阶段施工的成本控制，管理范畴涵盖合同管理、进度报告管理、预结算管理、变更签证与索赔管理、资金计划与使用管理、劳务（专业）分包管理、物资（设备）采购管理等。

商务管理主要包含如下两个方面的工作。

5.1.1　合同管理

1. 管理原则

保护自身的合法权益，减少承包合同纠纷，提升签约质量，进一步加强承包合同风险防控。

2. 主要应对风险

（1）发包人资格风险：发包人必须具备法人资格，若不具备法人资格，发包人上级主管单位或政府机关出具相关委托或证明。

（2）合同承包内容及范围风险：需与招标文件约定一致。对合同中出现的诸如“除另有规定外的一切工程”“承包人可以合理推知需要提供的为本工程实施所需的一切辅助工程”之类含混不清的工程内容或工程责任的条件，要求删除或明确界定。

（3）合同价格形势风险：计价方式约定不清晰；合同总价包死；措施费、人工费、材料调差固定包死不调整。

（4）计量周期风险：施工完成量业主（监理）审核周期超过一个月。

（5）工程款支付风险：存在现金支付条款；存在向承包人职工、分包、分供等代付条款；存在使用票据、供应链支付形式；存在以房或其他资产抵付工程款。

（6）变更签证确认风险：变更签证计价方式及确认时间约定不明确，或约定竣工结算时一并结算支付。

（7）罚则风险：对质量、安全、工期不分原因进行处罚的风险，工期延误罚则无限制条件。

（8）竣工结算风险：竣工日期与竣工验收日期不一致，约定结算条件为竣工验收备案后，约定提交结算申请单的期限为缺陷责任期终止证书颁发后。

（9）不可抗力风险：不可抗力中异常恶劣天气约定的气温、天气、雾霾等条件约定不明，后期因异常恶劣天气引起索赔争议。

3. 工作要求

(1) 资信管理：接到招标文件后、招标评审结束前对建设单位和工程建设项目进行资信调查。

(2) 投标管理：招标文件、投标文件应履行评审、审批程序，投标前应进行投标创效策划。

(3) 合同谈判公关：摸清业主合同谈判的主谈人及参与人员，明确是在和业主谈判，而不是跟合同条款谈判，当关系不到位时不忙于签合同。

(4) 合同评审：明确合同评审职责分工，完善评审标准并将评审分工及标准落实在相关评审表格上，评审部门应严格填写。

(5) 合同谈判策划：根据合同评审意见，合同谈判小组在谈判前应适时利用好人脉关系，按需进行谈判策划，制定合同谈判策略，明确合同谈判的底线目标、争取目标，根据业主参加谈判人员数量与级别配备相应谈判人员，做到有问必答。

(6) 合同谈判：合同洽谈时，谈判人员应掌握好各项条款的进退策略，提前同业主主要人员进行沟通。主谈人员应熟悉策划方案，掌控谈判进程，合同洽谈完成后，及时对洽谈成果形成书面记录，条件许可的情况下争取双方参加人员签字确认。

(7) 合同签署：已完成评审、审批流程的合同，可进入签署及用印流程。

(8) 合同变更：如果更改的合同内容不需要重新进行评审和提交评审报告，可以直接在新合同上盖章，不再启动新的评审流程。如果合同内容变更较大，需要重新进行合同评审，原合同作废。

(9) 合同交底：业务主办部门负责组织商务、工程技术、安全生产、法律等相关部门对项目部进行一级合同交底。合同履行策划经批准后，项目部相关负责人负责组织项目管理人员进行二级合同交底。

(10) 承包合同履行策划：履行策划应对承包合同风险点进行再次识别，明确工作分工并对合同中各项条款进行梳理，分析存在的风险，拟定应对措施，并将实施责任进行分解、落实、考核。承包合同履行策划应实行动态调整，当外部条件（环境）等发生变化需调整时，及时对原策划进行调整，并做好调整记录。

(11) 承包合同履行监控：合同履行监控应建立合同风险分级监控、预警、管理机制。将风险要素分为不同的级别并设定预警触发点和风险处理机构。工程承包合同履行监控管理主要包括合同工期、收款、变更、签证、索赔、结算、保修、风险点变化等。

5.1.2 成本管理

(1) 根据工程项目施工成本管理的要求和特点，工程项目施工成本计划实施的步骤为：成本计划→成本控制→成本核算→成本分析→成本考核。

(2) 成本计划是在多种成本预测的基础上，经过分析、比较、论证、判断之后，预先规定计划期内以货币形式的项目施工耗费和成本所要达到的水平，并且确定各个成本项目比预计要达到的降低额和降低率，提出保证成本计划实施所需要的主要措施方案。

(3) 成本控制是指在施工过程中，对影响项目成本的各种因素加强管理，并采取各种有效措施，将施工中实际发生的各种消耗和支出严格控制在成本计划范围内，随时揭示并及时反馈，严格审查各项费用是否符合标准，计算实际成本和计划成本之间的差异并进行分析，消除施工中的损失和浪费现象，发现和总结先进经验。

（4）成本核算是承包企业利用会计核算体系，对项目建设工程中所发生的各项费用进行归集，统计其实际发生额，并计算项目总成本和单位工程成本的管理工作。项目成本核算是承包企业成本管理的基础工作，它所提供的各种信息，是成本预测、成本计划、成本控制和成本考核等的依据。施工阶段成本控制包括：分解落实计划成本，核算实际成本，成本分析、及时纠偏，注意工程变更及不可预计的因素。

（5）成本分析应按照“量价分离”的原则，采用对比分析等方法，对实际工程量与预算工程量、实际消耗量与预算消耗量、实际价格与采购价格（或预算价格）、各种费用实际发生额与计划发生额等进行对比分析。

（6）成本考核是对成本管理的成绩或失误进行总结与评价。在工程项目建设过程中或项目完成后，定期对项目形成过程中的各级单位成本管理的成绩或失误进行总结与评价。通过成本考核，给予责任者相应的奖励或惩罚。

5.2 招标文件评审及投标文件编制

对发包人的招标文件评审，包括对招标人资信、招标文件条款、招标清单、招标图纸、招标合同条款进行评估，以期识别其中的风险，在投标文件编制时具有针对性，对无法在投标过程中规避的风险，应传递至合同谈判环节。

5.2.1 招标人资信调查评估

对发包人的基本企业情况、资产状况、企业经营情况、项目所在地现场情况逐一调查，以期在项目最早期识别风险情况，为投标决策提供依据。合同履约过程中，跟踪发包人资信变化，及时收集相关信息。合同完成或合同中止后，应根据合同履约情况对发包人资信状况进行合同总结评价。

5.2.2 招标文件评审

1. 项目主体

对发包人进行资信评估，核查招标项目是否取得建设行政许可。

2. 发包范围

发包范围和内容是否描述清楚，机电与土建、装饰、市政等专业的界面划分是否清晰。

3. 招标文件主体

评标的办法是否能够满足，规定的废标情形是否能够规避。

4. 技术要求

图纸是否包含在招标文件中，招标文件要求的施工工艺、工序、使用新技术、新材料与常规工程是否存在差异；工程所要求奖项是否过高，工期是否满足合理的施工安排。

5. 合同价款确定

计量方式是否约定，计价方式是否约定清晰（固定总价、固定单价），价格中包含的风险范围是否清晰及合理，人工材料价格的调整方式是否描述清晰，变更签证的计价方式及确认时间是否描述清晰。

6. 工程款支付

是否垫资，预付款及进度款的额度及时间是否描述清晰，变更签证价款的支付时间、保修款的支付时间是否描述清晰。

7. 竣工验收

是否约定以发包人认可的验收日期或以其取得相关手续为准（易导致竣工日期拖延）。

8. 竣工结算

是否约定了中间结算，是否约定了结算审核时间。

9. 合同生效、终止及争议解决

合同生效的条件是否利于操作，合同终止条款是否对等，争议解决方案是否为发包人具有优势资源的法院或仲裁机构。

10. 其他

保修期是否不符合《建设工程质量管理条例》要求，担保、奖罚条款是否对等。

5.2.3 投标商务策划

投标商务策划的目的是分析投标单位自身、业主以及竞争对手的实际情况，依据对招标人及招标文件评审后识别出的风险，制订对策，突出优势，拟定商务报价策略，如不平衡报价法、多方案报价法、增加建议方案法、投标前突然竞价法、无利润竞标法、先亏后盈法等。

1. 核算工程量

对招标图纸进行计算，需按楼号、楼层、业态、系统独立计算并列出计算明细；在备注栏注明计量图纸版本号，各区域计量界面划分需注明，计量的起点及终点要明确。以便于在与招标清单进行对比，在清标过程中与招标人核对，为合同履约过程中的“价本分离”提供依据（表 5-1）。

工程量计算表（示意） 表 5-1

序号	区域	具体部位	建筑部位	系统	清单编码	项目名称	单位	计算式	数量	备注
一	大商业区									
1	地下室	地下一层	防火分区/机房内外	给水排水						
2	地下室	地下二层	防火分区/机房内外	电气						

2. 对比招标工程量清单

如差异量超出投标人企业规定范围，制订相应的投标策略。如：提出答疑修改工程量清单，如招标文件约定不允许修改，则考虑是否采用不平衡报价（表 5-2）。

工程量清单差异分析表（示意） 表 5-2

清单编码	项目名称	招标工程量清单数量	投标人测算工程量	差异量

3. 编制投标成本

编制投标成本时，要充分熟悉有关技术规格、规范及标准，招标人对工程的质量、性能、档次的要求，不盲目提高材料设备的档次规格，更不能为了降低投标价格，降低档次或质量标准，满足和符合业主需要是确保造价合理的基础。投标成本应按人工费、材料费、机械费、管理费、措施费、税金等，依照拟定的施工方案进行测算（表 5-3）。

投标成本分析表（示意） **表 5-3**

一级子目	二级子目	三级子目	成本	报价	盈亏额	措施
人工成本	管理成本	项目经理				
		技术负责人				
		……				
	依据施工组织设计方案确定的人员编制和实际工资支付标准及工期计算项目管理成本，依据办公及管理需要计算办公设施、消耗性材料的支出成本，同时应考虑主要设备或设施的残值或折旧费用					
	劳务成本	给水排水				
		电气				
		……				
	依据工期及必要的专业需要，按照实际劳动力投入，参照实际劳务成本（包括劳务公司的合理管理费用和利润），计算工程项目的劳务成本，以此反向比较工程预算报价中人工费用等是否合理，确定调整方案					
材料成本	实体工程材料	型钢				
		电缆				
		……				
	周转材料					
	运输、保管					
	结合市场实际情况确定工程材料成本，发出的询价文件应包括：工程量表、图纸及相关设计资料、执行的技术规范或标准、招标文件约定的技术规格要求、报价要求及返回日期等					
机械成本	大型机械					
	小型机械					
	检测设备					
	……					
	充分考虑市场设备租赁资源及企业自有设备资源确定机械使用成本					
开办措施	深化设计费					
	咨询费					
	临时设施费	临水临电				
		现场办公室				
		加工厂及材料堆场				
		……				
	安全文明施工费					
	深化设计费：依据设计人员工资、设备购置、软件购置、出图打印等确定深化设计成本，同时需考虑残值及折旧费用。安全文明施工费：各地区基本上都有较明确的计取标准，没有特殊约定，不能作为降低造价或优惠的目标					

续表

一级子目	二级子目	三级子目	成本	报价	盈亏额	措施
财务费用						
专业分包、分供费用						
规费						
税金						
合计						

4. 编制资金流计划

编制现金流计划的目的，是为了依据招标文件中有关保证金、预付款、工程款、保修款等规定及工程投标成本与进度安排，对项目施工全周期的资金流入与流出做出预测（表5-4）。应从资金支持和资金流量方面考虑，加快资金循环周期和频率，减少资金占用，充分利用资金收款周期和支付期限时间差，减少资金周转时间，发挥有限资金的作用，从而减少不必要的财务费用。

资金流计划表（示意） 表5-4

内容 \ 年份		××年			保修期	合计	备注
序号	项目名称	×月	×月	……	×年×月～×年×月		
1	完成产值						
2	计划资金流入						
2.1	预付款						
2.2	进度款						
2.3	其他收入						
2.4	……						
3	计划资金流出						
3.1	劳务支出						
3.2	材料费支出						
3.3	机械费支出						
3.4	管理费支出						
3.5	措施费支出						
3.6	税金						
4	月资金流量 2-3						
5	累计资金流量 1+2+3+4						

5.2.4 形成投标文件

确定了投标成本及投标策略后，应审核投标文件对招标文件的实质性要求的响应情况。

5.2.5 不平衡报价的编制原则

（1）从项目的定位、使用功能、结构形式及预计的变化情况、预计的转让情况进行分析，根据功能的变化情况对报价进行不平衡调整。如措施费调整，装饰装修和机电系统的变化等。

（2）分析项目的招标范围、承包内容及界面划分是否清晰：界面划分不清晰，或界面划分清晰、将来招标人要单独/指定发包的项目做不平衡价调整（调低）；对在施工图承包范围内但专业性很强，或有单独要求专项资质的、将来招标人单独发包/指定分包项目做不平衡价调整（调低）；将招标人单独发包/指定分包项目和发包人采购材料、设备纳入投标工期网络计划中，并适当压缩其工期，为以后的工期和费用索赔奠定基础。

（3）与设计人员进行沟通，了解招标人设计意图及设计深度、设计不完善、将来可能变更的情况，找出和设置可作为不平衡价调整的策划点。

（4）进行工程量复核，找出清单中工程量较大（小）的项目；找出招标文件、技术规范、图纸、清单项目特征，对规格、型号、性能、具体作法等描述不清楚的子目；找出招标文件中未明确品牌或档次要求的，或有品牌要求但无规格（系列）、产品等级要求的材料设备。针对工程量复核不平衡报价设置的原则是：清单工程量偏小但预计将来工程量增加的，报价要适当提高；清单工程量偏大预计将来工程量减少的子目，报价适当偏低。针对清单描述不清楚不平衡报价设置原则：采用尽可能低的报价，在编制说明中注明如需要更换材质，由招标人重新认价。针对品牌或档次不明确的不平衡报价设置原则：在投标报价编制说明中注明材料产地、厂家、品牌、型号、规格等。

（5）慎用不平衡报价，结合投标人自身经验及发包人管理模式合理布置不平衡报价点，防患发包人反向利用不平衡点带来的损失。

5.3 合同签订

投标人应争取合同的起草权，合同文本由发包人提供的，应与国家、行业示范文本对比，对合同履行有实质性影响的，应明示在评审意见中。

5.3.1 合同文本分析

1. 合法性分析

包括：当事人是否具备相应资格；工程项目是否已具备招标投标、签订和实施合同的一切条件，特别是具备各种批准文件；招标投标过程是否符合法定的程序；合同内容是否符合《合同法》和其他各种法律的要求。

2. 完备性分析

包括：构成合同文件的各种文件是否齐全；合同条款是否完备，对各种问题的规定有没有遗漏；合同用词是否准确，有无模棱两可或含义不清楚的地方；对工程中可能出现的不利情况是否有足够的预见性。建议应尽量采用或参考施工合同示范文本订立合同。

5.3.2 合同评审

合同评审的目的是识别合同风险，为合同谈判提供依据。合同评审内容与招标文件评审内容一致。

5.3.3　合同谈判策划

根据招标文件评审、投标策划、投标文件、合同评审的内容，说明风险点、谈判重点及策略，并将谈判目标进行分级（表 5-5）。

谈判目标分级表　　表 5-5

核心目标	必须坚持的目标
力争目标	力争修改条款以对投标人有利
策略目标	可策略性放弃的条款

5.3.4　需掌握的核心条款

1. 承包范围

与合同额密切相关，要避免扩大承包人的施工范围。对预留孔洞、二次封堵应增加限定，避免因发包人图纸不清、变更、甲指分包未按约定开凿等导致的工程量、工期的变化。

2. 工期目标

工期目标是发包人的首要权利之一，也是承包人的首要义务之一，应注意约定：工期处罚应设置上限；设置节点工期时，非关键节点工期不应设置处罚，关键节点不应设置双罚原则（关键节点工期与总工期仅处罚一次）。

3. 质量目标

是承包人的又一首要义务，质量标准的描述应符合现行国家、地区、行业规范标准。

4. 停工及缓建（非承包人原因造成）

应约定一旦出现非承包人原因的停工及缓建，不仅应顺延工期，还应对承包人进行经济赔偿。赔偿的计算应详细约定，包括：人工费、材料费、机械费、措施费、管理费的赔偿标准，恢复施工时的费用、工期及其他约定事项，超出合同约定的停工、缓建时间后承包人有权解除合同。

5. 工程款支付

工程款支付是承包人的首要权利，也是发包人的首要义务。工程款包括预付款、进度款、变更款、竣工款、结算款、保修款，应逐项约定具体的审核时间、支付时间及支付比例。如为节点付款，应约定发包人或监理按月对承包人完成的当月工程量进行审核确认。如支付方式为票据形式，还应约定必要的保兑措施。

6. 竣工验收

应注意与“竣工验收备案”的区别。“竣工验收备案”指：建设单位自建设工程竣工之日起 15 日内，将建设工程竣工验收报告与规划、消防、环保等政府部门出具的认可文件或准许使用文件报送建设行政主管部门或其他有关部门备案。

7. 竣工结算

应合理约定结算的申报时间、审核时间，并约定如超期，应认可对方的结算金额。

8. 质量保修

保修期的起算时间以及保修期的约定应符合《建设工程质量管理条例》。如发包人以

“竣工移交”（竣工移交非承包人可控，若发包人恶意拖延接受将造成保修期拖延）或“竣工验收备案之日”或“竣工验收合格满××月起”起算保修期，将导致保修金的回收时间拖延。

5.4 合同履约管理

5.4.1 合同交底

合同签订后，首先，要由招投标中编制“经济标”和“技术标”的部门，与合同管理部门对项目部项目经理、商务经理及主要管理人员进行合同交底。其次，由项目部商务人员对各级项目管理人员进行合同交底。

通过合同交底，使大家熟悉合同中的主要内容、各种规定、管理程序，了解施工单位的合同责任和工程范围。项目部应将各种合同事件的责任分解落实到各管理人员，使他们对各自的工作范围、责任等有详细的了解。通过层层合同责任分解，层层合同责任落实到人，使各管理人员都能尽心尽职。

合同交底的内容：

（1）发包人的资信状况；

（2）投标策略，以及投标报价时成本分析、预计的主要盈亏点；

（3）不平衡报价策略中不平衡报价的项目；

（4）合同洽谈过程中考虑的主要风险点，谈判的重点及洽商结果；

（5）合同订立前的评审过程中提出的主要问题或建议，特别是评审中明确要求进行调整或修改，但经洽商仍未能调整或修改的条款；

（6）合同的主要条款，包括质量、工期约定、工程价款的结算与支付、材料设备供应、变更与调整、违约责任、总分包分供责任划分、履约担保的提供与解除、合同文件隐含的风险以及履约过程中应重点关注的其他事项等。

5.4.2 合同变更管理

合同变更在工程实践中是非常频繁的，变更意味着索赔的机会，所以在工程实施中必须加强管理。项目部商务经理应该记录、收集、整理所涉及的种种文件，如图纸、各种计划、技术说明、规范和业主的变更指令，并对变更部分的内容进行审查和分析。在实际工作中，变更必须与索赔同步进行，待双方达成一致以后，再进行合同变更。

5.4.3 合同资料管理

（1）合同资料可分为“书面资料、电子资料、照片及音像资料”（表 5-6）；合同资料应由发包人、投标人、监理方、设计方及其他相关方，具有授权的组织或人员在授权范围内签署；合同资料的真实性可通过第三方查询、函证、承诺、担保等方式补强。

（2）合同资料可分为“施工合同及附件、合同履行文件、政府行政主管部门相关文件”（表 5-7）。

合同资料种类表 **表 5-6**

书面资料	要求书面文件为原件，签字最好采用蓝黑墨水，避免造成纠纷时因原件与复印件不一致，而又无法分辨时造成麻烦
电子资料	未经过技术处理或人为编辑
照片及音像资料	保留最原始记录，并有事前、事中、事后的对照

合同资料范围表 **表 5-7**

<table>
<tr><th>序号</th><th>合同资料范围</th><th>备　注</th></tr>
<tr><td>一</td><td>施工合同及附件</td><td></td></tr>
<tr><td>1</td><td>招标文件、投标文件、投标往来函件、承诺书</td><td></td></tr>
<tr><td>2</td><td>中标通知书</td><td></td></tr>
<tr><td>3</td><td>施工合同（协议书、通用条款、专用条款、保修书及附件）</td><td></td></tr>
<tr><td>4</td><td>施工合同补充协议</td><td></td></tr>
<tr><td>5</td><td>经发包人批准的施工组织设计（含进度计划）</td><td>1. 需加盖发包人印章，并经有权人员签字
2. 注意批准日期与合同文件的衔接</td></tr>
<tr><td>6</td><td>监理合同复印件，发包人、监理方、设计方现场管理人员授权委托书及变动情况确认函</td><td rowspan="2">1. 授权书要由相关单位盖章、法定代表人签字；应当留原件
2. 授权事项和期限要明确</td></tr>
<tr><td>7</td><td>分包、分供方现场管理人员授权委托书及变动情况确认函</td></tr>
<tr><td>二</td><td>合同履行文件</td><td></td></tr>
<tr><td>1</td><td>收发文函登记簿（包括发函原件、传真记录、寄送凭证、包括收函原件）</td><td>1. 发包人方、监理方、设计方、分包分供方等收发文人员应为合同、函件或会议纪要中明确的收发文授权人员
2. 对发出的文件，要求收文单位在发文本上签字，并注明收文时间；对收到的文件要求外单位发文人员在收文本上签名，并注明发文时间</td></tr>
<tr><td>2</td><td>图纸、图纸会审纪要、变更、设计交底文件及供应记录</td><td>由设计院、合同约定的建设单位代表、有签字权的监理签字</td></tr>
<tr><td>3</td><td>建设单位设计变更通知单及变更工程价款报告</td><td>由设计院、合同约定的建设单位代表、有签字权的监理签字，报告要经有授权的人员签收</td></tr>
<tr><td>4</td><td>签证单及签证工程价款报告</td><td>经发包人签收</td></tr>
<tr><td>5</td><td>工程师（监理）指令、通知及对该指令和通知的复函</td><td>经有授权的监理签字、下发和签收，无签收的，可留存送达记录</td></tr>
<tr><td>6</td><td>发生违约事件的原始资料</td><td></td></tr>
<tr><td>7</td><td>索赔申请、索赔报告及依据资料</td><td>经发包人签收</td></tr>
<tr><td>8</td><td>停、送水、电，道路开通、封闭的日期记录</td><td>搜集通知、公告等，保留现场人员、机械投入资料，依据合同及时递交工期或费用索赔报告</td></tr>
<tr><td>9</td><td>干扰事件影响的日期及恢复施工的日期记录</td><td>搜集新闻报道、天气预报、拍照等作为证据资料</td></tr>
<tr><td>10</td><td>质量安全事故记录</td><td>项目管理人员、相关分包分供现场代表签字，政府有关部门处理记录的留存</td></tr>
</table>

续表

序号	合同资料范围	备　注
11	发包人提供材料进场记录	材料员、供货单位负责人、发包人代表等共同签字，小票、单据内容与施工合同一致
12	经发包人审核的形象进度报表	
13	进场通知书	经监理方或发包人签发
14	开工报告	经发包人签收
15	中间验收报告	明确时间，经授权人签字，加盖印章
16	竣工验收报告	明确时间，经授权人签字，加盖印章
17	停工（复工）通知（报告）	经发包人签收
18	工期延误报告	经发包人签收
19	竣工验收证明	
20	工程交接证明	经交接双方授权人签字
21	工程预算书、中间结算书（按合同约定）、竣工结算报告、竣工结算书、审定的工程结算书	经接收方授权人签字
三	国家、省市及行业有关影响工程造价、工期的文件、规定	

5.5 结算管理

5.5.1 管理原则

工程结算管理工作应坚持责任明确、注重时效、争取收益最大化的原则。

5.5.2 管理要求

（1）工程结构封顶后2个月内完成主体结构之前的项目成本锁定、结算资料整理、收益分析及创效策划调整（结构封顶节点仅针对房建工程，基础设施、装修、机电、钢结构等工程应结合自身专业工程特点确定工作节点）。

（2）项目竣工验收或交付前1个月内完成项目的成本预估、结算资料整理、收益分析，项目结算策划要通过公司的评审，具备结算书报出条件。

（3）竣工验收或交付后1个月内报出结算书，签订项目竣工结算责任书。

（4）力争在项目竣工或交付后6个月内完成项目竣工结算。

（5）力争房建类项目竣工一年内项目结算率100%，基础设施类项目竣工一年内项目结算率80%，竣工两年内项目结算率100%。

5.5.3 结算编制依据

（1）前期投标资料：招标文件、招标图纸、答疑、地勘、会议纪要或者备忘录、投标书（商务）、技术标、询标问卷等。

（2）总包合同及补充协议：中标通知书、施工合同、补充协议。

（3）图纸会审、设计变更：图纸会审、设计变更、技术核定单、工程指令单等原件。

（4）发包人往来函件：开工报告、发包人代表授权委托书、监理委托合同及总监委托书、场地交接记录、图纸交接书、节点及竣工验收证明等与工期有关的往来函件、通知等。

（5）发包人、监理联系单：涉及结算相关的工作联系单资料。

（6）竣工图纸：经监理、设计、发包人共同确认的加盖竣工图章的完整竣工图纸。

（7）签证：现场签证、补偿报送及批复资料原件。

（8）双方（或三方）认价单：综合单价认价单、材料认价单及相关资料。

（9）会议纪要：涉及工期、费用补偿、索赔等相关监理发包人例会、专题会等纪要。

（10）施工方案及施工组织设计：经监理单位、发包人确认并作为施工依据的施工专项方案、施工组织设计等（包括配筋单）。

（11）当地政府主管部门发布的政策性调价文件、造价信息等：当地造价部门发布的人工费、燃油费、机械费调整等政府文件及当地的网刊价格信息。

（12）施工期间变化的法规：施工期间变化的税收法规变化、规费缴纳政策变化等规定。

（13）竣工验收及交档资料：分部分项工程验收记录、竣工验收报告、材料进场记录、复试、隐蔽资料等。

（14）甲供材对账单：甲供材料的收料对账单。

（15）奖励及扣款明细：发包人、监理方的奖励扣款明细资料。

（16）索赔：索赔单、反索赔单及证明材料。

（17）其他：施工日志、工程照片、水电费移交及费用交纳、政府备案超过总包自施合同额部分多缴纳的费用等其他经济条款及业主对结算资料的要求。

5.5.4 结算编制内容

（1）按合同约定竣工图纸范围内工程造价。

（2）设计变更及签证索赔造价。

（3）争议及其他未解决事项造价。

5.5.5 结算争议处理原则

（1）结算过程中，可对双方没有争议部分先行审核确认，有争议部分按合同约定的争议及解决程序处理。

（2）应严格按合同约定先办理工程结算后备案，避免为满足发包人项目备案需要开具虚假“结算证明”导致发包人丧失自身权益。

5.6 索赔管理

工程索赔包括承包方向发包方的索赔、发包方向承包方的索赔、承包方向分包分供方的索赔、分包分供方向承包方的索赔。

签证与索赔的区别：签证是工程双方当事人就某一问题协议一致的行为。索赔是一方根据合同约定或法律规定向另一方提出主张的行为。

5.6.1 索赔的合同依据

合同中明示的索赔是指承包人所提出的索赔要求在该工程项目的合同文件中有文字依据，承包人可以据此提出索赔要求，并取得经济补偿。

合同中默示的索赔是指承包人所提出的索赔要求，虽然在该工程项目的合同条款中无专门的文字描述，但可以根据该合同的某些条款的含义，推论出承包人有索赔权，这种索赔要求，同样有法律效力，有权得到相应的经济补偿。

5.6.2 索赔的分类

1. 工期索赔

工期索赔是对权利的要求，以避免在原定合同竣工日不能完工时，被发包人追究拖期违约责任。一旦获得批准合同工期顺延后，承包人不仅免除了承担拖期违约赔偿费的严重风险，而且可能提前工期得到奖励，最终仍反映在经济收益上。

2. 费用索赔

目的是要求经济补偿，当施工的客观条件改变导致承包人增加开支，要求对超出计划成本的附加开支给予补偿，以挽回不应由其承担的经济损失。

5.6.3 索赔事件

1. 工程延误索赔

因发包人未按合同要求提供施工条件，如未及时交付设计图纸、施工现场、道路等，或因发包人指令工程暂停或不可抗力事件等原因造成工期拖延的，承包人对此提出索赔。

2. 工程变更索赔

由于法人或监理工程师质量增加或减少工程量或增加附加工程、修改设计、变更工程顺序等，造成工期延长和费用增加，承包人对此提出的索赔。

3. 合同被迫终止索赔

由于发包人或承包人违约以及不可抗力事件等原因造成合同非正常终止，无责任的受害方因其蒙受经济损失而向对方提出索赔。

4. 工程加速索赔

由于发包人或工程师指令承包人加速施工速度，缩短工期，引起承包人人、财、物的额外开支提出的索赔。

5. 意外风险和不可预见因素索赔

在工程实施过程中，因人力不可抗拒的自然灾害、特殊风险以及一个有经验的承包人通常不能合理预见的不利施工条件或外界障碍，如地下水、地质断层、溶洞、地下障碍物等引起的索赔。

6. 其他索赔

因货币贬值、汇率变化、物价、工资上涨、政策法令变化等原因引起的索赔。

5.6.4 索赔程序

1. 承包人提出索赔要求

（1）发出索赔意向通知；

（2）递交索赔报告。

2. 工程师审核索赔报告

（1）工程师审核承包人的索赔申请；

（2）判定索赔成立的原则；

（3）对索赔报告的审查。

3. 判定合理的补偿额

（1）工程师与承包人协商补偿；

（2）工程师索赔处理决定。

4. 发包人审查索赔处理

当工程师确定的索赔额超过其权限范围时，必须报请发包人批准。发包人首先根据事件发生的原因、责任范围、合同条款审核承包人的索赔申请和工程师的处理报告，再依据建设工程的目的、投资控制、竣工投产日期要求以及针对承包人在施工中的缺陷或违反合同规定等的有关情况，决定是否同意工程师的处理意见。索赔报告经发包人同意后，工程师即可签发有关证书。

5. 承包人最终是否接受

承包人接受最终的索赔处理决定，索赔事件的处理即告结束，如果承包人不同意，就会导致合同争议，通过协商双方达到互谅互让的解决方案，是处理争议的最理想方式。如达不成谅解，承包人有权提交仲裁或诉讼解决（图 5-1）。

5.6.5 发包人索赔

《建设工程施工合同（示范文本）》规定，承包人未能按合同约定履行自己的各项业务或发生错误而给发包人造成损失时，发包人也应按合同约定向承包人提出索赔。

《FIDIC 施工合同条件》中，业主的索赔主要限于施工质量缺陷和工期拖延等违约行为导致的业主损失。

5.6.6 案例

【例 5-1】 2005 年 10 月 27 日，发包人 A 公司与承包人 B 公司订立《电气安装工程承包合同》。双方约定：A 公司将其开发的住宅项目 3 幢楼的电气安装工程发包给 B 公司施工，工程总价款为 160 万元包干；合同签订后 2 日内，A 公司付款 30 万元，3 幢楼均开始铺设电缆电线时付款 50 万元，启动设备验收合格、住户装表后的 3 日内付清全部工程款；本工程从签订本合同的第 3 天起实施，在 2005 年 12 月 5 日前竣工通电。

合同订立后，A 公司即依约向 B 公司支付了 30 万元工程款，后来又因 B 公司迟迟不进场施工，A 公司无奈之下又提前向 B 公司预支了 20 万元工程款，A 公司前后共向 B 公司支付工程款 50 万元，严格履行了自己的合同义务。但 B 公司却违反约定，在收到 A 公司 50 万元工程款后又以铜材涨价为由向 A 公司提出增加工程款 35 万元的无理要求，遭

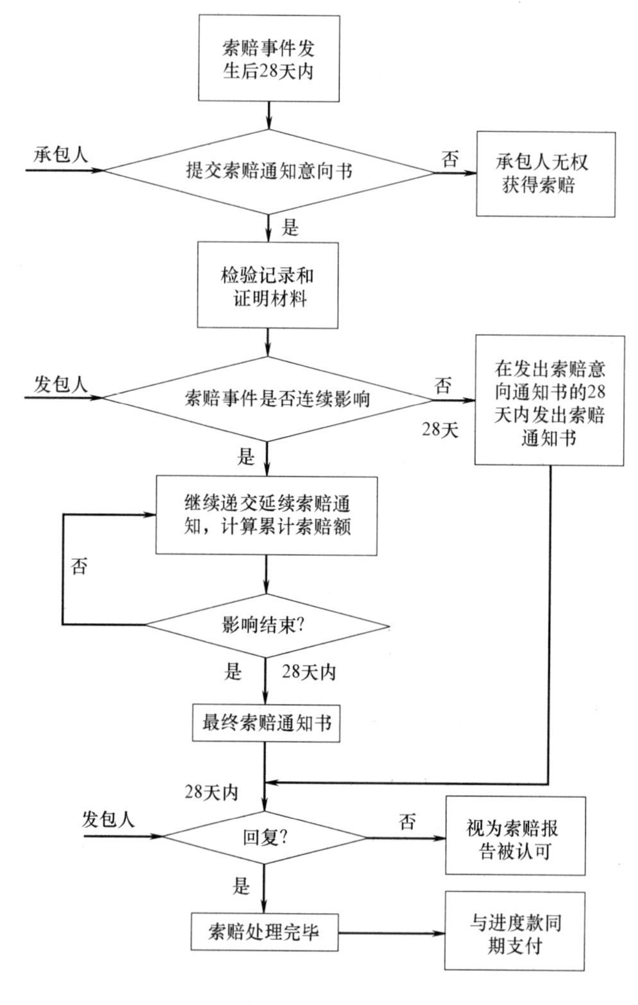

图 5-1　索赔程序

拒后就无端停止施工。虽经 A 公司多次口头及书面要求，B 公司一直拒不恢复施工，导致项目电气工程迟迟不能完工，给 A 公司造成了巨大的经济损失。A 公司只能将该项工程通过招投标程序另行发包给 C 公司施工并支付了工程款 182 万元。后 A 公司申请仲裁，请求裁决：①解除双方于 2005 年 10 月 27 日签订的《电气安装工程承包合同》；②B 公司返还 A 公司工程款 50 万元并赔偿 A 公司损失 22 万元。

问题：此争议依据合同法律规范应如何处理？

参考答案：

（1）《施工合同司法解释》第 8 条规定，承包人明确表示成者以行为表明不履行合同主要义务的，发包人请求解除合同的应予以支持。本案中，A 公司多次催促 B 公司进场恢复施工，其仍不进场施工，该行为已表明其不愿履行合同主要义务，故 A 公司要求解除合同的诉请应予以支持。

（2）《施工合同司法解释》第 10 条第 2 款规定：“因一方违约导致合同解除的，违约方应当赔偿因此而给对方造成的损失。”由于 B 公司的违约行为，A 公司只能将该项工程另行发包给C公司施工并支付了工程款182万元。因此，与《电气安装工程承包合同》约定的包干价款160万元相比，A公司损失22万元，依法应由B公司承担赔偿责任。B公司返还A公司已支付的50万元工程款并赔偿其22万元损失。

【例5-2】 业主单位与某市政公司签订地下管廊工程总承包合同，市政公司将任务下达给该公司的第一分公司，事后第一分公司又与某建筑队签订分包合同，将60%的工程分包给了建筑队。市住房和城乡建设委员会主管部门在检查该项工程施工中，发现该建筑队承包手续不符合有关规定责令停工，某建筑队不予理睬。市政公司下达停工文件，某建筑队不服，以合同经双方自愿签订，并有营业执照为由，诉诸人民法院，要求第一分公司继续履行合同或承担违约责任并赔偿经济损失。

问题：

（1）依法确定总、分包合同的法律效力。

（2）该合同的法律效力应由哪个机关（机构）确认？

（3）某建筑队提供的承包手续完备吗？

（4）某市住房和城乡建设委员会主管部门是否有权责令停工？

（5）合同纠纷的法律责任如何裁决？

参考答案：

（1）总包合同有效，分包合同无效，因第一分公司不具备法人资格，且无合法授权；第一分公司把总体工程的50%以上的工程分包给建筑队，依据《建筑法》第29条的规定，主体结构必须由总承包单位自行完成。

（2）该合同应由人民法院或仲裁机构确认无效。

（3）建筑队只交验了营业执照，并未交验建筑企业资格证书。

（4）市住房和城乡建设委员会主管部门有权责令停工。

（5）双方均有过错，分别承担相应的责任，依法宣布分包（实为转包）合同无效，终止合同，由市政公司按规定支付已完工程量的实际费用（不含利润），不承担违约责任。

5.7　成本管理

对项目成本结构进行细化，寻找收入产生途径，确保目标利润空间的工作。

5.7.1　成本管理原则

（1）完全成本管理：涵盖以项目作为盈利对象所必须承担的全部成本。包括：前期营销费用、市场营销奖励、固定资产折旧、财务资金费用、项目建设工程成本、项目间接费用、税金（及收费）、质量保证金、项目奖励等。

（2）全面成本管理：项目成本管理涉及项目进度、质量、安全、商务、技术、物资、劳务、机械、财务资金等一系列管理工作，需项目部全体成员参与其中。

（3）成本动态监控：项目实施过程中，需对项目成本进行动态监控，及时了解项目成本变化情况，对可能增加项目成本的情况进行分析并及时预警，制定相应管控措施。

（4）成本考核有力：建立完善的成本考核机制，通过检查、考核、奖励、处罚来有效推动项目成本管理工作。

5.7.2 成本管理职责

1. 项目经理

合同履约第一责任人，是引领项目管理团队的舵手，是整个项目管理的核心。工作责任体现在：项目各项计划的落实，对外关系的协调，资金的申请、回收及使用，分包分工选择，成本控制，风险防范，竣工结算，催收清欠等环节。

2. 商务经理

具体实施项目的成本策划和资金策划；根据项目与公司签订的目标责任书编制本项目的计划成本；根据目标责任成本和计划成本编制项目成本控制及措施计划表，并监督过程中成本控制措施的有效实施；根据分包合同和实际形象进度完成分包的月度预结算工作，确保数据的真实、合理；做好月度成本分析整理工作，负责出具工程节点成本分析报告书；组织和策划项目索赔、签证、变更工作，负责与发包方进行收入确认；组织完成工程竣工后的结算工作；归集整理项目成本指标性数据。

3. 生产经理

主持生产的全面工作，组织并督促各部门人员全面完成职责范围内的各项工作任务；在抓好安全生产的基础上，侧重于协调人、材、物的合理调配，协调影响项目生产的相关问题，使项目各项计划得以顺利实施，从而使得工程进度、施工质量得到保证，防范安全风险、质量风险，避免因工期延误、安全事故或质量缺陷导致的业主索赔而给项目带来经济损失。

4. 技术负责人

（1）主持制定施工组织设计、质量计划及各项施工方案并组织实施，优秀的施工组织设计能够指导项目高质量、低成本、低消耗地完成，从而提高项目经济效益。施工组织设计的技术经济性、科学合理性直接影响着整个工程资金的安排使用，对于控制工程成本起着举足轻重的作用。

（2）工程项目施工方法的选择是多种多样的，随着施工工艺、施工技术的发展与不断更新，每种施工方法又有其自身的特点和不足，这就需要根据工程条件，选择既经济又适用的施工方法。在保证工程质量和满足业主使用要求及工期要求的前提下，优化施工方案及施工工艺是降低工程项目成本的重要措施和手段。

（3）合理确定施工工期，对工程成本的控制会产生很大影响。按合理的工期进行劳动力的安排及材料的供应和机械设备等的合理配置，在进度安排上注意均衡性，根据实际情况安排各项工作的施工周期，避免过分集中，有效地削减高峰工作量，减少临时设施，避免劳动力、机械和材料的大进大出，保证工程按计划有节奏地进行。

5. 专业工程师

（1）各项技术及安全交底、进度控制、工程质量、工程资料、设计变更及施工签证等环节，均与项目成本息息相关，尤其是在配合商务人员办理工程经济签证、计算本专业实物工程量（附计算明细）、参与结算的工程量核对、审核分包分供结算工程量、配合资料员对图纸领用与发放、绘制竣工图纸、做好工程资料整理等工作，均要求我们的专业工程师心中时刻有本经济账，时刻绷紧经济这根弦。

（2）优秀的专业工程师首先应懂合同。在工程前期的合同交底过程中，应深入学习合同文本及合同附属文件，包括合同预算书清单，了解合同计费方式与依据，为施工过程中工作联系函的有效对接、经济签证顺利办理及结算的完成打下基础。

（3）专业工程师必须跟踪项目签订合同的物资厂家以及甲供物资厂家的情况，了解厂家的生产能力，产品到场的运输方式等。体现在本专业工程进度安排的合理性上，体现在材料计划提出的及时性、准确性上，体现在物资进场数量的合理性上。物资供应不及时会影响进度、造成工期延误，使得项目管理成本增加，同时会出现施工人员停工待料的窝工现象，造成人工成本的损失；进货数量过多，会造成资金的大量占用，影响资金的使用效率，增加财务成本。

5.7.3　项目成本管理工作流程

具体见图 5-2。

确定成本目标 ⇨ 履约商务策划 ⇨ 成本控制及核算 ⇨ 成本还原

图 5-2　成本管理流程

5.7.4　确定成本目标

在合同价（中标价）的基础上，测算项目实施预算成本，确定项目目标责任成本，落实项目目标责任书（图 5-3）。

图 5-3　成本目标确定流程

（1）投标报价时，为确保中标，往往报出价格低于测算成本。在中标后，应由投标责任单位对项目部管理人员进行交底，将投标期的盈亏分析、风险分析及投标策略对项目部说明。

（2）中标后，项目部根据项目实际情况开展资料收集：对图纸进行二次工程量核算；确定劳务分包、材料设备、施工机械价格；测定项目管理人员管理费用；测定质量成本、安全成本、措施成本等。

（3）根据分析资料及中标工程量清单测算项目标准成本，以期发现合同盈亏情况，对下一步的履约成本策划做好准备（表 5-8）。

成本测算表　　　　表 5-8

序号	分项成本名称	分包/分供专业类型	综合工程量（工日数/台班）	单位	合同价格		责任成本		合同盈亏
					综合单价	合价	综合单价	合价	
A	直接费								
一	人工费（劳务分包成本）								
1	拟用分包 1	电气							
2	拟用分包 2	给水排水							
二	专业分包成本								
1									

续表

序号	分项成本名称	分包/分供专业类型	综合工程量（工日数/台班）	单位	合同价格		责任成本		合同盈亏
					综合单价	合价	综合单价	合价	
2									
三	材料成本								
1	拟用分供1	电气-电缆							
2	拟用分供2	电气-高压配电盘柜							
四	机械成本								
1	机械租赁1	吊车租赁							
2	机械租赁2								
五	临时设施费用								
1		—	—						
2		—	—						
B	总包管理费	—	—						
C	间接费	—	—						
1	职工薪酬	—	—						
2	办公费	—	—						
3	差旅费	—	—						
4	业务招待费	—	—						
5	折旧及摊销	—	—						
6	劳动保护费	—	—						
7	物业费	—	—						
8	财务资金费用	—	—						
9	其他	—	—						
D	规费	—	—						
E	税金及附加	—	—						
1	营业税金及附加（分包抵扣后的差额）	—	—						
F	其他(含暂定金额)	—	—						
1	暂定金额								
2	其他内容								
	合计								

5.7.5 履约商务策划

履约商务策划与投标商务策划在功能定位上不同。投标商务策划目的是分析预计盈亏点、风险点，为制定适合的投标报价策略及正确的投标决策提供依据；履约商务策划则侧重通过分析、策划对策，落实在二次经营具体工作中（表5-9）。

成本控制及措施计划表（示意） 表 5-9

序号	分项成本名称	针对责任成本主要措施	责任成本	计划成本	降低额（盈利提升额）	责任人	完成时间
1	人工费						
2	材料费						
3	机械费						
4	临时设施费						
5	间接费						
6	专业分包费						
7	税金						

（1）根据项目目标责任成本，通过施工方案优化、分包方案优化、材料采购及控制方案优化、项目部管理费用优化、项目签证索赔方案优化以及二次算量，通过量价分离等措施，测算项目计划成本。落实开源节流措施，并将指标分解到项目各管理岗位，明确项目部全体员工的管理职责。

（2）对工程材料采购范围进行划定，明确甲供、甲指、集中采购、项目自购、劳务方采购等，编制物资招标、采购、存放、领用等控制措施。

（3）对业主合同进行周密的风险评估，制定补救措施、计划；确定劳务分包、专业分包的承包方式，编制合理的合同风险策划书。对合同风险进行分析及对解决方案进行详细策划。

5.7.6 成本控制及核算

（1）编制科学合理的施工组织设计和施工方案，进行经济可行性分析，选择最优化方案。施工方案优化是有效控制项目成本的主要途径之一。

（2）制定合理可行的施工进度计划并严格落实，保证工程按期完成，避免不合理抢工造成的成本增加。缩短工期会带来一定的效益，但也会产生不利的因素，需认真研究分析，选择最佳的工期方案。

（3）制订合理的质量目标，确保质量投入合理化，加强质量管理，控制返工情况的发生，避免因质量原因造成的不必要的成本增加。

（4）规范劳务分包、专业分包的招投标工作，严格执行合同范本，减少合约风险。明确劳务（专业）分包承包范围、工作内容、结算原则，并严格按合同约定执行，以合同方式，防范风险，从源头控制成本。

（5）合理组织和安排劳务队，使其发挥最高工效，避免因停窝工或劳务队更换而造成人工费成本等相关费用的增加。

（6）规范材料采购的招投标工作，降低材料的采购成本。做好材料消耗的控制，严格材料使用计划的管理，做到预算量控制计划量，使用量不超计划量。

（7）建立健全各种原始记录，搞好统计与报量工作。

5.7.7 成本还原

（1）项目按月（或施工节点）实行成本盘点，采用量价分离的方式，依据施工进度对劳务成本、物资成本、机械成本等进行盘点及预结算，并依据项目发生的现场管理费、财务资金费用等确认项目间接成本，形成项目月度完全成本。

（2）召开成本分析会，分析成本亏损原因，提出整改措施。

（3）项目竣工结算前，完成项目全面成本分析，以确定项目结算目标和底线。应包括：项目预算收入核算、项目整体成本核算、劳务分包结算、项目管理费用核算、项目物资材料结算、项目材料损耗核算、项目财务资金费用核算、项目后期费用预提等。

6 全生命周期BIM（建筑信息模型）技术及应用

6.1 建筑信息模型概述

BIM是Building Information Model，即建筑信息模型的简称，是一种以三维数字技术为基础，基于各类工程软件所构建的“可视化”的建筑模型。BIM技术是建设工程项目全生命周期内的各种相关信息加以整合并进行有效管理的一种为开发、设计、施工、运营等相关利益方提供“模拟和分析”的科学协作平台，帮助各相关方利用三维数字模型对项目进行设计、建造及运营的全新的管理模式。

近些年，工程建设产业环节中的设计阶段已经开始广泛运用BIM技术，在建筑设计的技术和方法上、各专业的协同工作上、设计质量上都有不少突破。同样，工程建设另一个重要的产业环节施工阶段，也在积极探索运用BIM技术来推动施工过程的技术进步。BIM技术不仅与施工技术相衔接，更与施工管理环节相对应，对于传统施工过程中长期存在的薄弱环节和明显的管理问题，BIM不仅可以提供以模型为载体的先进技术手段，也可以提供以工程信息的有效使用为核心的管理办法。这种基于虚拟可视化的，面向对象表达的、参数化的专业关联，以及准确自动的工程数量计算，成为施工环节改进和提高的重要途径。

6.1.1 国内施工企业BIM应用情况

1. 阶段运用方面

施工准备阶段的BIM应用最多，特别是施工图深化方面最为突出，其次是以施工模拟为内容的各项优化，方法也较为成熟，成功的工程案例也最多。施工阶段的BIM应用主要在进度管理、工程量统计等方面，应用的成熟度较施工准备阶段的BIM应用情况次之。工程竣工阶段的BIM应用主要停留在模型移交上，对于通过工程竣工模型为运维阶段提供有效的数据尚存较大差距。

2. 专业运用方面

从各专业看，施工过程的机电安装专业BIM应用最为突出，所产生的价值最为明显；其次是钢结构专业和幕墙专业BIM应用也比较成功；在建筑构件的生产加工方面效果突出；土建专业方面的BIM应用与其他专业比较相对存在一定差距。

3. 价值实现方面

BIM的可视化价值实现得最为充分，无论是专业论证还是现场施工布置，BIM的可视化都提供了非常重要的手段和工具，建筑、结构、机电多专业的综合协调功能对工程建设也提供了巨大支持，使得施工过程中的错漏碰缺问题发生率大幅度降低，BIM应用中施工模拟为施工优化提供直接帮助，提高了施工质量。BIM应用中的统计和计算功能为施工中的物料管理和精确的工程量统计提供了新的方法，为施工管理提供了新的方法和工具。

6.1.2 BIM 工具

1. 项目阶段与常用 BIM 工具

工程建设项目的全生命周期各阶段，相关的软件工具很多，除了 BIM 建模、可视化和模型应用部分的软件外，还包括相关的计算、分析软件。随着 BIM 技术的发展和普及应用，以往的计算、分析软件也开始逐步提供与 BIM 软件的接口，实现 BIM 模型到计算、分析软件的链接。表 6-1 列举了常用的 BIM 建模、可视化和模型应用软件，表 6-2 列举的是常用的计算、分析软件。

常用 BIM 建模、应用软件 **表 6-1**

软件	专业功能	设计阶段			施工阶段				运维阶段	
		方案设计	初步设计	施工图	施工投标	施工组织	深化设计	项目管理	设施维护	空间管理
SketchUp	造型	●	●							
Rhino	造型	●	●				○			
Bonzai3D	造型	●	●				○			
Revit	建筑结构机电	●	●	●	●	●	●			
Showcase	可视化	●	●							
NavisWorks	协调		●	●	●	●	●	●	○	○
Civil 3D	地形场地道路		●	●	●	●				
ArchiCAD	建筑	●	●	●	●	●	●			
MagiCAD	机电		●	●	●	●	●			
Tekla Structure	钢结构		●	●	●	●	●			
Facility Manager	运维								●	●
Model Checker	检查	●	●	●						
Model Viewer	浏览	●	●	●	●	●		●	○	○
IFC Optimizer	IFC 优化	●	●	●	●	●	●	●	○	○
ArchiBus	运维								●	●

常用的计算、分析软件 **表 6-2**

软件	专业功能	设计阶段			施工阶段			
		方案设计	初步设计	施工图	施工投标	施工组织	深化设计	项目管理
Ecotect Analysis	性能	●	●					
Robot Structural Analysis	结构	●	●	●		●	●	
MIDAS	结构	●	●	●		●	●	
AECOsim Energy Simulator	能耗	●	●	●				
Fluent	风力	●	●	●				
Odeon	声学	●	●	●				
Radiance	光学	●	●	●				

续表

软件	专业功能	设计阶段			施工阶段			
		方案设计	初步设计	施工图	施工投标	施工组织	深化设计	项目管理
Apacheloads	冷热负载	●	●	●				
ApacheHVAC	暖通	●	●	●				
ApacheSim	能耗	●	●	●				
SunCast	日照	●	●	●				
RadianceIES	照明	●	●	●				
MacroFlo	通风	●	●	●				

2. BIM软件数据交换

计算、分析软件开发相应的BIM建模软件的数据转换插件，在建模环境中读取模型信息直接生成计算分析软件自己的数据格式进行计算，有些软件还可以把计算结果直接返回到BIM模型里，对模型进行自动的更新，实现双向的交互。

BIM建模软件输出为国际标准数据格式IFC文件或一些软件厂商联盟标准格式文件（gbXML），计算、分析软件读取IFC文件后转换为计算、分析软件自己的数据格式进行计算，这种方式数据流基本上是单向的，如果计算、分析后需要模型的更新，通常需要手工对模型进行更新。

有些计算、分析软件没有对BIM模型进行模型数据的转换开发，只能通过BIM建模软件输出为流行的图形格式，例如DWG、DXF、DGN、SAT、3DS等传统的三维模型格式，计算、分析软件读取这类数据是纯三维模型，并不包含工程信息，还需要通过手工方式在计算、分析软件里添加相应的工程信息才能满足计算、分析软件的要求。

应用软件，主要是利用BIM模型和计算、分析软件的结果进行相应的应用，除了BIM的模型和一些相关的计算分析结果，通常还需要结合传统的数据库，组成应用管理系统。

3. 常用BIM工具介绍

具体见表6-3。

常用BIM工具介绍 **表6-3**

软件类型	软件名称	软件特点
建模类	Revit	建模基础软件，自身拥有大量的族，数据传递能力强
	Tekla Structure	提供钢结构房屋设计和施工的3D环境，支持多用户模式，能精细地输出图纸和报告，提供与其他建筑软件接口
	Civil3D	测量、设计、分析与制图软件，用于包括土地开发、道路交通、水利水电在内的土木工程
	广联达BIM模架	适用于模板脚手架专项工程方案设计、材料用量计算、施工交底等各个环境
	广联达BIM三维场布	用于建设项目全过程临建规划设计的三维软件，为施工技术人员提供从投标阶段到施工阶段的现场布设产品，解决谎报、消防及安全隐患等问题

续表

软件类型	软件名称	软件特点
建模类	MagiCAD	机电三维深化设计建模软件，易用支吊架计算、流量分析等为项目深化提供支持
	品茗 BIM 施工策划软件	将传统二维平面布置图快速转化为三维平面布置图，同时可直接生成施工模拟动画
	品茗脚手架设计软件	可做落地式脚手架和悬挑式脚手架方案可视化审核、悬挑架工字钢智能布置、脚手架成本估算、脚手架方案论证、方案编制
	BIMSpace	建模基础软件，拥有大量族，为项目深化设计提供支持
	Navisworks	集成、浏览和审核多种 3D 设计文件，可以实现对 3D 模型的实时交互漫游
数据处理类	Dynamo	视觉化程序设计
	Recap360	点云处理及应用
可视化模拟类	Fuzor	将 BIMVR 技术与 4D 施工模拟技术深度结合的综合性平台级软件
	Lumion	实现建筑可视化，渲染效果好
	3Dmax	高质量可视化模型搭建及展示
施工管理平台类	广联达 BIM5D	项目管理平台，可以进行项目进度，成本过程监督管理，数据接收能力强
	品茗 BIM5D	基于 Revit 平台，可以进行项目进度，成本过程监督管理，数据接收能力强
	鲁班 BIM 系统	基于 AutoCAD 平台，建模智能化程度较高，可直接导入土方工程量计算的数据，报表功能丰富，数据可输出且接口丰富
	EBIM	项目管理平台，可以进行项目进度、成本过程监督管理，数据接收能力较强
	智慧工地管理平台	以信息化手段对施工现场管理涉及的工序安排、材料与资源调度、空间布置、进度控制、质量监管、成本管理等进行整合管理

4. 硬件配置

BIM 基于三维的工作方式，对硬件的计算能力和图形处理能力提出了很高的要求，常见的硬件配置见表 6-4，辅助设备见表 6-5。

计算机配置表 **表 6-4**

项目	基本配置	标准配置	高级配置
适用范围	适合企业大多数工程使用	适合专业骨干人员、分析人员、可视化建模人员	适合企业少数高端 BIM 应用人员使用
Autodest 配置需求（以 Revit 为核心）	操作系统： Windows7 64 位 Windows8 64 位 Windows10 64 位	操作系统： Windows7 64 位 Windows8 64 位 Windows10 64 位	操作系统： Windows7 64 位 Windows8 64 位 Windows10 64 位
	CPU：单核或多核 Intel Pentium、xeon 或 i-series 处理器或性能相当的 AMD SSE2 处理器	CPU：多核 Intel xeon 或 i-series 处理器或性能相当的 AMD SSE2 处理器	CPU：多核 Intel xeon 或 i-series 处理器或性能相当的 AMD SSE2 处理器
	内存：4GB RAM	内存：4GB RAM	内存：16GB RAM

续表

项目	基本配置	标准配置	高级配置
Autodest配置需求(以Revit为核心)	显示器:1280×1024真彩	显示器:1680×1050真彩	显示器:1920×1200真彩
	基本显卡:支持24位彩色 高级显卡:支持DirectX 11及Shader Model 3的显卡	基本显卡:支持DirectX 11	基本显卡:支持DirectX 11
ArchiCAD配置需求	操作系统: Windows7 64位 Windows8 64位 Windows10 64位 Mac OS X 10.9 Yosemite Mac OS X 10.10 Yosemite	操作系统: Windows7 64位 Windows8 64位 Windows10 64位 Mac OS X 10.9 Yosemite Mac OS X 10.10 Yosemite	操作系统: Windows7 64位 Windows8 64位 Windows10 64位 Mac OS X 10.9 Yosemite Mac OS X 10.10 Yosemite
	CPU:双核64位处理器	CPU:四核或更多核64位处理器	CPU:四核或更多核64位处理器
	内存:4GB	内存:8GB	内存:16GB
	显示器:1366×768真彩或更高	显示器:1400×900真彩或更高	显示器:1920×1200真彩或更高
	显卡:兼容OpenGL2.0显卡	显卡:显存为1024M或更大OpenGL2.0集成显卡	显卡:支持OpenGL2.0(3.3版本以上)显存2G以上独立显存

辅助设备建议 **表6-5**

名　　称	功　　能
平板电脑、智能手机	模型信息的载体
3D扫描仪、3D测量仪	扫描实体形成3D模型,与3D测量配合使用进行质量控制
放样机器人	将BIM模型中所需的放样点精准的反映到施工现场
3D打印机	主要用于打印所需要的实体模型
无人航拍机	主要用来识别周边的环境、实景建模
智能可视化设备	利用VR、MR等可视化技术相关设备进行可视化演示

6.1.3 BIM工作流程

要完成BIM的应用，首先要建立BIM模型。由于BIM是项目信息的数据集合体，与传统的CAD应用相比，数据量要大得多。就目前的电脑硬件和软件能力，还不能像CAD那样可以应付自如，需要采取一些方法，确保BIM模型的建立过程顺畅。

1. 流程简介

BIM模型的建立和传统的CAD设计相似，也需要分专业协同分工完成，但模型的拆分方法要综合考虑如下因素：

（1）各专业的协同。

（2）多项目成员的同时访问。

（3）大型模型的操作效率。

基于上述原则，采用二三维一体化工作模式，流程如图 6-1 所示。

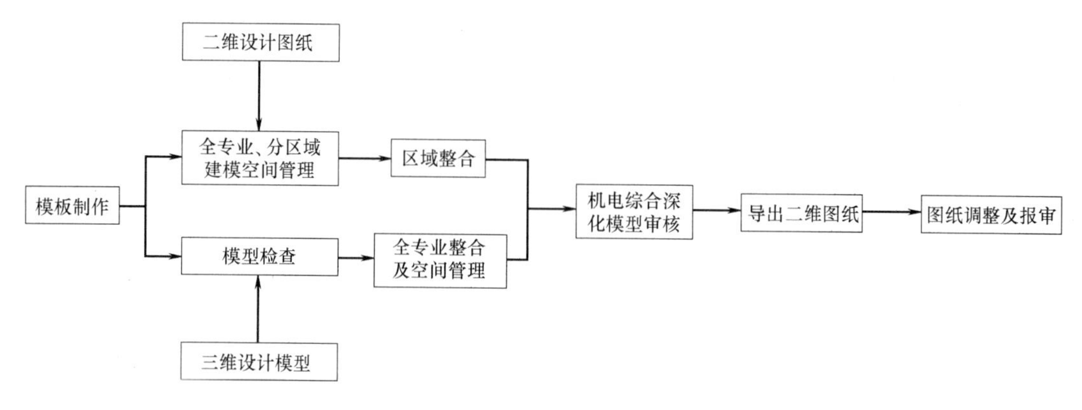

图 6-1 二、三维一体化深化设计流程

2. 模型标准

(1) 样板文件

为保证模型绘制质量，准确整合各个项目的 BIM 模型，通常，一个项目在开始以前需要先建立模型样板文件，模型样板文件根据不同专业对照图纸信息设置，包括但不限于专业配色设置、尺寸样式设置、图纸信息要求的构件库、项目单位设置、视图样板、过滤器设置等。

所有的样板文件都使用唯一的项目基点、方向、轴网和建筑标高作为该项目坐标的基准，项目成员都以该轴网坐标为参照进行模型的建立。

(2) 模型详细程度

BIM 模型的详细程度，既要满足项目应用的要求，又要充分评估模型的详细程度对计算机软硬件的承受能力，尤其是大型项目，BIM 模型规模较大时，如果模型详细程度过高，会带来计算机负荷过大，反应速度和稳定性都会下降，最终可能增加成本，延误项目交付。

一般来说，由设计方完成的 BIM 设计模型并不能直接用于现场来指导施工和施工管理等其他应用。BIM 设计模型中通常并不包含施工方法、施工资源和施工现场环境等施工阶段 BIM 应用所需的各种信息。因此，施工准备阶段 BIM 应用的首要工作就是创建 BIM 施工模型。

美国建筑师学会（AIA）定义了 5 个级别来界定 BIM 模型的详细程度-LOD（Level of Detail 或 Level of Development），2018 年我国实施《建筑信息模型施工应用标准》GB/T 51235，在施工阶段增加了深化设计模型级别。表 6-6 是项目各阶段的模型应用详细程度参考。

模型详细程度说明 **表 6-6**

代号	名称	形成阶段	说　明
LOD100	构思、方案模型	方案阶段	体量推敲、面积、体积、位置和朝向等基本数据
LOD200	初步设计模型	初步设计阶段	主要的尺寸、形状、位置、朝向和可统计数据。可以包含建筑属性

续表

代号	名称	形成阶段	说明
LOD300	施工图设计模型	施工图设计阶段	精确的尺寸、形状、位置、朝向和可统计数据。应包含建筑属性
LOD350	深化设计模型	深化设计阶段	满足制造和装配要求的细节程度
LOD400	施工过程模型	施工实施阶段	深化设计模型基础上包含施工工序、施工时间、材料等施工信息
LOD500	竣工验收模型	竣工验收阶段	包含工程变更，并附加或关联相关验收资料及信息，与工程项目交付实体一致

（3）模型文件命名

文件命名以简短、明了描述文件内容为原则：宜用中文、英文、数字等计算机操作系统允许的字符；不使用空格；可使用字母大小写方式、中划线“-”或下划线“_”来隔开单词。

以下是Revit为例的模型文件命名规则，使用其他软件可参考使用：项目名称-区域-楼层或标高-专业-系统-描述-中心或本地文件，具体说明见表6-7。

模型文件命名说明 **表6-7**

序号	名称	说明	举例
1	项目名称	对于大型项目，由于模型拆分后文件较多，每个模型文件都带项目名称显得累赘，建议只在整容的容器文件才增加项目名称	
2	区域	识别模型是项目的哪个建筑、地区、阶段或分区；用数字表达	01、02
3	楼层或标高	识别模型文件的楼层或标高	地下：B01，地上：F01，顶层：RF
4	专业	识别模型文件是建筑、结构、给水排水、暖通空调、电气等专业，具体内容应与企业原有专业类别匹配	
5	系统	各专业下细分的子系统类型	
6	描述	描述性字段，或进一步说明所包含数据的其他方面	
7	中心文件/本地文件	对于使用工作集的文件，必须在文件名的末尾添加标记，以识别模型文件的本地文件或中心文件类型	“CENTRAL”“LOCAL”

（4）模型拆分原则

模型拆分可根据实际情况灵活处理，表6-8是实际项目操作中比较常用的模型拆分建议。

模型拆分原则说明 **表6-8**

序号	原则	划分依据	描述
1	一般原则	按专业分类划分	项目模型（除泛光照明专业外）应按专业进行划分
2		按水平或垂直方向划分	1. 专业内项目模型应按自然层、标准层进行划分 2. 外地面、幕墙、泛光照明、景观、小市政等专业，布艺按层划分的专业例外 3. 建筑专业中的楼梯系统为竖向模型，可按竖向划分
3		按功能系统分	专业内建模可按系统类型进行划分，如给水排水专业可以将模型按给水排水、消防、喷淋系统划分模型等

续表

序号	原则	划分依据	描述
4	一般原则	按工作要求划分	可根据特定工作需要划分模型，如考虑机电管综工作的情况，将专业中的末端点位单独建立模型文件，与主要管线分开
5		按模型文件大小	单一模型文件最大不宜超过100M(特殊情况是以满足项目建模要求为准)
6	工作模式	链接模式	水暖电各专业分别建立各自专业的模型文件，相互通过链接的方式进行专业协调
7		工作集模式	水暖各专业都在同一模型文件里分别建模，便于专业协调

(5) 协同方法

当项目模型量比较大时，需要按区域和专业进行划分，再分别进行模型的建立。协同建模通常有两种工作模式：工作共享和模型链接，或者两种方式的混合。

理论上讲，“工作共享”是更理想的工作方式，既解决了一个大型模型多人同时分区域建模的问题，又解决了同一模型可被多人同时编辑的问题，但由于“工作共享”方式在软件实现上比较复杂，目前的软件在性能稳定性和速度上还存在一些问题；而“模型链接”技术成熟、性能稳定，尤其是对于大型模型在协同工作时，性能表现优异，特别是在软件的操作响应上优势明显。

由于“模型链接”方式对于链接模型只是作为可视化和空间定位参考，不用考虑对其进行编辑，所以在软件实现上就简单得多，占有硬件和软件资源都少，性能相对较高。“模型链接”方式主要有以下几点优势：

1) 性能稳定；

2) 响应速度快；

3) 数据迁移方便，对应项目数据的地点可能发生变化时，通过复制共享文件夹就可以实现数据迁移；

4) 项目成员进出方便，只需要设置成员的访问服务器权限即可，没有“工作共享”方式经常发生的权限问题。

3. BIM团队的建设及构成

无论是BIM小组还是BIM中心，作为一个能正常运转的BIM团队，其基本构成都是大致相同的。一般情况下由BIM负责人、BIM项目经理、BIM工程师、系统维护工程师等人员构成。表6-9比较简单地说明了BIM团队主要人员的岗位职责和任职条件以供参考。

BIM团队人员的岗位职责和任职条件 **表6-9**

职位名称	岗位职责	任职条件
BIM负责人	负责企业、项目或专业的BIM总体发展战略，如组建团队、确定技术路线、研究BIM对企业技术质量提升和效益	技术主管，对BIM施工阶段的应用和价值有系统了解和深入认识，不要求一定会操作BIM软件
BIM项目经理	对BIM项目进行规划、管理和执行，保质保量实现BIM应用的效益	经过3～5个项目的实际应用能够自行或通过调动资源解决BIM应用中的技术和管理问题

续表

职位名称	岗位职责	任职条件
BIM工程师	用BIM技术完成相应岗位的工作，提高工作质量和效率	具有1年以上施工企业技术岗位的工作经验、经BIM工程师培训合格
BIM施工技术员	用BIM成果指导现场施工	1年以上现场施工技术员经验、经BIM技术员培训合格

4. 制度保障

模型审核制度：BIM模型的审核是确保最终模型准确性的重要手段。审核的主要目的是保证模型与设计图纸、现场施工一致。包括模型自查和模型会审。

质量保障制度：施工团队应明确BIM应用的总体质量控制方法，确保每个阶段信息交换前的模型质量，在BIM应用流程中要加入模型质量控制的判定节点。每个BIM模型在创建之前，应该预先计划模型创建的内容和细度、模型文件格式，以及模型更新的责任方和模型分发的范围。

BIM例会制度：根据项目应用情况和需求，定期组织BIM会议，针对BIM实时情况及时沟通，保证各部门及参与方之间能够有效协同开展工作。

培训制度：项目管理团队需在进场前进行BIM应用基础培训，掌握一定的软件操作及相应的模型应用能力。项目在整体实施过程中，应建立健全BIM培训制度，规定参与培训人员、培训内容及培训频次。根据BIM应用深度需求的不同，对BIM培训做如下四个阶段划分：BIM理论体系阶段、BIM实施应用阶段、应用方法体系阶段、软件操作阶段。

考核制度：项目经理按照相关考核制度按月牵头组织项目部对应用情况自查并填写项目检查表，汇集成果并形成自查报告。对每次考核检查中存在的问题，制定改进措施，并进行整改提升，检查复核。

6.2 项目设计阶段的BIM应用

6.2.1 参数化设计

参数化设计是对目前新兴的设计方法的抽象描述，它包括生成设计、算法几何、关联性模型等核心概念。很多当代的建筑都面临一个对建筑几何进行理性描述的难题，和大部分的方盒子形建筑相比，这些充满创新的设计其形体往往非常复杂，涉及很多自由曲面的变化，仅仅借助于传统的工作流程，很难高效准确地完成设计图纸。借助新的数字化设计平台，可以对这些复杂的几何变化进行理性的分析和设定，包括从几何学的角度对建筑的平面以及三维空间生成进行准确的定义和呈现。

理论上对无论是平面还是立体的几何生成过程的描述都可以被称为生成算法（Generative Algorithms）。算法是参数化设计的核心，其本身也有一个优化的过程，最终目标是以最快的速度和最少的步骤生成海量的包括建筑几何在内的各种数据。关联性模型（Associative Model）是实现参数化设计的手段，模型由不同的模块化单元组成，其结构表述为参数输入模块、调节控制模块、逻辑计算模块以及数据输出模块。关联模型一旦建立，通过参数输入和调节，计算机将自动完成复杂的运算，并实时输出设计结果。以下为上海某中心大厦项目的参数化设计经验：

1. 基准平面和指数收分

上海某中心大厦平面为一个圆角等边三角形，其中一个圆角有一个 V 形切口，以垂直方向螺旋状收分上升。所有的建筑几何按照设定的变化规律沿标高逐渐旋转缩小，生成规则明确。建筑设计的过程需要在各个阶段谨慎地界定这些规则使之成为最终的算法，并创建建筑结构和表皮的一体化关联模型。参数化软件里，算法本身也不断被优化，直到最快速、最直接地找到需要的信息。输入参数也被限定在最小范围，比如最主要的旋转、收分等，通过这些关键的参数就可以对模型进行从总体到局部的动态调整（图 6-2）。

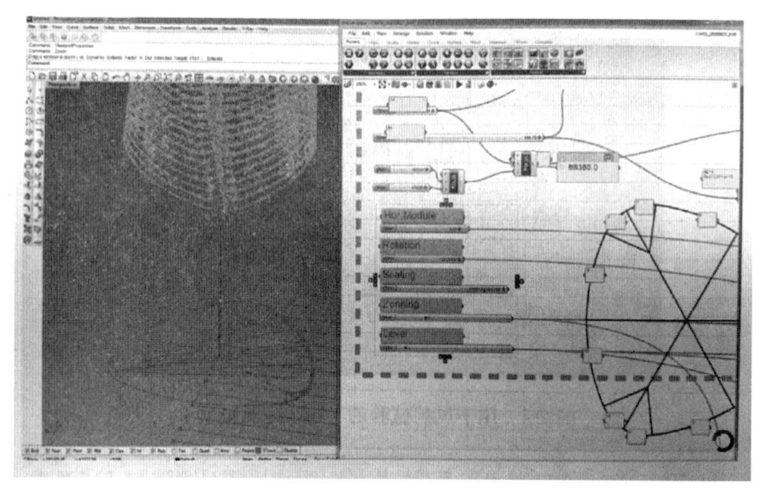

图 6-2　驱动模型的关键参数

2. 复杂建筑表皮

上海外层幕墙的结构系统和立面分格方式，按照模板数分成一些板块，然后对板块的尺度、形状和类型进行评估，由于分割后的幕墙板块数量多达 25000 多片，因此减少板块的类型是几何分析阶段的最重要工作。确认了外幕墙系统的三个设计方向：“鱼鳞式”“退台式”和“平滑式”，在软件里分别设定上下相邻楼层之间的关系，通过几何变换公式生成幕墙几何。设定基准平面和形体变化的参数，将反映上下楼层相互关系的逻辑模型输出并得到分析验证后，输入到整个塔楼的模型中自动生成总体的幕墙几何模型。

3. 跨软件数据联动

参数化程序生成的用于设计幕墙支撑结构（CWSS）的输出结果可与其他软件生成的数据相结合。例如，上海某中心塔冠的几何模型非常复杂，在塔楼旋转收分的基础上，额外的抛物线轮廓给几何设计带来了技术挑战。最终通过植入一系列用于控制抛物线曲率的计算模块进行调整，获得满足视觉要求的高精度冠顶模型。同时，支撑结构的直线杆件和弧线杆件分别输出几何数据报表 Excel 文件（直线构件为两端点的空间坐标，弧线构件为半径和扫掠角）。

4. 性能化设计

对于大型公共建筑，性能（Performance）正在成为决定其内在质量的关键综合指标。尤其表现在结构效率和可持续策略上。采用 DOE-2. 1E 能源模拟软件对全楼的全年能耗进行了模拟。采用 CFD 软件 Fluent 对大楼的 21 个数十米高的空中中庭进行 CFD 模拟，分析中庭内一年四季的温度变化和气流分布（图 6-3），以便采用恰当的措施来避免极端情况的出现，如防止冬季玻璃的结露和夏季的高温。采用 Eco-tect 软件对塔楼的外表皮进行了太阳辐射分布分析和遮阳措施的效能分析（图 6-4）。所有的分析都是基于已有的数字化模型（参数化模型或者 BIM 模型），这些多学科交叉的性能化设计实现了设计成果的高度整合和升级。

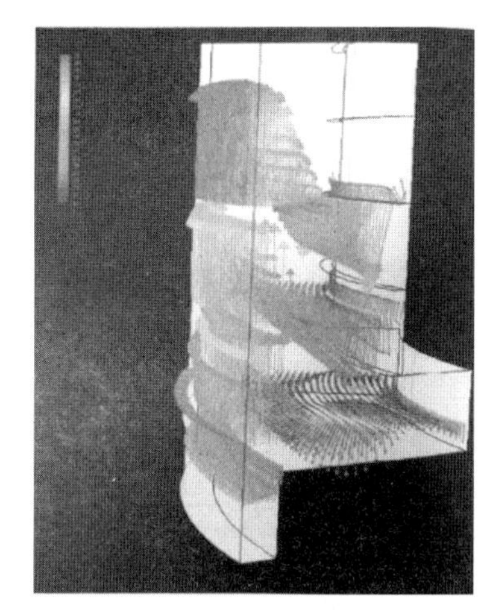

图 6-3　中庭的 CFD 模拟

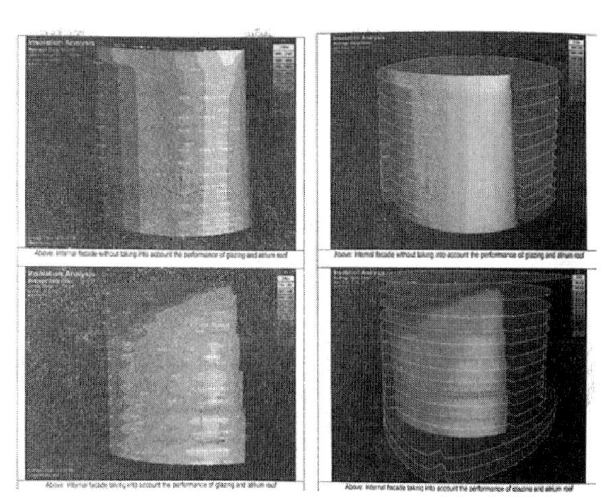

图 6-4　中庭的遮阳分析

6.2.2　建筑性能分析

通常建筑性能可以分为三大部分：一是建筑的力学性能，如静力、动力、弹塑性等；二是指建筑的生态性能，如日照、通风、舒适度、噪声、照明、气密性与能耗、空调系统等；三是建筑其他防灾的性能，如防水、防火、防毒等。建筑性能分析与 BIM 技术结合，是 BIM 技术的主要应用研究方向之一，主要研究内容是建筑设计在满足使用功能的前提下，如何保证建筑物在使用过程中的舒适性和节能环保要求。建筑生态性能分析需要解决的关键问题是寻找室内舒适性、建筑能耗、环境保护之间的平衡点。本节所述的建筑性能指标均是指建筑生态性能指标。

1. 建筑性能指标分类

建筑热工学：是研究建筑物室外热湿作用对建筑围护结构和室内热环境的影响，是建筑物理的组成部分。建筑热工学的主要任务是研究如何创造适宜的室内热环境，以满足人们工作和生活的需要。研究范围包括：室外热湿参数及其对室内热环境的影响，建筑材料热物理性能、房屋热稳定性、建筑热工测试的技术以及特殊建筑热工，如空调房间热工设计、地下建筑传热等。

建筑声学：建筑声学是研究建筑环境中声音的传播、声音的评价和控制的学科，是建筑物理的组成部分。建筑声学的基本任务是研究室内声波传输的物理条件和声学处理方法，以保证室内具有良好听闻条件；研究控制建筑物内部和外部一定空间内的噪声干扰和危害。

建筑光学：建筑光学是研究天然光和人工光在建筑中的合理利用，创造良好的光环境，满足人们工作、生活、审美和保护视力等要求的应用学科，是建筑物理的组成部分。

建筑采光和建筑照明的质量评价指标有：采光照明均匀度、被照面的亮度和亮度分布、炫光。

计算流体力学或计算流体动力学（Computational Fluid Dynamics，CFD），是用电子计算机和离散化的数值方法对流体力学问题进行数值模拟和分析的一个分支。计算流体力学是目前国际上一个强有力的研究领域，是进行传热、传质、动量传递及燃烧，多相流和化学反应研究的核心和重要技术。计算流体力学相应地形成了各种不同的数值解法。主要是有限差分方法和有限元法。有限差分方法在流体力学中已得到广泛应用。而有限元法是从求解固体力学问题发展起来的，近年来在处理低速流体问题中，已有相当多的应用。

2. 建筑性能指标分析数字化

基于BIM数据的很多建筑环境分析方法都在被开发研究，主要的评估软件体系如表6-10所示。

基于BIM的绿色评估软件体系 **表6-10**

分析软件	基础模型	分析要素
IES(VE)	Revit MEP	热负荷、照明、遮阳分析、CFD、室内照明、通风疏散分析、LEED标准评价
Energy Plus	CAD based	自然通风分析、非均匀温度场设定、暖通空调系统分析
Green Building Studio	Revit	网络端基于气象信息进行建筑能源消耗，二氧化碳排放评估
Ecotect	CAD based	日影分布、气流分布、风量分布、光照度、亮度分析

3. 建筑性能分析流程

（1）BIM模型建立

基于项目全生命周期的BIM模型是对绿色建筑评估各项指标进行研究的基础，性能分析成果也与BIM在项目全生命周期中的变化与积累相互呼应，像能量分析、投资分析和成本分析等，都是随着BIM模型全生命周期各个阶段的变化而变化。随着整个项目过程形成的BIM模型也可以支持绿色认证的决策。

建模必须忠实于图纸的设计方案，一般在设计过程中，会将设计方案的调整反应在模型中，得到满意的结果，最后反映到图纸上。

（2）边界条件数字化

建筑物间距、体型、高度和围护结构热工参数以及可利用的节能技术等与其所在地区的气候条件关系密切。利用气象数据，可以进行以下一些分析。最佳朝向分析、太阳辐射分析、干湿球温度分析、辐射强度分析、舒适度分析与被动技术应用分析。

（3）指标需求分析

不同的性能化分析需要建筑物不同的信息作支撑。根据分析方向的要求将详细建筑信息模型中的信息提取、简化、整理后转化为不同的文件格式，再导入各专业软件中进行专业分析。明确建筑物需要进行分析的对象和内容。如采光分析、能耗模拟与分析、声环境分析、热环境模拟、烟气模拟分析和人员疏散模拟等。

Revit软件平台可较为便利地对建筑信息模型进行必要的拆分和删减。整理好的对象文件导出为不同的文件格式，不同的数据格式反应在建筑性能化不同的内容中。根据专业分析工具的需要将不同的数据格式导入，局部进行调整，补充不完善信息和丢失的信息。

6.3 机电项目施工阶段的BIM应用

BIM技术研究应用的范围是十分广泛的。对于一个机电安装施工企业来说其应用主要有以下六个方面，分别是企业经营与投标（包括展示企业技术能力、为客户提供增值服务、展示企业以往承接工程、造价评价、风险预控、优化方案）、施工深化设计（包括碰撞检查、参数检查与核算、和其他专业与设计衔接）、预制加工（包括信息传递、质量管理、流程管理、工业化生产）、施工项目管理（包括安全管理、进度管理、物资管理、质量管理、组织和协调）、成本控制（包括工程量计算、工程变更、工程款支付）以及软件平台的二次开发设计。

就一个具体的工程项目而言，则涵盖了施工的全过程。在施工前期准备策划阶段，主要应用在施工图纸会审、施工技术方案编制与管理等；在工程施工阶段，主要应用于深化设计、进度控制、成本控制、安全监管、技术质量管理、物资管控、合同管理、施工组织协调等；在工程竣工阶段，主要应用则为竣工图与资料管理、工程量结算统计、竣工交付使用等。常见机电安装项目BIM应用点见表6-11。

机电安装项目BIM技术应用点推荐表 **表6-11**

应用点内容	预估时间参考
BIM技术投标方案	投标期间
投标演示	投标期间
编制材料计划	相应模型完成后1周内直至竣工结束
施工进度策划	相应模型完成后1周内直至竣工结束
碰撞检测	BIM模型构建同步
施工工艺/工序模拟	施工方案编制同步
各专业深化设计	施工方案编制同步
质量安全管理	贯穿BIM技术应用全过程
可视化技术交底	与技术交底同步
辅助图纸会审	施工方案编制同步
材料精细化管理	贯穿BIM技术应用全过程
物料跟踪	贯穿BIM技术应用全过程
垂直运输管理	结构施工阶段
工程资料管理	贯穿BIM技术应用全过程
管段预制	施工方案编制同步
标高分析	施工方案编制同步
BIM模型维护	贯穿BIM技术应用全过程
辅助竣工验收	竣工验收阶段
机电系统调试	竣工验收阶段
竣工模型交付	竣工验收阶段

6.3.1 项目 BIM 实施策划

BIM 策划制定的第一步，也是最重要的步骤，就是确定 BIM 应用的总体目标，以此明确 BIM 应用为项目带来的潜在价值。目标一般体现为提升项目施工效益和项目团队管理能力，如缩短施工周期、提升施工质量、减少施工变更、确保信息的有效传递等。

每一个建设工程项目在 BIM 技术的具体实施方面也有着各自的不同，建立一支目标明确、协调统一的团队是保证 BIM 得以成功实施的关键。项目管理部设立之初应明确 BIM 技术工作由项目部经理总负责，项目部技术负责人和 BIM 经理共同实施的原则。

项目部成立专门的 BIM 技术部门作为项目部 BIM 技术具体实施以及管理的部门，构成框架如图 6-5 所示。项目实施过程中需贯彻“全员 BIM”的理念，项目管理人员均将根据各自的工作需求接受不同程度的 BIM 基础知识培训，能够利用 BIM 技术进行相应工作。

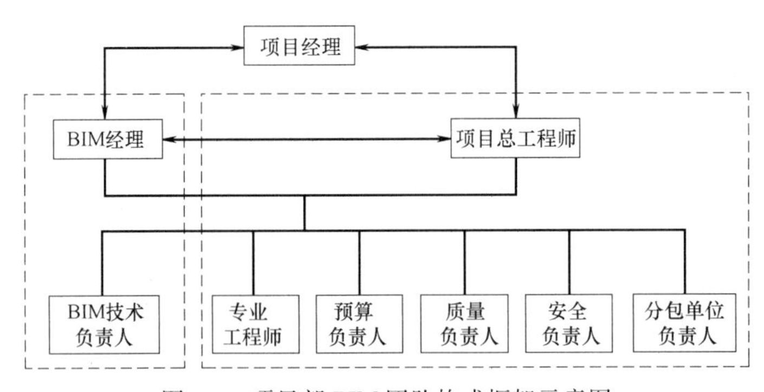

图 6-5　项目部 BIM 团队构成框架示意图

好的策划是项目实施的一个好的开始，前期策划是一个十分重要的工作，对项目能否按着既定的目标顺利实施起着决定性的作用。策划内容应综合考虑项目自身情况，明确 BIM 应用范围和目标、BIM 应用的详细流程、不同参与者之间的信息交互，以及 BIM 应用的实施基础条件等内容。负责编制 BIM 策划的团队应至少包含项目经理和各专业分包负责人，一旦 BIM 实施策划方案审核通过，项目团队及各参与方必须按方案要求履行各自职责、跟踪监督应用情况，使项目从 BIM 应用中获得更大收益。

项目策划阶段，应制定项目 BIM 应用目标确立到实现的整体应用流程，定义项目所有应用内容的总体实施顺序及建筑信息模型数据信息搭载过程，根据项目进度前置输出相关数据信息完成落地应用实施过程。需要说明的是，不同承包模式（EPC、PC、PPP 等），BIM 应用涉及阶段及整体流程应不同。

参考如下过程进行项目 BIM 应用整体流程设计：

1. 明确项目 BIM 应用内容

根据项目承包模式明确本项目 BIM 应用涉及阶段，根据 BIM 应用目标明确项目于 BIM 应用各阶段应用内容，所有内容均应包含至整体流程内。

2. 明确项目 BIM 应用主线

项目 BIM 应用主线应为项目建设进度时间轴，将项目 BIM 应用所有内容对应放置于进度时间轴对应阶段内并明确应用顺序。应用内容需根据项目具体施工进度计划安排确定，因此项目需根据具体进度及生产安排实时调整应用顺序。例如：某项目由于项目工期紧等多方面原因，需于基坑开挖阶段完成小市政管线安装施工。因此，地下室机电综合管道深化设计、小市政管道深化设计、地下室挡土墙进出户洞口深化设计等就需要于基坑开挖阶段完成，项目BIM实施整体流程顺序需进行修改。

3. 明确各阶段BIM应用数据输入及输出

项目建筑信息模型数据信息随项目进展过程不断搭载，各阶段数据来源需前置处理且其准确性及有效性将直接影响对应应用成果优劣，任意阶段BIM应用数据的准确无损输入及输出极为重要，因此需于总流程明确表示重要节点的数据输入及输出。

4. 明确BIM应用责任职能体系

项目BIM应用落地过程极为重要条件之一：传统各职能体系（例如：商务、生产等）围绕项目BIM数据模型完成本系统日常管理工作。因此，总流程需明确各阶段BIM应用责任主体，确保应用落地。

该应用方案应该着眼于工程建设实施阶段开始直至工程运营管理的BIM技术的应用点，明确BIM技术的应用方向。实施过程中可以采用总承包管理模式，通过对各专业分包单位的控制和管理，对高精度基础模型搭建完成场地空间管理、数据分析、技术重难点深化设计、成本管理、施工模拟、方案论证、质量管理和运营维护等方面工作加以布控。在全员BIM的条件下，实现对工程全过程的可视化、可控化，真正实现对工程的实时把握和风险预控。

6.3.2 深化设计BIM应用

在项目实施过程中，通过利用BIM模型工程基础数据，最终以用户的需求为标准，采用价值工程和动态目标管理的方法，组织好工程各专业的深化设计工作，并通过建立基于BIM的总承包管理机制，加强对施工场地、施工工艺、施工进度、资源成本、施工质量等方面的管控，实现整个项目建设过程的参数化、可视化，有效控制风险，提高施工信息化水平和整体质量，并为最终运营维护提供服务。

结合实际项目，本节内容介绍深化设计阶段主要运用的BIM技术应用点。

某项目是个大型公共建筑，因此必须进行超大型建模，而明确清晰的BIM建模流程则为这一超大型建模项目提供有效保障。其中十分重要的一点就是进行严谨的工作集划分，也就是规定该项目各专业BIM工程师，按专业在划定的工作集内进行建模、调整，有效实现对专业建模的管理和把控（图6-6）。在建模、调整的过程中，把业主方、设计师及各建设参与方的工程信息均融入一个模型中，实现信息的无误解、无失真传递。信息与模型双向关联，同步更新。

利用BIM的三维可视化设计的特征，高效地进行管线综合设计，特别是机房内综合管线的排布，如图6-7所示。基于BIM的深化设计可以弥补个人空间想象力的不足，实现在复杂区域内管线合理、高效排布，确保各个深化设计区域完成后的可行性和合理性。同时，通过BIM软件进行方案对比，根据实际情况选择最优的设备及相关管线排布方式，优化设计方案，创建更加合理美观的设备及管线布局。

基于BIM技术对施工组织进行模拟和分析，进行施工模拟、优化施工。利用BIM技术的三维可视化功能（图6-8），通过三维、四维BIM模型演示，管理者可以更科学、更

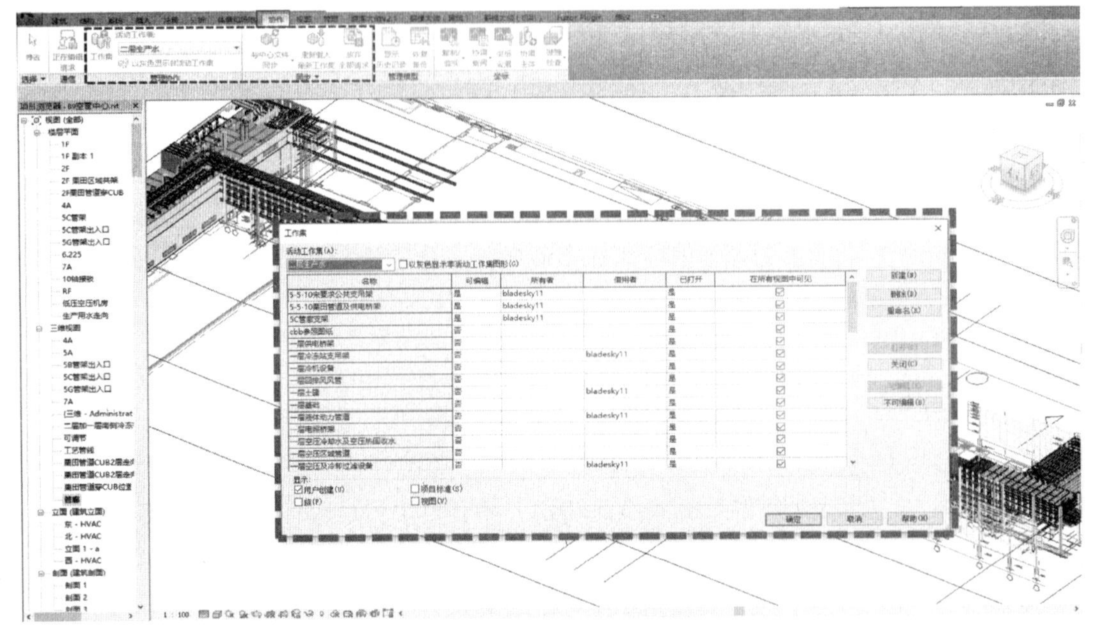

图 6-6　某项目中心文件及工作集划分

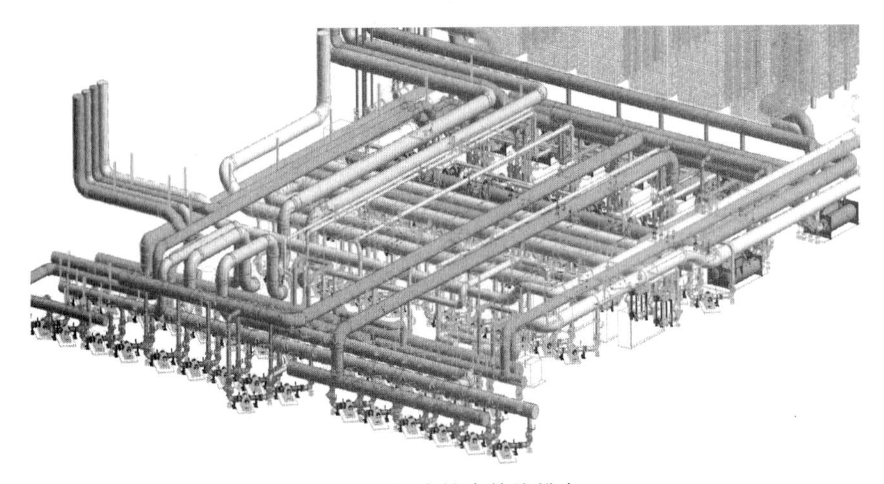

图 6-7　机房综合管线排布

合理地对重点、难点进行施工方案模拟，直观地了解整个建筑安装工程的时间节点和关键工序情况，并清晰地把握在施工过程中的难点和要点；施工方也可以进一步对施工方案进行优化和改善，提高施工效率和施工方案的安全性、可执行性，并指导施工。

对基于 BIM 的设计成果进行检测。严密、高效的 BIM 碰撞检测流程为该项目管线的顺利施工提供了有效保障。经过多次修改之后，最终将模型调整为“零”碰撞（图 6-9）。

标高控制：对各功能房间进行净高整理、分析，出具净高分析表及净高色块图，保证各区域满足精装设计要求（图 6-10）。

利用建成的 BIM 模型进行三维环境下的图纸会审、技术交底将更加直观形象，有效地减少了各参与方的沟通障碍与理解误区，提高了工作效率。用 BIM 来绘制局部复杂部位，方便向建设方汇报，及进行专业间协调。同时，利用 BIM 模型向分包或操作者进行

图6-8　设备安装

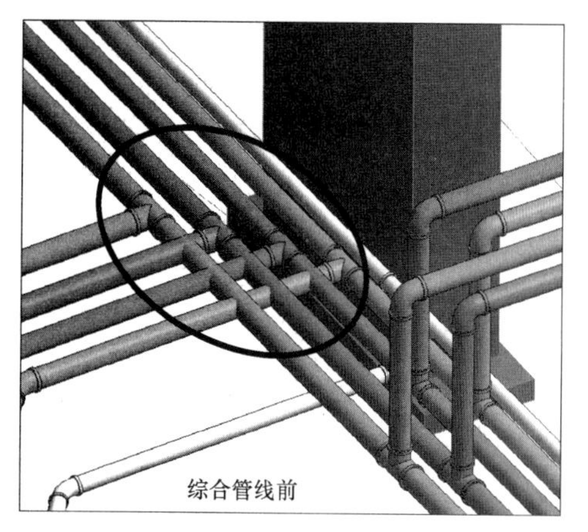

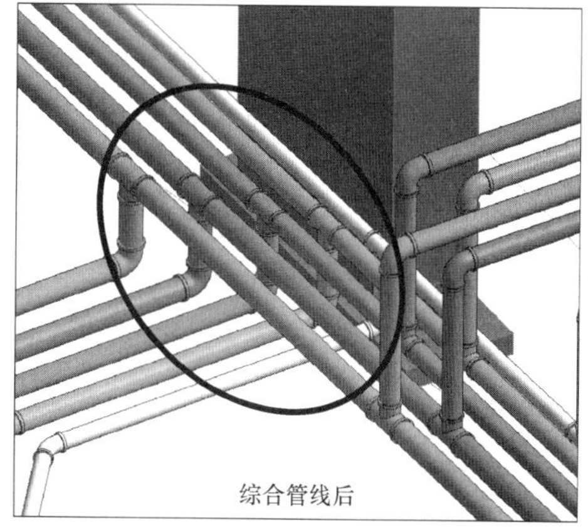

图6-9　碰撞测试

功能房间	建筑层高(mm)	结构梁高(mm)	机电空间(mm)	垫层厚度(mm)	吊顶厚度(mm)	室内低净空高度(mm)	室内高净空高度(mm)	设计低顶棚(mm)	设计高顶棚(mm)	备注	机电单位回复意见	20180808日BIM再次确认	机电单位二次确认
餐厅接待区	7800	700	3130	50	120		3800		3800		满足		
包房	7800	630	2650	50	120	2700	4350	2700	4350		满足		
特色餐厅	7800	1000	630	50	120	2700	6000	2700	6000		满足		
台球厅	7800	1000	2130	50	120	3200	4700	3200	4500		满足		
阅读区	7800	1000	2130	50	120	3200	4700	3200	4500		满足		
艺术廊01	5200	500	1230	50	120		3300		3300	风管下方应留出支吊架的空间	钢梁距地面高度4.1m，风管尺寸为800×400，可以满足吊顶标高要求	梁下有精装格栅底距地面3670，目前模型中是风管是穿格栅的，请甲方确认	本次会议已由甲方确认，不影响吊顶标高
艺术廊02	5200	1000	730	50	120		3300		3300	风管下方应留出支吊架的空间	钢梁距地面高度4.1m，风管尺寸为800×400，风管底标高可以达到3500mm	梁下有精装格栅底距地面3670，目前模型中是风管是穿格栅的，请甲方确认	本次会议已由甲方确认，不影响吊顶标高

图6-10　某项净高分析表

技术交底也更加直观，按照BIM模型及生成的CAD图纸进行施工，达到准确无误、无返工（图6-11）。

基于BIM进行工程出图。利用BIM技术辅助专业施工图设计，直接生成二维施工用图纸，并能直接出细部节点详图或局部剖面图（图6-12）。例如：辅助支架安装图、管廊公用支架剖面图（图6-13）；通过机电三维与建筑结构三维的综合协调，生成预留预埋孔洞，并生成出图文件。

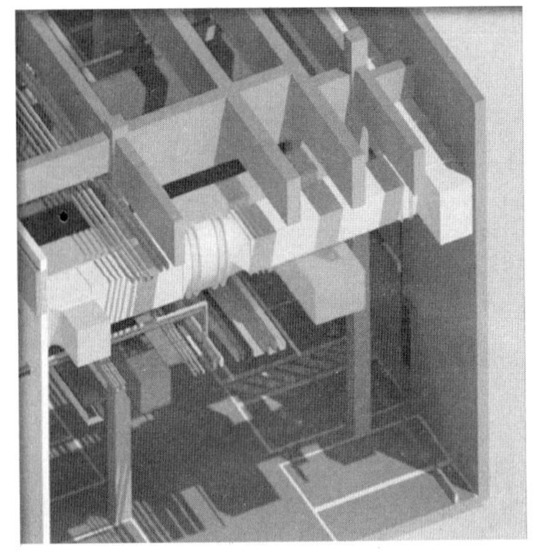

图 6-11　某项目管综排布效果

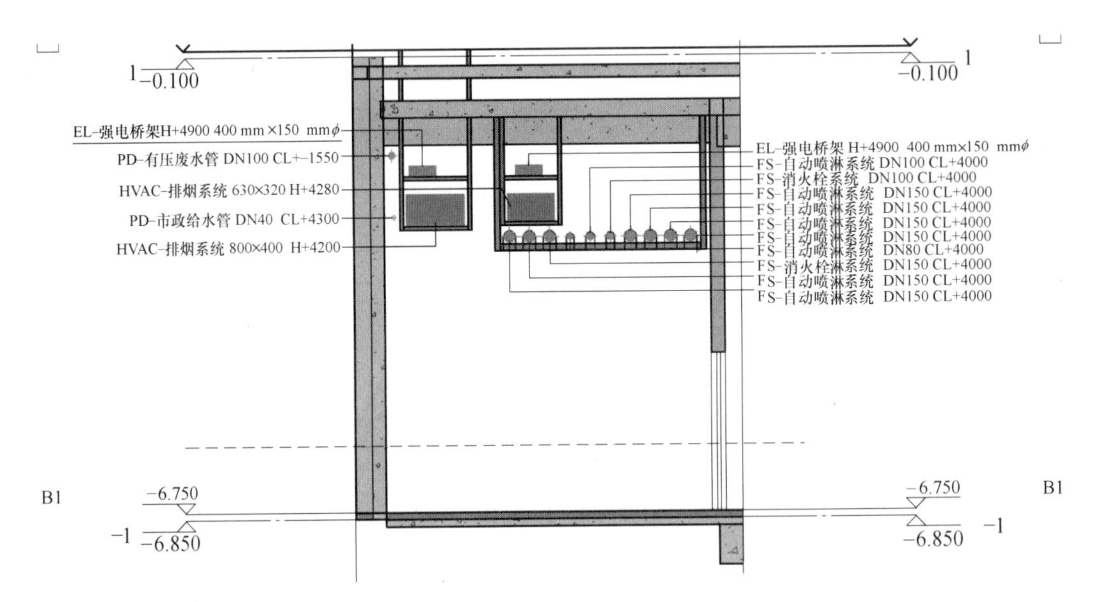

图 6-12　剖面图

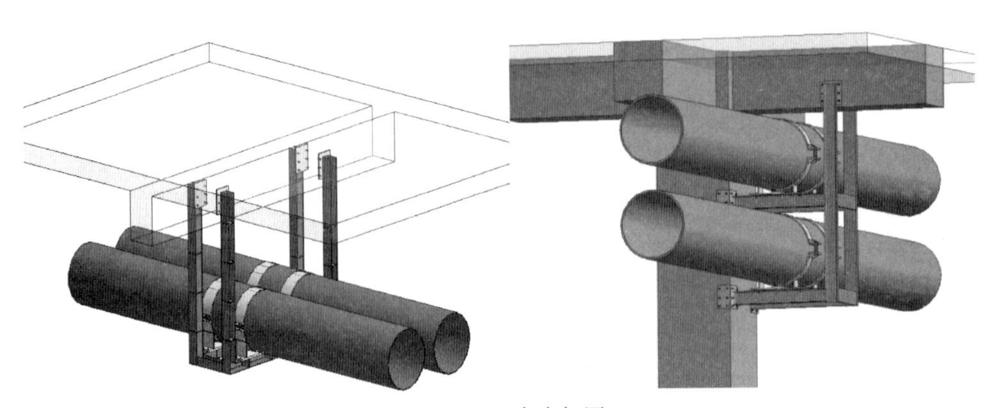

图 6-13　组合支架图

6.3.3 方案模拟BIM应用

基于BIM综合模型，对于施工工艺进行三维可视化的模拟展示或探讨验证，模拟主要施工工序，协助各施工方合理组织施工，并进行可视化技术交底，从而进行有效的施工管理。对大型机电设备运输等方案应用BIM技术进行模拟和预演，并开展施工方案的对比分析，验证施工方案、材料设备选型的合理性，协助施工人员理解和执行方案的要求。

将BIM与施工进度计划相整合，进行进度模拟，形成可视的4D模型，可以直观、精确地反映整个建筑的施工过程。各参与方能够非常直观地了解整个安装环节的时间节点和安装工序，并清晰把握在安装过程中的难点和要点，也可以进一步对原有安装过程进行改进，以提高施工效率和施工的安全性。详见表6-12。

施工工序模拟　　表6-12

1. 施工准备	2. 吊顶式空调机组安装

3. 空调水管安装	4. 消声器、静压箱安装

5. 通风管道安装	6. 消防管道安装

续表

7. 风口安装	 8. 吊顶完成
	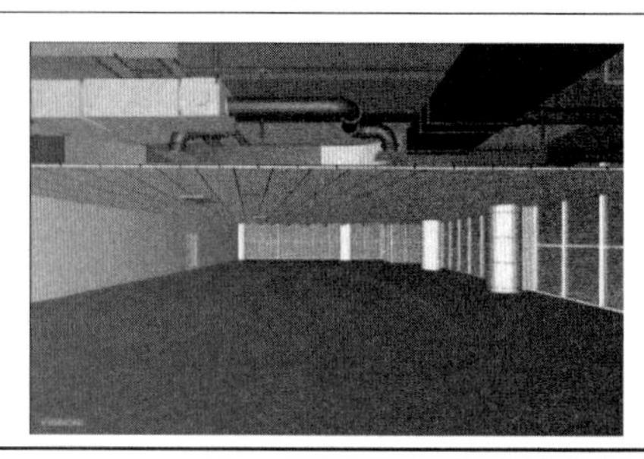

根据现场情况及既定施工方案中吊装运输内容，对搬运路线进行深化设计，并出图确认。对搬运机具、搬运对象、运输场地环境进行建模。对搬运对象及搬运机具按照方案进行进度模拟，如发现问题则对方案进行调整，直至方案可行后导出视频。如图 6-14 所示，模拟时发现拖运路线中有多处结构阻挡。

图 6-14　设备运输模拟

6.3.4　自动化预制加工

基于 BIM 进行自动化预制加工。通过 BIM 模型与数字化建造系统的结合，可以实现建筑施工流程的自动化，自动完成建筑构件的预制或预制组合（图 6-15）。融合预制组合技术、标准，依托信息模型，直接由模型生成符合设计要求、国家标准的组合管件、支架材料表、装配 BOM 表等。采用自动化预制加工技术方案为项目减少现场制工作量、减少焊接与有毒有害作业，实现管道制作预制率 30%以上，有效节省人工成本。

基于 BIM 模型对管线进行合理拆分，把管道的生产数据、安装数据与设计结合，形成可导出加工清单的机电模型（图 6-16）。

利用 BIM 技术，对模型进行工程量统计，自动生成工程量报表。对项目进行基本材料统计、管理，从而降低项目成本，增加项目利润。

将模型上传至平台（图 6-17），添加相应的构件信息，并生成二维码。将二维码粘贴在现场，通过扫描二维码可在模型内实时定位并查阅构件相关信息。

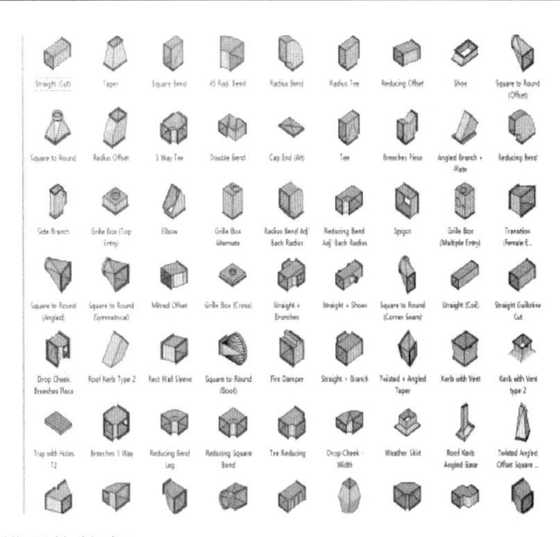

图6-15　模型构件库

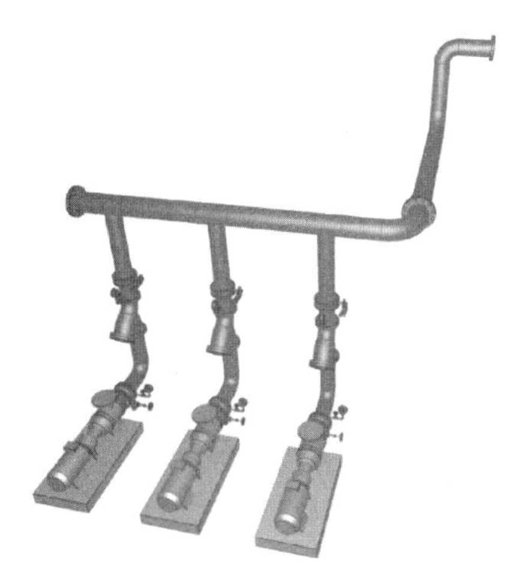

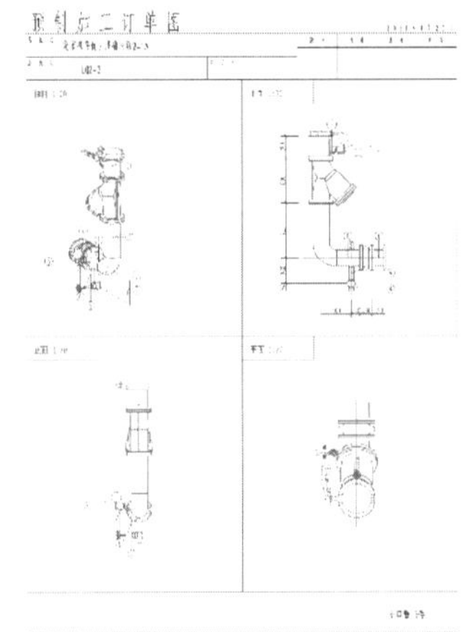

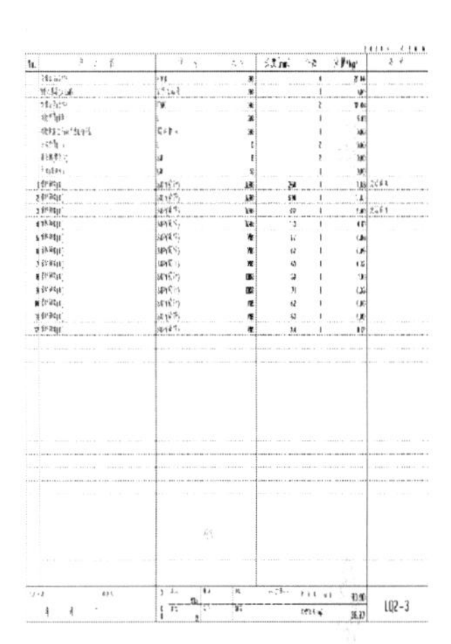

图6-16　管线模型拆分

图6-17　二维码在BIM中应用

将已完成的BIM模型导出的数据输入到加工机械中，通过机器切割完成。对于复杂管件可提前在模型中生成零件的下料图，提前组织加工，可节约材料，提高生产效率。

基于BIM协同工作平台对现场材料进行管理。BIM模型的精确归类统计大幅减少了材料发放审核的管理工作，有效控制领用的误差，减少不必要的人员与材料运输成本（图6-18）。

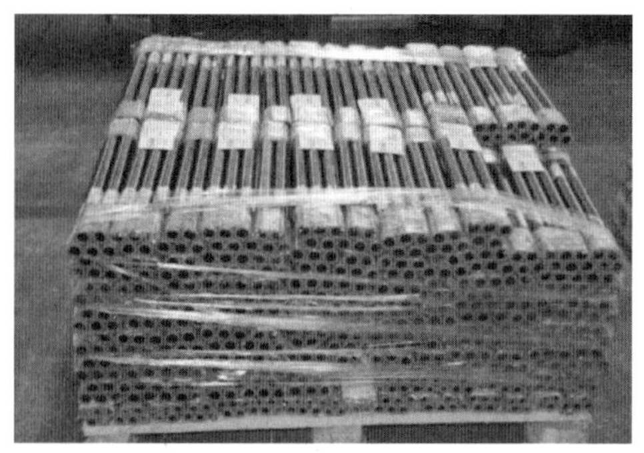

图6-18　材料进场管理扫码记录

6.3.5　辅助设备应用

3D扫描应用：3D激光扫描技术可有效完整地记录工程现场复杂的情况，在施工质量检测、辅助实际工程量统计、钢结构预拼装等方面体现出较大价值。BIM与3D扫描集成，将BIM模型与所对应的3D扫描模型进行对比、转化和协调，达到辅助工程质量检查、快速建模、减少返工的目的（图6-19）。

图6-19　3D扫描应用成果

智能放样机器人：智能放样机器人也称为BIM放样机器人，是近年来出现的测量放样智能化设备。与传统测量放样设备不同的是，智能放样机器人基于导入的BIM模型进行放样，将BIM模型中的数据直接转化为现场的精准点位，在模型中直接取点然后遥控机器人即可完成放样。智能放样全程只需要单人参与，具有快速、精准、智能、操作简便、劳动力需求少的优势。

图6-20 智能放样

6.3.6 进度管理

将模型文件直接导入或间接（信息交互）导入进度模拟类软件中，不限于以Navisworks为操作平台。导入进度平台后，需要对施工内容进行划分，划分子项尽可能精细化，即分包商、分专业、分系统等。对已完成划分的进度子项与模型进行关联。内容划分完成后，应要求各分包商提供此部分施工内容的施工进度计划，并录入到进度模型中（图6-21）。

图6-21 某项目复杂区域进度模拟

通过Project计划与结构模型在BIM协同平台中相关联，通过虚拟建造进行进度策划。在项目前期策划阶段，通过模拟建造对进度计划进行工期和资源的优化。通过多专业的进度模拟对进度计划中工作持续时间的合理性、工作之间的逻辑关系、时间参数的合理性进行检查及论证，对总体的计划排布及资源利用情况进行平衡和优化。

记录现场实际进度并将实际进度输入BIM 5D平台中，通过计划进度与实际进度相对比，根据实际进度相对于现场进度的提前落后进行分别着色，可以直观显示现场实际与计划之间的偏差，有利于发现施工差距，及时采取措施，进行纠偏调整；即使遇到设计变更、施工图修改，也可以很快速地联动修改进度计划。

6.3.7 质量安全管理

通过手机对质量安全内容进行拍照、录音和文字记录，并关联模型。软件基于云自动实现手机与电脑数据同步，以文档图钉的形式在模型中展现，协助生产人员对质量安全问题进行管理（图 6-22）。

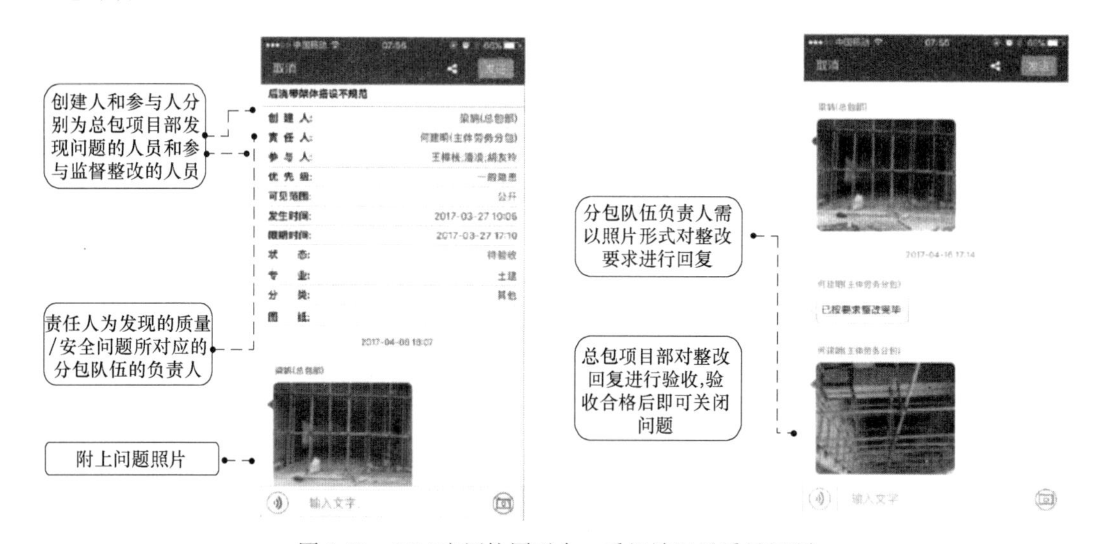

图 6-22　BIM 应用协同平台，手机端记录质量问题

模型应用：BIM 模型与实际的施工过程结合，进行跟踪落实，包括模型交底、施工日记、现场问题跟踪解决。

数据积累：基于 BIM 模型发起的质量、安全、模型修改等任务，发现变更后及时反馈模型进行修正，对项目中的过程数据进行积累和留痕并保存至云端，可在多端随时进行调取查看，方便信息追溯和分析（图 6-23）。

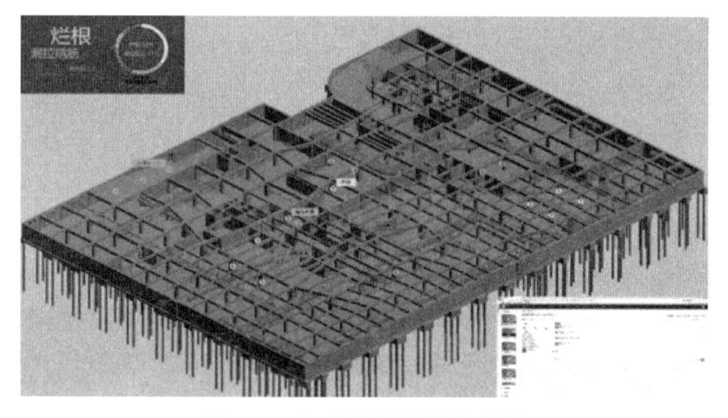

图 6-23　问题数据积累与分析

结合 BIM 技术，建立三维模型，预先找到危险源位置，提前编制相应的安全管理措

施，并在施工过程中将容易发生危险的地方进行标识，告知现场人员在此处施工过程中应该注意的问题。针对现场安全防护设施的设置、模板脚手架的搭设要求、重要部位的工序做法等进行三维模拟演示，对现场工人进行交底，直观展示。

危险源辨识与动态管理，在 BIM 模型中布置各类安全防护设施，并按危险等级进行区别，便于现场安全管理人员及施工作业人员提前对施工作业面的危险源进行判断，对照模型检查现场的各种防护措施，对可能忽略的安全死角进行排查。同时，利用 BIM 技术可以自动对临边、洞口等位置进行判断，从而完善防护措施布置，如：临边围栏、洞口盖板等。

6.3.8　成本管理

通过建立包含造价信息的可视化 BIM 数据模型，节约造价人员的工作时间、降低人为计算误差、提高工程量计算的效率及准确性，针对不同阶段的工程造价分析结果，有效进行成本控制。

以某项目基于广联达 BIM5D 平台为例，进行介绍：

提取工程量：主要介绍三种方式，基于 Revit 模型导出 IFC 格式、基于广联达 BIM 算量软件导出 GFC 格式、基于广联达 BIM 5D 平台导出 IGMS、E5D、IFC 格式。

模型整合：经过造价管理平台模型、进度、收入与成本数据的整合，利用 BIM5D 模型可以方便快捷地进行实施进度分析、施工进度资源配置优化，实现项目精细化成本管控。

实时成本分析：通过营业收入、计划成本与实际成本的三算对比工作，鲜明表现出当前阶段的收益、亏损情况，查找相关原因，确定整改、改进措施与责任人、完成期限，通过 BIM 软件数据分析，多维度把控项目的成本走向（图 6-24）。

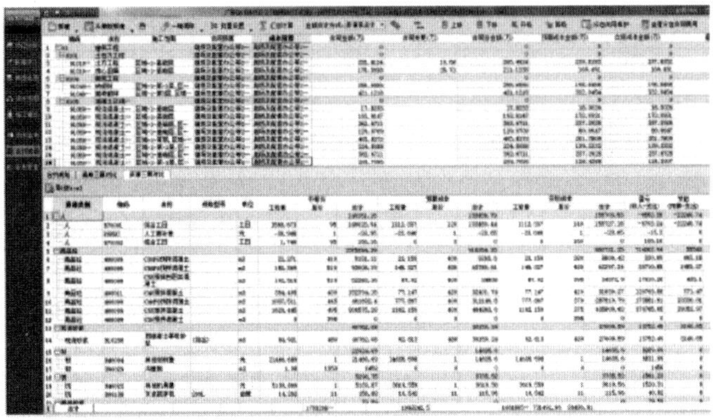

图 6-24　资源三算对比表

基于 BIM 的材料成本控制：基于 BIM 的 5D 施工管理软件将模型与工程图纸等详细的工程信息资料进行集成，是建筑的虚拟体现，形成一个包含成本、进度、材料、设备等多维信息的模型。

目前，BIM 的精度可以达到构件级，可以快速准确分析工程量数据，再结合相应的定额或消耗量分析系统可以确定不同构件、不同流水段、不同时间节点的材料计划和目标结果，以此控制现场材料的配额使用，并及时按计划检查现场实际应用结果。

6.4 项目运营阶段的 BIM 应用

BIM 模型集成了建筑设施从规划、设计、施工到交付使用、运维全生命周期各阶段的相关信息，包括规划条件、勘察条件、招投标采购、施工安装、竣工交付及试运行启用等信息，是包含项目完整信息可供项目各参与方及各种应用共享的集成、综合信息资源。

将 BIM 模型所包含的几何信息和非几何信息以适当方式传递给设施管理中使用的 CMMS、CAFM、EMS 及 BAS 系统，可以实现数据自动交换，避免人工输入。数据获取来源为相同的 BIM 模型，保证了数据的协调一致性，并使得以前信息相互独立的各个系统之间实现信息资源共享和业务协同。

设备运维管理 BIM 应用的基础和核心是信息管理。BIM 运维应用有两个先决条件：

（1）BIM 模型拥有足够支持运营的信息。

（2）运维信息可以便捷地查询调用、修改更新和维护管理。

6.4.1 BIM 成果交付

1. BIM 成果交付要求

准确表示建筑设施竣工交付实际状况的 BIM 竣工模型，应包含运维管理所涉及的所有建筑构件，包括建筑、结构、机械、电气、给水排水、暖通空调、消防等系统以及设施场地布置。

BIM 竣工模型应准确表示主要公用事业设施，如供水、排污、电力、电信、燃气等与建筑设施的连接位置和连接方式。

配合设施管理要求、必要的建筑空间标记、注释及颜色表示，应包括空间类型、描述及用途等。

建筑机电系统设备、装置的运行、维修、保养所需操作净空的准确表示。

设施运维管理 BIM 应用需要使用更多的是 BIM 模型所包含的非几何信息。BIM 模型包含的这些相关信息应当分类、分层次组织管理。一般可将设施运维管理所需的信息分为三个层次，如表 6-13 所示。

设施运维管理所需的三个层次信息　表 6-13

信息层次	应包含内容	说　明
设施设备总体信息	设施内所拥有设备资产的基础情况，主要记录各系统设备的简要信息、基本型号与规格，以及安装位置等，包括对设施设备的物理描述和功能说明，设施系统设备的名称、编码、标识符及安装的区域、位置等	是与目前设施运维管理中常用的设备台账相对应的信息

续表

信息层次	应包含内容	说　明
设备详细信息	设施安装和使用的设备明细，包括制造商/供应商信息、设备名称、唯一标识符（设备ID）、型号、系列号、技术参数、运行条件、性能参数（包括容量、功率、能耗等）、保修信息、运行/操作手册、保养/维修说明等	是与目前设施运维管理中常用的设备卡片相对应的信息
设施运行成本/效率分析监控管理信息	包括设施设备标称功率、运行能耗、用水量、碳排放等信息	可依据在设计、施工阶段使用建筑性能环境分析软件对BIM模型进行模拟分析得到的结果

2. BIM成果交付形式

竣工信息以BIM模型的方式进行交付，信息交付由接收方确定和核对，形成模型信息交接单。

模型文件：模型成果主要包括建筑、结构、机电、钢结构和幕墙等专业所创建的模型文件，以及各专业整合后的整合模型。

文档格式：在BIM技术应用过程中所产生的各种分析报告等由Word、Excel、PowerPoint等办公软件生成的相应格式的文件，在交付时统一转换为PDF格式。

图形文件：主要是指按照施工项目要求，针对指定位置经相关软件进行渲染生成的图片，格式为JPG。

动画文件：BIM技术应用过程中基于相关软件按照施工项目要求进行漫游、模拟、录屏等方式生成的AVI格式视频文件。

6.4.2　项目运营阶段BIM应用需求

表6-14列举了一些常见的运营管理BIM应用需求，涵盖的并不是项目运营阶段BIM的全部应用，它是开展BIM应用前的思路整理，可以根据需要在横向和纵向进行扩展。

项目运营阶段BIM应用需求　　表6-14

序号	项目运营阶段应用功能		应用基础	
	大类	小类	应用软件基础	BIM模型基础
1	空间管理	新建项目 空间改造 建筑翻新 大型搬迁 公共空间维护	可视化表达；构件表达；空间定位；更新信息维护；分析比较	固定资产构件信息的广度和深度，关联度； BIM信息与客户管理系统信息整合； BIM与企业成本相关信息整合
2	设施运行维护	日常维护 应急检修 优化运行 人员培训 运行状态监控 备品备件管理	可视化表达；构件表达；列表表达；空间定位；设备信息维护；设备关联性分析；设备或系统模拟运行表达；统计报表表达	BIM与物业管理流程的信息整合； BIM与设施设备运行监控系统的信息整合； BIM与设备设施标识信息的整合； 设备设施BIM模型的深度要求； 设备设施关联性要求

续表

序号	项目运营阶段应用功能		应用基础	
	大类	小类	应用软件基础	BIM模型基础
3	建筑物优化管理	能耗分析 室内环境优化管理 照明优化管理 能源优化运行管理 负荷预测 设施设备优化运行策略 结构安全性监测	可视化表达；构件表达；列表表达；空间信息；设备信息表达；设备或系统模拟运行表达；周边环境信息表达；运行策略及计划表达；分析工具、分析模块、优化算法等	BIM与设施设备运行监控系统的信息整合； BIM与设备设施标识信息的整合； 设备设施BIM模型的深度要求； 设备设施关联性要求； BIM信息表达与分析工具数据输入的信息整合
4	建筑物综合指挥及管理	公共安全监控 设施设备安全监控 应急预案管理 应急疏散拟真 应急综合指挥	可视化表达；构件表达；空间定位；实时人数统计；人流模型	BIM与设施设备运行监控系统的信息整合； BIM信息表达与分析工具数据输入的信息整合

6.4.3 运维管理

1. 设施设备运维管理

BIM模型包含设施内所有系统、设备的准确布置及相关技术信息，利用三维BIM竣工模型可以快速确定机械、暖通、给水排水和强弱电等建筑设施设备的准确位置，并能够同时传送或显示运维管理所需的相关技术信息，可大大提高设施设备运维的工作效率。将BIM与物联网等相关技术相结合，可以快速便捷地对设备运行进行实时查看、维护和控制，同时使设备具有感知功能，更加拟人化。基于BIM技术的运维管理不仅可以提高设施设备运维管理的效率，还可大大降低由查询、定位及查找设备相关信息等所造成的人力成本。

BIM模型包含设备运行的技术要求和厂家提出的维护保养周期要求等信息。根据这些信息，并结合设备的实际运行情况，运维管理人员可制定设施设备的定期维护保养计划。基于BIM的设备定期维护保养计划可以逐级细化确定任务分配。利用三维BIM模型结合地理信息系统（GIS），可选择最优巡检路径，并根据实际情况更新优化计划安排，并利用BIM模型进行虚拟可视化分析、展示。

2. 设施可维护性检查分析

利用BIM技术对建筑设施的可维护性进行分析，并采取适当措施有效降低运维管理成本。建筑设施的可维护性分析涉及项目在各不同阶段所需的性能。因为，运维管理人员在设计、施工阶段提前介入，对提高设施的可维护性非常重要。可维护性分析一般包括以下内容：

可接近性：主要检查分析是否可到达目标的运维操作位置以及常规巡检是否方便。

材料的实用性：包括识别确定建筑设施中可能是由材料造成的缺陷类型，并避免使用可能造成缺陷的材料、评价材料的耐用性、清洁便利性以及材料的总体性能等。

3. 运维操作的安全防护性

对需要安全防护的机器设备，要检查确认已安装安全防护装置；检查所有需要预防坠落伤害保护的设备、系统、部件和装置是否已安装了安全防护设施。

6.4.4 空间管理

BIM将建筑的非几何属性与实体模型元素产生一致性关联，具有设计参数化、数据可视化、统计自动化、工作协同化等技术特点，解决传统数据库之间的“信息孤岛”和信息管理环节中的“信息断流”问题，为建筑空间管理提供新的发展方向。

BIM模型可以三维可视化方式直观显示空间并保存记录了空间属性信息，有助于方便快速地预测空间需求、识别未充分利用的空间、简化空间分析及搬迁管理过程，并对空间使用计划与实际使用情况进行对比。此外，设施管理人员还可通过BIM查看和跟踪随着时间经过多次搬迁移动的资产分布情况。利用BIM模型所包含的空间及其他相关设施设备、装置等信息，可以生成各种统计分析报表，用于设施资产管理工作。

6.4.5 能耗优化管理

BIM模型包含完整的建筑设施系统设备的性能信息并可积累所有设备用能的相关数据，结合使用建筑性能及环境分析软件工具进行运行能耗分析和节能优化，可以使建筑设施在日常运行时的能耗最小。通过BIM与物联网等相关技术的结合，对建筑设施的运行能耗进行实时监控，并及时采取纠正措施减少能耗。利用BIM还可记录、积累建筑设施内所有设备用能的历史数据，并通过耗能分析生成相关统计报表。将现有的能源管理系统（EMS）与BIM结合后，可自动管控建筑设施内的空调、照明、动力、消防等所有用能系统，实现最优化的节能管理。

6.4.6 应急管理及预案模拟分析

BIM模型包含了应急管理所需的建筑设施的空间性质及环境有关的信息。利用BIM模型可以帮助救援人员快速识别并确定危险源位置，并通过图形界面标定危险点。有助于识别疏散线路与环境风险之间隐藏的关系，进而减少应急决策的不可靠性。以消防事件为例，当建筑设施发生火灾时，在消防人员到达前，就有可能确定并向其通报距离最近的消防栓位置、电气柜布置、危险材料存放地点以及建筑物内通向火点的路线。

用于设施设备的应急处置。例如对水管、燃气管爆裂等突发事件，利用BIM模型可以迅速确定最近的控制阀门位置并迅速关闭，防止异常情况扩散蔓延或酿成灾难性事故。在应急准备方面，BIM技术不仅可以用来更好地培训运维管理人员的应急响应能力，用于优化应急预案。如利用BIM的模拟分析功能，在紧急情况下，建筑设施内人员最安全、最快捷的疏散通道，利用BIM的虚拟可视化功能，将其作为模拟仿真工具，可以用来评估突发事件造成的损失并可对应急预案进行讨论和测试。通过对应急预案进行模拟测试，可以减少突发事件真正发生时，因应急管理不当或应急措施失效所造成的巨大损失。

6.5 BIM技术的回顾与展望

建筑信息模型是对工程项目信息的数字化表达，是数字技术在建筑业中的直接应用，它代表了信息技术在我国建筑业中应用的新方向。BIM技术涉及整个建筑工程全生命周期各环节的实践过程，在每个阶段都有其价值的实现。哪些工程项目使用BIM技术能带来效益，而哪些应用点又适合于这个工程项目以及业主的需求则是需要我们去甄别的。BIM技术的应用一定要选择适合的项目和合适的切入点。

BIM技术支持预制加工和建筑工业化，预制加工是一种制造模式，是工业化的技术手段。预制加工技术的推广，有助于提高建造业标准化与工业化及精细化管理的水平，为BIM软件的开发与BIM技术的扩大应用提供更广阔的市场。BIM技术与预制加工技术之间是相互促进的关系，可以预见二者的结合及普及将会有一个美好的未来。

对于人才的培养，要有计划性、层次性、目的性，先让一部分人迅速成长为BIM核心人才，再让这部分人员带动每一位技术人员，直至每一位参与工程建设的人员，都不陌生，都会使用。同时逐步形成一套适合于本企业的完善的BIM技术管理流程，形成配合默契的BIM基础建模团队与BIM模型施工应用执行团队，这样才能站得更高、看得更远，让BIM技术落在实处而不至于成为空中楼阁。要充分地发挥BIM技术的作用，而不是仅仅为了追求时髦，让BIM技术真正在工程建设中得到有效应用。

随着"互联网＋"的不断渗透，建设工程领域亦已走上转型升级之路，5G技术与BIM技术的融合，将为智慧建筑注入无穷动力。通过5G网络联通GIS、BIM、SCADA等物联网技术，构建出完整的物联网生态圈，能为市政、环保、安全、燃气、供水等多领域提供系统解决方案，推动AR、VR以及MR等可视化设备的升级，从而为5G时代的BIM＋智慧应用提供全新的提升想象空间。

人工智能、BIM、数字孪生等前沿数字科技的不断涌现，让未来的城市建设发展在形态上出现了新的变化。如果将城市比作生命体，那么建筑则是细胞，从BIM到CIM就是一个从细胞到生命体的变化过程。基于数字孪生的智慧城市顶层设计，让城市建设从规划之初就建在数字空间城市信息模型CIM之上。通过构建城市数字空间基础设施，支撑智慧社会创新服务，让智慧社会不再是"构想"，科技、智能、便捷、高效的未来指日可待。

7 机电工程运输及吊装技术应用

随着我国工程建设的快速发展和工程项目规模的不断增大，工程项目的施工在完善标准化的前提下，已向工厂预制、大型集成化方向发展。因此，机电工程的设备吊装重量也越来越重，起吊高度越来越高，难度越来越大。在机电工程中，运输及吊装技术是一项极为重要的技术，一台大型设备的吊装，往往是制约整个工程进度、经济效益和施工安全的关键因素。掌握起重机械的使用要求、运输设备及吊具的选用原则、常用运输及吊装方案的选择及起重吊装作业的相关计算等常识，对机电工程建造师是很有必要的。

7.1 机电工程运输及吊装技术发展概况

改革开放以来，我国各地建成了一大批规模宏大、技术复杂的“高、大、精、尖、特”安装工程。

7.1.1 机电工程运输及吊装技术的发展

随着超高层建筑高度不断攀升，工业项目及公建项目规模越来越大，产能越来越高，以及对办公和生产环境等在舒适度、节能环保等方面不断提高的要求，新工艺、新设备不断涌现，这就导致了超大、超重设备日益增多。要完成超大、超重、超高设备的运输吊装作业，确保施工过程安全，就需要施工企业提高技术水平、进行科技创新、完善施工管理，这样才能顺利完成施工任务。

（1）重型设备液压提升技术，是集群千斤顶整体提升（滑移）技术适用于大型、重型单体结构的整体吊装，如某项目钢结构屋盖重 10500t，整体提升就位，创钢结构整体提升世界第一。

（2）钢绞线承重液压提升技术，它具有长距离大吨位提升方面的特点和优越性，是传统的起重技术不能比拟的，因此这种提升技术在国内外得到越来越多的重视并得到推广应用。在大型汽轮发电机定子、锅炉大板梁、核反应堆压力壳的吊装，大型输电钢塔的架设，大坝水闸、电视塔天线、钢烟囱提升、飞机库与大剧院等超大型建筑屋盖的整体提升吊装、大型桥梁的建造等方面，都有成功案例。

（3）模块化建造技术，随着经济的发展，工程的规模越来越大，使用功能的要求越来越多。为方便现场的安装，在机电安装工程中，将设备、管路和管线组成的系统，分成若干模块，以模块化的形式在制造厂进行成套制造、组装，再运送到现场安装，如热能机组、气体发生装置等；又如分段制造船体后在大型船台进行总装建造；采油平台模块的建造安装，都已经广泛应用模块化建造技术。这也促使运输吊装技术和装备的不断发展和更新。

7.1.2 大型运输吊装设备的发展

（1）大型专用运输车：根据大型石油化工设备、大型桥梁专门设计的运输车。如长近百米、重达千吨的塔器设备，数百吨的桥梁。

（2）模块化组合超大型平板运输车。

（3）超大型起重机：目前超大吨位起重机记录不断刷新，例如某公司的履带起重机最大起重量达3200t；超大型起重机的另一种发展趋势是采用超起装置，并逐渐成为大型起重机的必备装置。超起装置主要从改善结构受力和增加配重两方面来提高起重能力：其一是同时增设超起配重，用于提高由整机稳定性决定的大幅度起重能力；另外是增设超起臂架，以改善主臂架的受力，用于提高整机小幅度时的起重能力。

（4）日臻完善的自拆装技术：为了最大限度地缩短转场时间，简化拆装，减少辅助作业时间及对其他辅助起重设备的依赖，国外履带起重机都具有较强的自拆装功能。这给履带起重机带来了全新的生命力。

（5）自动化、信息化的集成：通过总线方式进行信息传递与控制，实现了控制上真正意义的自动化与智能化。借助图形化的显示屏显示起重机的所有信息，可协助操作者进行故障诊断，显示故障原因、部位及处理方法。

（6）液压提升设备：液压提升设备的能力可达万吨级，远远超出了常规起重设备的额定承载能力，常用于超重、超高、大跨度的构件安装。其主要工作特点：起重量基本不受限制、可同步控制和安全受控、可操作性好、吊装过程平稳。

7.2 设备运输

设备运输分为“一次运输”和“二次运输”两大类。

7.2.1 一次运输

一次运输又称为长途运输，即将设备从生产厂家运输到设备使用单位（厂家），运输到使用单位（厂家）后，堆放在设备临时堆放场地，等待安装。一次运输通常由设备厂家（交通运输公司）承担。在某些特殊情况下，也可由安装单位承担。

长途运输通常有铁路、公路、水路、航空、水路运输（水上漂浮）等运输方式。

7.2.2 二次运输

二次运输又称为现场运输或二次搬运，即将设备从设备临时堆放场地运输到吊装位置，该项工作一般包括在起重工程之内，由设备安装单位承担。

现场二次运输通常有汽车、叉车、液压小车、地龙、气垫搬运车、拖排运输和吊车倒运等方式。

（1）汽车运输。是指利用汽车运送设备的方式。多应用在道路崎岖且运输路线较远的大型、重型设备运输。

（2）叉车运输。常用叉车承载能力为3t、5t、10t、15t。叉车运输具有装、卸车方便的特点，但要求操作场地平整。

（3）液压小车。通常液压小车运输能力为1t、2t。液压小车可单台使用，也可两台并行或前后使用、三台使用。液压小车仍需在平整场地使用。

（4）地龙。也叫坦克轮，是由托架和小轮组组成的小台车，适用于大型、重型设备运输，可降低设备运输的高度。通常放在大吨位设备或吊架下使用，将设备放置于托架上，在平整坚硬的路面或钢板上行走。该方法要求运输路线平坦，路面具有一定硬度，水泥路面最好铺垫钢板。且该方法只能进行直线运输，不宜在土路或需要拐弯处运输，一般采用卷扬机牵引。

（5）气垫搬运车运输。在设备下放置一个或多个气垫，通过高压喷气，使设备悬浮，人推动即可。通常承载能力为 5～25t，适用于不能承受震动、对平稳性要求很高的精密设备的搬运和位置调整，以及不能安装起吊设备场合下的搬运，一般在有自流平地面的车间内进行运输。

（6）拖排运输。拖排运输系统一般由设备底排、滚杠、滚道、牵引装置组成。

底排：可木制，可型钢制作，也可利用设备底座。对于重心高的细高设备，底排长度应大于设备长度；细长的卧式设备，底排长度不小于设备长度的 1/6～1/3，或用两个底排。

滚杠：一般用钢管，特重型设备可用钢棒。

滚道：可直接在坚硬的混凝土路面，常用型钢、钢轨、道木、木板。两滚道接头应错开。

牵引：一般用卷扬机和滑轮组牵引，也可用捯链、液压系统牵引。

1）滑运。利用设备底座或包装箱底排直接在钢管或型钢上牵引滑行，移动非标容器时可采用此方法。

2）滚杠拖排拖运。滚杠拖排运输比地龙运输设备高度更低，且可直接在水泥路面运输，设备运输可以拐弯，但运输过程中需要手动排放滚杠，随时调整滚杠位置，以免设备走偏，且运输速度较慢。运输前先采用拖车将设备运至场内，用吊车卸车至准备好的滚杠拖排上，再利用卷扬机或其他牵引装置将设备运至基础旁，如图 7-1 所示，采用该方法运输应注意：

① 地面要求平坦，如地面凹凸不平，需用钢板或木板将路面垫平。

② 如设备重量较大，可以考虑在滚杠上下各铺设两个工字钢，以减少钢丝绳的牵引力。

③ 设备应尽量保留包装箱的底部拍子，可直接放在滚杠上或滚杠的型钢上。

④ 钢滚杠的根数与直径应进行计算，牵引滑轮组、卷扬机、钢丝绳应进行强度校核。

图 7-1　滚杠运输示意图

3）底排、滚杠要求：

① 底排：底排的强度应满足运输及就位时的承载能力；重心高的细高设备，底排宽度、长度应大于设备尺寸；细长的卧式设备，底排长度不小于设备长度的1/6～1/3，或用两个底排；较长设备横向移动时，可用两个底排和两组滚杠实现。

② 滚杠：一般设备选用钢管，重型设备可用钢棒；若需用的滚杠长度大于2.5m，可分成两段，分开设置。

（7）吊车倒运。当现场障碍物较多，且有吊车的情况下采用。

7.3 现场设备吊装

起重技术的基础是吊装工艺和起重机械的使用，科学、合理选择吊装方法、使用起重机械是保证设备安装工程安全顺利进行的前提。

7.3.1 常用吊装方式

（1）塔式起重机吊装。塔式起重机有小车式、动臂式、固定式、移动式。起重吊装能力为3～100t，臂长在40～80m，目前国内在某工地使用的最大塔吊起重能力为100t/82.5m（臂长）。常用在使用地点固定、使用周期长的工程，较经济。一般为单机作业，也可双机抬吊。

（2）桥式起重机吊装。具有吊装平稳、安全可靠的特点。起重能力一般为3～1000t，跨度在12～100m；适用于厂房、车间等固定场所。一般为单机作业，也可双机抬吊。

（3）汽车吊吊装。机动灵活，使用方便，工程量小、作业周期短，较经济。汽车吊有液压伸缩臂和钢管结构臂两类：液压伸缩臂汽车吊起重能力在8～550t，臂长在27～120m范围；钢管结构臂汽车吊，起重能力在70～250t，臂长在27～145m范围。可单机、双机吊装，也可多机吊装。

（4）履带吊吊装。起重能力在30～4000t，臂长在39～190m范围。对中、小吨位设备可采取吊重行走的方式，具有机动灵活、使用方便、使用周期长等特点，较经济。可单机、双机吊装，也可多机吊装。

（5）桅杆系统吊装。用在常规吊装机械不便、不能或不经济的场合，对其组织、管理、操作技能要求较高。桅杆系统通常由桅杆、缆风系统、提升系统、拖排滚杠系统、牵引溜尾系统等组成。桅杆有单桅杆、双桅杆、人字桅杆、门字桅杆、井字桅杆等形式。提升系统有卷扬机滑轮系统、液压提升系统、液压顶升系统等类型。吊装工艺有滑移提升、扳转（单转、双转）、无锚点推举等。

例：双桅杆滑移抬吊法，如图7-2所示。桅杆可采用大直径钢管或型钢制作，利用建筑物的梁或柱作缆风绳的受力点。

（6）缆索系统吊装。用在其他吊装方法不便或不经济的场合，及重量不大，跨度、高度较大的场合。如大空间厂房内、两建筑结构之间、电视塔顶设备吊装。

（7）液压提升：目前多采用“钢绞线悬挂承重、液压提升千斤顶集群、计算机控制同步”方法，其中有上拔式和爬升式两种方式。

上拔式（提升式）——将液压提升千斤顶设置在承重结构的永久柱上，悬挂钢绞线的上端与液压提升千斤顶穿心固定，下端与提升构件用锚具连接固定在一起，似“井台提

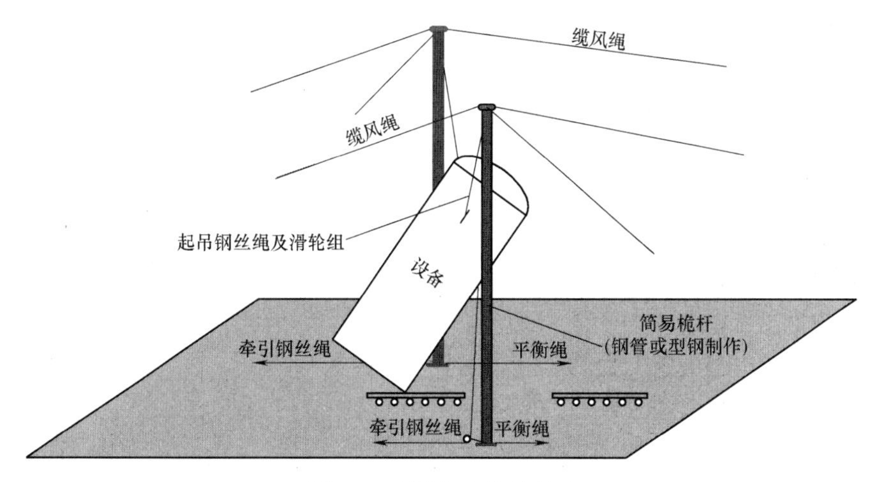

图 7-2 双桅杆滑移抬吊法

水”样，液压提升千斤顶夹着钢绞线往上提，从而将构件提升到安装高度。多适用于屋盖、网架、钢天桥（廊）等投影面积大、重量重、提升高度相对较低场合构件的整体提升。

爬升式（爬杆式）——悬挂钢绞线的上端固定在永久性结构（或基础或与永久物相联系的临时加固设施）上，将液压提升千斤顶设置在钢绞线下端（液压提升千斤顶通过锚具与提升构件连接固定），似“猴子爬杆”样，液压提升千斤顶夹着钢绞线往上爬，从而将构件提升到安装高度。多适用于如电视塔钢桅杆天线等提升高度高、投影面积一般、重量相对较轻场合的直立构件。

另外还有利用构筑物吊装，液压提升和顶升，坡道法提升等方法。

在大型设备基础高出地面，没有吊车站位场地，不能使用吊车，但基础上方具有能承载的钢结构，或其他承力点的情况下，设备的吊装可以利用其上方的承力点来固定滑轮组及捯链等，先将设备滚运至基础旁，利用卷扬机牵引主吊滑轮组，用一个捯链辅吊，另一个捯链溜尾。首先将设备提升超过基础，然后将设备在空中平移至基础正上方，最后下落就位。如图 7-3 所示。

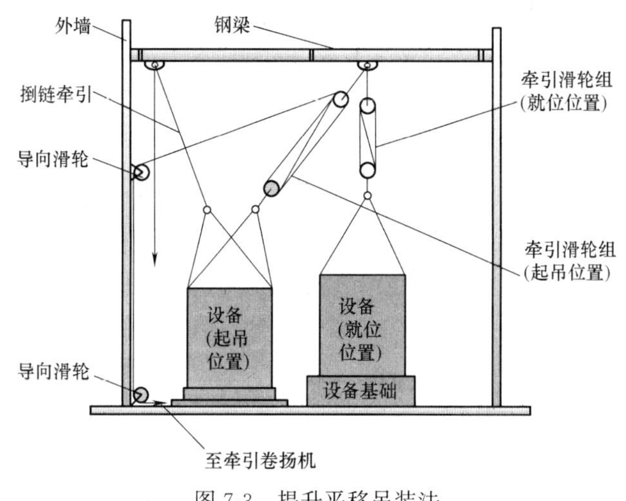

图 7-3 提升平移吊装法

室内钢结构平台上的设备安装要待结构施工完成后才能进行，这时设备既不能从地面直接吊起，亦不能从厂房顶端吊入，只能利用厂房侧墙吊装贯入就位。采用此方法时(图 7-4)，可利用室内平台上方的钢结构梁、柱固定捯链和卷扬机牵引滑轮组。吊装前，在设备前、后两吊点上各设两套吊装索具，吊车使用一套，另一套用以更换吊钩。吊装时，用一台吊车将设备吊起至预留孔的高度，并将一端尽量送入室内用捯链接住预留吊绳，并张紧受力；利用现场第二台吊车吊住设备室外端预备吊绳，第一台吊车可松钩，收车退场。室内端的滑轮组再挂上该端吊绳，并用卷扬机缓慢张紧，牵引设备，捯链逐点松动，同时室外吊车将设备缓慢向室内送入，直至滑轮组完全承受本端设备重量时松开捯链。当室外吊车将设备外端送至墙边时用捯链接住设备室外端，吊车缓慢松钩并溜尾。卷扬机和捯链将设备完全牵引至室内就位。

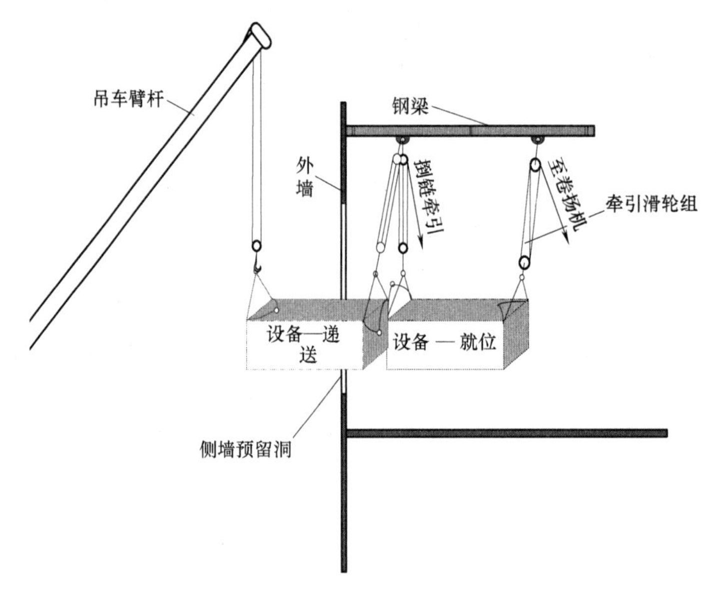

图 7-4　侧墙贯入法

7.3.2　吊车吊装工艺

吊车吊装是建筑安装工程最常用的吊装方法，可根据吊装设备、现场条件、吊车的具体情况来确定吊装工艺和吊车选择。

1. 单机吊装工艺

采用一台吊车将吊物吊起，移动到指定位置就位，这是最常用的吊装工艺。操作简单，限制条件少，影响因素小，安全性高。如图 7-5、图 7-6 所示。

单机平衡梁吊装法：在底空间厂房内吊装设备时，受厂房高度限制，吊车起臂和伸臂有一定局限性，使设备起升高度不够，这时可根据设备重量、大小，采用工字钢或 H 型钢作为吊装平衡梁。使用该方法时应计算设备重心，并在重心点正上方的平衡梁上侧焊接大孔吊耳板，吊钩可直接钩住孔板上，梁两端下侧制作吊耳，用卡环与设备吊点相连，如图 7-7 所示。起吊过程中为了保证设备的平衡，还需要在设备两端的吊点上拴挂绳索微调设备平衡。

图 7-5　单机吊装示意图

图 7-6　单机加平衡梁吊装示意图

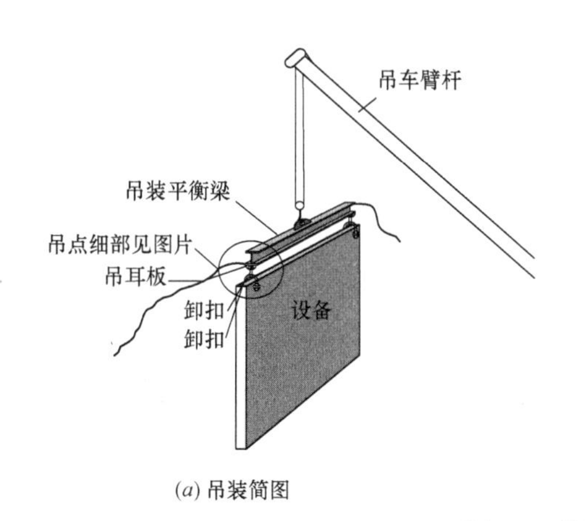

(*a*) 吊装简图

(*b*) 吊点细部照片

图 7-7　单机平衡梁吊装法

对于长宽较大且薄型的设备吊装，为保持吊装平衡，防止设备变形，可制作 H 型吊装平衡梁或框式吊装平衡梁，如图 7-7（*a*）所示。平衡梁与设备之间的连接可以采用图 7-7（*b*）方式，也可在设备底部设置槽型卡具，并将卡具与平衡梁卡环、卸扣连接。

采用该方法的前提是设备重量分部较为均匀，能够精确计算设备的重心以便布置吊耳的具体位置，同时在设备的四个角距离吊点较远处设置绳索，人工牵引微调设备的平衡。

如设备重心位置不够明确，则必须采用四点吊装的方式，采用该方法必须缩短吊装捆绑钢丝绳的垂直方向吊装距离。按照一般吊装要求，吊装用钢丝绳与设备夹角不宜小于 60°，当被起吊物体重量一定时，钢丝绳与铅垂线的夹角 α 愈大，吊索所受的拉力愈大；或者说，吊索所受的拉力一定时，起重量随着 α 角的增大而降低。其数值关系可由公式（7-1）计算及图 7-8 得出。为此我们将吊装夹角减小至 40°～45°，同时加大钢丝绳的直径（校核钢丝绳的受力安全），可有效减小设备的起吊高度。

$$P=\frac{Q}{n\cos\alpha} \tag{7-1}$$

式中　P——每根钢丝绳所受的拉力（N）；

Q——起重设备的重力（N）；

n——使用钢丝绳的根数；

α——钢丝绳与铅垂线的夹角。

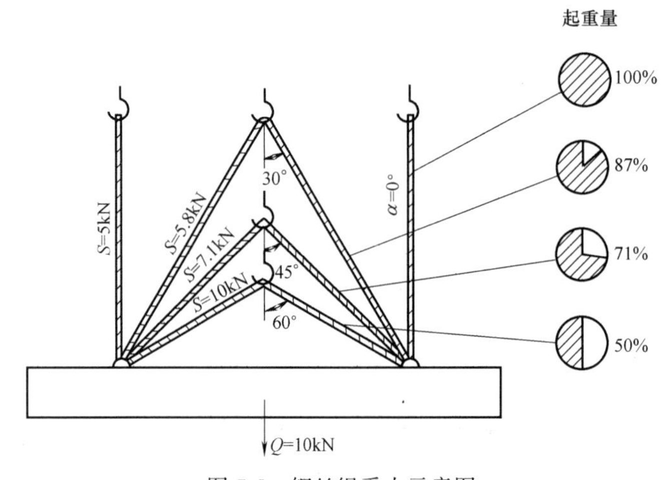

图 7-8　钢丝绳受力示意图

2. 双机吊装工艺

采用两台吊车将吊物吊起，移动到指定位置就位。当一台吊车能力不够，或吊物水平运输到现场须直立就位时采用双机吊装工艺。

在厂房内吊装大型设备时，在吊装高度限制范围内，应核对吊车吊装性能表。

（1）双机抬吊（均为主吊车）：两台吊车的站位可为双机同侧或双机异侧。应根据场地情况，运输车辆的进出场路线，设备的就位方向以及两吊车站位的先后顺序来确定。吊装时可直接用吊车吊住 4 个吊点进行吊装，此时应考虑设备是否需要加固，是否会因设备尺寸过宽造成钢丝绳捆绑与水平面夹角太小等不利条件，并依此确定是否来制作相应的平衡梁。

如图 7-9 所示，在每根平衡梁上方的两处吊点间距可适当缩短以减小钢丝绳受力。

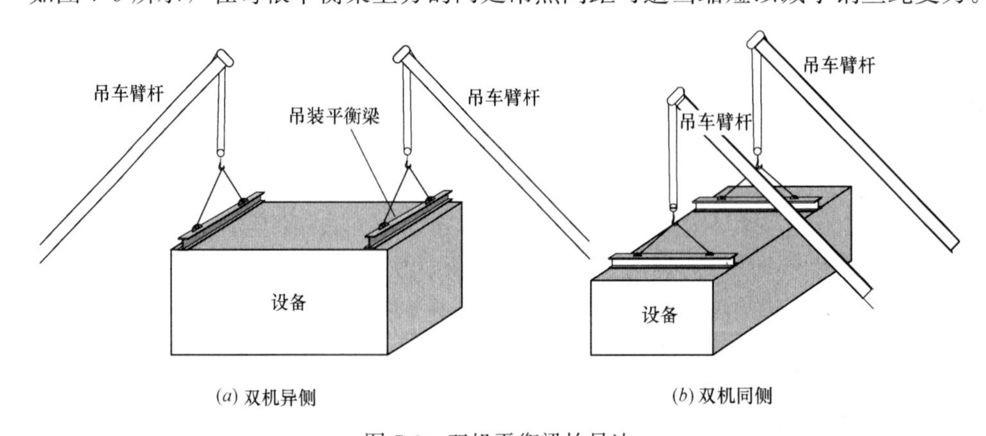

图 7-9　双机平衡梁抬吊法

注：平衡梁与设备连接处细节部采用吊环卸扣连接或参见图 7-7 连接方式

（2）双机抬吊（一主吊一辅吊）：吊装立式设备时，需将卧置状态的设备垂直立起，采用一主一辅两台吊车吊装。在吊装过程中，主吊车保持吊钩垂直并不断提升，辅吊车保持设备低端离地 0.5m 且不断往主吊车跟送（图 7-10）。

7.3.3 吊车选择

吊装方案是完成起重吊装任务的核心。正确合理选择吊装方法、优化吊装方案是保证起重吊装作业安全顺利进行的关键。在实施中，应从安全、科学、成本、工期、环境、技术管理能力等多方面综合考虑，严格执行有关的规程、规范。

图 7-10 双机抬吊（一主吊一辅吊）

1. 选择依据

（1）设备结构的尺寸、重量、重心位置和强度、刚度及稳定性；

（2）吊装环境；气候、吊装作业区域内地上、地下的限制条件；

（3）技术装备能力；在作业区域和作业区域之间，自身的和可利用的吊车状况；

（4）施工人员技术素质；包括管理、技术和操作人员的技术素质和能力；

（5）安全技术要求；设备结构特征、吊装环境特征、工艺特征等决定的要求；

（6）经济效益；应充分考虑成本、工期、安全风险、社会影响。

2. 选择内容

（1）确定吊车台数及型号；根据现场条件、成本控制、装备能力、技术素质等综合考虑；

（2）确定吊车额定起重能力；根据风险程度，保证一定的富裕度；

（3）确定吊车吊臂长度；在满足各种条件下，尽量取短值；

（4）确定吊车工作半径；在满足各种条件下，尽量取小值；

（5）确定吊车吊臂负载作业回转界限；

（6）吊装工艺计算所需的计算参数。

3. 选择程序及要求

（1）确定设备主辅吊点位置；

（2）初选吊车车型；

（3）初选吊车位置；

（4）计算吊臂理论状态参数（长度、工作半径、仰角）；

（5）初选吊臂实际状态参数；

（6）计算吊臂与设备（包括封头、平台）、吊钩滑车与吊臂及设备间的水平净距；

（7）吊车最终选择；

（8）单吊车吊装计算，载荷应小于其额定起重能力；

（9）双吊车吊装载荷不均匀系数为 1～1.35，一般取 1.25。

7.3.4 吊车吊装计算

1. 起重量计算

（1）单机吊装起重量，按公式（7-2）计算：

$$Q > K(Q_1 + Q_2) \tag{7-2}$$

式中 Q——起重机的起重量（t）；

Q_1——设备重量（t）；

Q_2——索具重量（t）；

K——安全系数（一般取 1.1）。

（2）双机抬吊重量按公式（7-3）计算：

$$K_{不}(Q_{主} + Q_{副}) \geqslant Q_1 + Q_2 \tag{7-3}$$

式中 $Q_{主}$——主机起重量（t）；

$Q_{副}$——副机起重量（t）；

$K_{不}$——不均衡系数，一般取 0.8。

2. 起重高度计算

起重高度是根据起吊设备与安装设备的高度来决定的。自行式起重机的起重高度可按公式（7-4）计算，如图 7-11 所示。

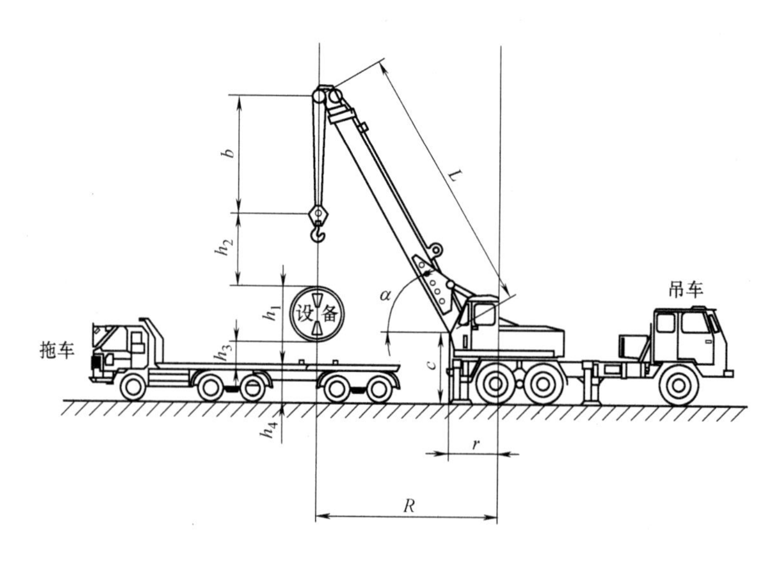

图 7-11 自行式起重机的起重高度计算示意

$$H > h_1 + h_2 + h_3 + h_4 \tag{7-4}$$

式中 H——起重高度（m）；

h_1——设备高度（m）；

h_2——锁具高度（卸扣、吊装带等高度）（m）；

h_3——设备吊装到位后悬吊时的工作间隙，可根据具体情况而定（m）；

h_4——运输车辆或基础高（m）。

3. 起重臂长度计算

根据起重机的起吊高度，满足这一起吊高度计算起重机起重臂杆长度，按公式（7-5）计算。

$$L=[(H-C)+b]/\sin\alpha \tag{7-5}$$

式中 L——所需起重臂长度（m）；

H——所需的起吊高度（m）；

C——起重臂的下轴距地面的高度（m）；

b——起重滑轮组定滑轮至吊钩中心的距离，可采用 2.5m；

α——起重臂的仰角（°）。

最终的起重臂长度应根据吊车实际的标准接长度来确定。

4. 工作半径计算

起重机工作半径按公式（7-6）计算。

$$R=r+L\cos\alpha \tag{7-6}$$

式中 R——起重机的工作幅度（m）；

r——起重臂下铰点中心至起重机回转中心的水平距离（m），其数值可由起重机技术参数表查得；

α——起重臂的仰角（°）；

L——起重臂长度（m）。

5. 汽车吊型号的确定

汽车吊的起重量、工作半径和起吊高度是互相影响的，所以在选择汽车吊时，必须综合考虑，才能选用最合适的汽车吊。

在明确所需起吊设备的工作半径和起吊高度后依据汽车吊性能参数（表 7-1），选定满足吊装荷载的汽车吊。

常用汽车吊的主要性能参数 **表 7-1**

型号	QL3-16	NK-450	TG-500	670TC	NK-800	Q100
最大起重量(t)	16	45	50	70	80	100
起重臂长(m)	20	35	40.15	54.86	44	60
最大起升高度(m)	18.4	40	42	56	46	62
起重幅度范围(m)	3.4～20	3～26	3～32	3.5～50	2.5～31	4～53

【例 7-1】 以某项目地下二层 14t 冷水机组为例说明汽车吊型号的确定：

冷水机组自重约为 14t，机组卸车的时候将吊车与运输车辆停放在同一条直线上，80t 吊车的站位考虑在地下建筑外墙之外（平行建筑站位），汽车与吊车的尾部相对，相对距离为 0.5m，此时吊车的工作半径约为 11m，当臂杆长 29.7m，查表 7-2 可知此工况下 80t 吊车起重能力为 17.7t，大于冷水机组自重 14t，满足垂直运输条件。

6. 吊车校核

依据起吊设备的重量、工作半径和起吊高度初步选定汽车吊型号后，考虑在实际吊运时，汽车吊所站路面平整度不一，及在吊装运输工程中设备的晃动，都会给汽车吊增加部分的荷载，为保证设备吊运的安全性，在吊装荷载的基础上取动载系数及不均匀系数，以校核所选汽车吊的安全性，按公式（7-7）计算。

$$Q = k_1 \times k_2 (Q_1 + Q_2) \tag{7-7}$$

式中 Q——吊装荷载；

k_1——动载系数，取为1.1；

k_2——不均匀系数，取为1.1～1.2；

Q_1——设备重量（t）；

Q_2——吊钩及索具重量（取1.0t）。

80t吊车基本性能参数 表7-2

起重能力	总长	总宽	起重臂长	主臂最大起升高度
80t	12.69m	3m	10.8～48.5	50

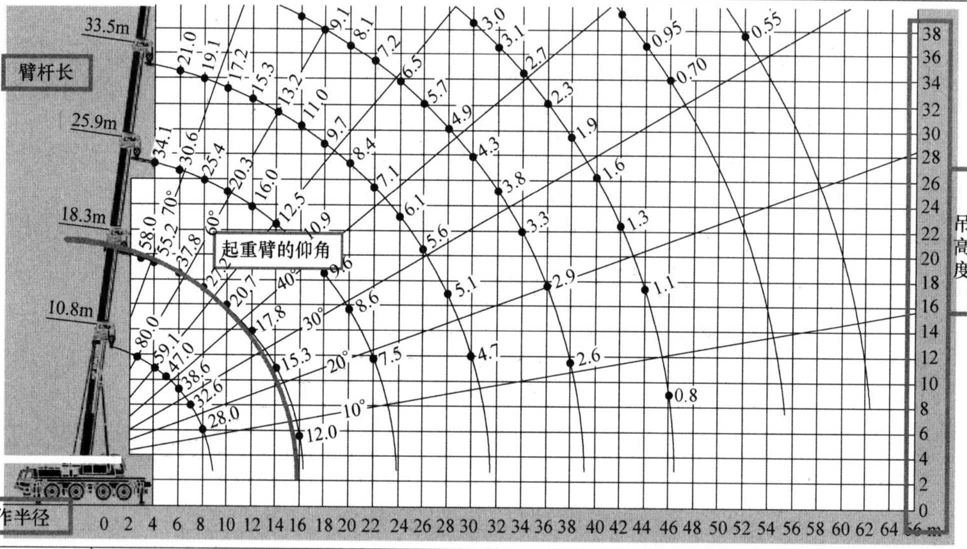

工作半径(m)	主臂					
	支腿全伸，侧方、后方作业					
	22.1	25.9	29.7	33.5	37.3	41.0
11.0	17.9	17.9	17.7	16.2	13.6	12.1

计算所得吊装荷载小于汽车吊额定起重量，则所选汽车吊在吊运设备时安全性高，可利用所选型号汽车吊进行实际吊运。

7.3.5 吊装平面布置

1. 布置应符合下列规定

（1）应使吊车处于最佳工作状态下作业；

（2）有利于设备整体组合吊装，且便于设备吊装就位；

（3）应充分考虑起重臂挠度、车身水平、地基坚实程度、吊钩偏摆对吊装净空的影响；

（4）应遵守吊车负载作业回转界限的规定；

（5）吊车位置布置要有装拆吊臂所必需的空间；

（6）吊车位置和行车路线应避开地下管线、地下电缆等工艺部位，必要时应设置保护措施。

2. 平面布置内容

（1）吊装环境：各种影响吊装作业的建筑（构筑）物、管廊、电线等；

（2）地下工程：各种管沟、水井及其他设施，非承重部位；

（3）设备运输路线；

（4）设备组装、吊装位置；

（5）吊装过程中机具与设备的典型位置；

（6）吊车位置及移动路线；

（7）吊装指挥的位置；

（8）监测人员的位置；

（9）吊装警戒区。

7.3.6　吊装方案编制内容

（1）工程概况，编制依据，工程简介，工程特点及难点，吊装工程量及参数。

（2）吊装方案选择。

（3）吊装工艺：①设备吊装工艺要求；②吊装计算结果；③起重机具安装拆除要求；④设备支、吊点位置及其结构图；⑤吊装作业要点；⑥相关专业交叉作业要求。

（4）吊装平面布置。

（5）起重机具汇总表。

（6）吊装进度计划。

（7）吊装安全技术措施。

7.3.7　吊装方案的管理

根据《危险性较大的分部分项工程安全管理办法》（住房和城乡建设部令〔2018〕37号）规定，吊装方案和安全技术措施的编制及审批除按通常的要求进行外，还应执行如下规定。

（1）施工单位应当在危险性较大的分部分项工程施工前编制专项方案；专项方案应当由施工单位技术部门组织本单位施工、技术、安全、质量等部门的专业技术人员进行审核。经审核合格的，由施工单位技术负责人签字。实行施工总承包的，专项方案应当由总承包单位技术负责人及相关专业承包单位技术负责人签字。

（2）对于危险性较大的分部分项工程，即采用非常规起重设备、方法，且单件起吊重量在10kN及以上的起重吊装工程，采用起重机械进行安装的工程和起重机械自身的安装和拆卸，吊装方案应由施工企业技术负责人审批，并报项目总监理工程师审核签字。

（3）对于超过一定规模的危险性较大的分部分项工程，即采用非常规起重设备、方法，且单件起吊重量在100kN及以上的起重吊装工程；起重量300kN及以上起重设备安装工程；高度200m以上内爬起重设备的拆除工程。应组织召开专家论证会对专项施工方案进行论证，在专家论证前专项施工方案应当通过施工单位审核和总监理工程师审查。专家论证会后，形成论证报告，对专项施工方案提出通过、修改后通过或者不通过的一致意见。专项施工方案经论证需修改通过的，应根据论证报告修改完善后，重新进行施工单位审核和总监理工程师审查。经论证不通过的，修改后应重新组织专家论证。

7.4 超高层建筑机电设备吊装

7.4.1 吊装运输策划

1. 吊装思路

超高层建筑机电设备、材料运输量大，吊装任务繁重，是整个吊装组织设计的重点，一般整体吊装思路如下：

（1）整体规划现场平面转运，确保设备及时运输到安装点；

（2）充分利用变幅式塔吊起重量大、效率高的优点，精准组织楼层大型设备进场，及时吊运至相应楼层；

（3）利用电梯井道运输有利于自主掌握吊装进度，采用“分段吊装转换井道法”，运输小型设备和管道，减少中间的协调环节；

（4）地下室大型设备集中，合理设置吊装孔，确保不影响高层材料设备运输；

（5）对于小型材料、配件等，则错峰利用外用电梯进行垂直运输；利用井道提升作补充。

2. 吊装方法

超高层建筑机电设备、材料运输吊装方法在现场条件不同情况下，采用的起吊设备不同，方法不一。主要吊装类别方法见表 7-3。

主要吊装类别方法表　　表 7-3

类别	吊装方式	
A类	塔吊吊装	利用土建塔吊进行设备垂直运输的方式
B类	塔楼外挂扒杆配合卷扬机提升	扒杆吊装也称桅杆吊装，扒杆吊装一般属人工土法吊装工艺的一种，是桅杆配合卷扬机、滑轮组和绳索等进行起吊作业的方式
C类	电梯井顶部设置吊装梁，采用卷扬机提升	利用电梯井，在其顶部设置吊装梁，配合卷扬机、滑轮组和绳索等进行起吊作业的方式
D类	外挂或临时电梯运输	利用施工电梯进行垂直运输的方式

3. 设备材料运输方式选择

超高层建筑地上大型设备的吊装受竖向高度的影响，吊装运输方式中多采用土建总包的机具或自制吊点进行，地上大型设备吊装运输方式的选用如表 7-4 所示。

设备材料运输方式选择一览表　　表 7-4

设备名称	吊装方式的选用			
	A类	B类	C类	D类
冷水机组/热泵机组	√	√		
柴油发电机组	√	√		
锅炉	√	√		
变压器、高低压柜	√	√		
板式换热器、水箱	√	√	√	
空调机组、新风机组、风机盘管/VAV/多联机、风机、水泵	√	√	√	√
冷却水塔、排烟风机、不锈钢水箱、太阳能设备、多联机外机	√	√	√	

4. 常用吊装方法适用范围及优缺点

机电设备根据进场时间、设备本身重量、土建机具情况选择设备运输方式，常用吊装方法、适用范围及优缺点如表 7-5 所示。

常用吊装方法适用范围及优缺点 表 7-5

类别	吊装方式	适用范围	优缺点
A类	塔吊吊装	塔吊吊运能力可以承担的且在塔吊拆除之前可以进场的设备的吊装	简单、便捷、快速、经济
B类	塔楼外挂扒杆配合卷扬机提升	1. 塔吊拆除后的设备吊运工具 2. 塔吊运力不足时进行运力的补充 3. 塔吊在吊装制冷机组、变压器等重型设备能力不足时，可设计专用的提升架 4. 可配合吊笼用于管道、管件等的提升运输	1. 措施用料多 2. 卷扬机、钢丝绳、提升架、提升架支座承载力需要校核，对操作人员要求较高
C类	电梯井顶部设置吊装梁，采用卷扬机提升	需提升的设备尺寸在电梯井道限制范围内(整体进场的设备、尺寸较长的设备不适用)	1. 措施用料多 2. 吊装梁、吊耳、卷扬机、钢丝绳、提升吊点承载力需要校核
D类	外挂或临时电梯运输	设备材料重量及尺寸均在施工电梯或永久电梯运载能力范围内	速度快、成本低、安全可靠

5. 吊装实物工程量及分布

6. 吊装平面布置

塔吊、外用电梯布置，吊装口位置、建筑内外运输路线。

7.4.2 塔式起重机吊装

超高层地上机电设备所在高度及重量超过汽车的吊装能力，考虑利用土建塔吊进行垂直运输。超高层地上机电设备根据现场土建总包选用的塔吊的各项技术参数，确定起吊点位置，复核塔吊起重能力后方可对设备进行吊运。设备进场后停泊在吊装点位置，对设备进行绑扎后开始吊装，设备吊至卸料平台进行卸车。吊装运输过程参见图 7-12。

图 7-12 塔式起重机吊装示意图

卸料平台的承载力、校核塔吊起重力是保证设备安全运输至设备所在层的关键。塔吊吊装运输技术要点如下。

1. 卸料平台承载力计算

地上设备垂直运输时需借助卸料平台辅助塔吊将设备先吊放在卸料平台上，再运至设备安装区域进行安装。

卸料平台由主梁、次梁、支撑板及护栏组成，如图 7-13 所示，主梁通常采用 20～28 号工字钢，次梁通常采用 20～25 号槽钢。如荷载过大也可采用工字钢，设计使用时应对主次梁进行强度校核。

图 7-13　卸料平台示意图

【例 7-2】　某项目塔楼 67 层冷水机组及卸料平台的吊装受力分析计算。根据卸料平台承受集中荷载 13.802t（冷水机组最大重量），需考虑可变荷载系数，一般为 1.3，对一根工字钢的受力进行分析。

以最远端钢丝绳（主吊索 A）进行受力承载力验算，假定跨中钢丝绳为辅吊索 B（保险绳）。

考虑最不利情况，当远端钢丝绳受力时，保险绳不受力，以此进行受力分析计算。

（1）卸料平台自重：平台总重量包括工字钢、钢板、钢栏杆、踢脚板等型钢重量，其重量计算详见表 7-6。

重量计算　　**表 7-6**

名称	单位重量	数量	计算公式	重量(kg)
I25b 工字钢	42(kg/m)	5×2+5.06×6+4×4=56.36m	42×56.36	2367.12
钢板	47.1(kg/m^2)	20.24m^2	47.1×20.24	953.304
钢栏杆 $\phi48$	3.84(kg/m)	1.2×18+5×4+5.06×2=51.72m	3.84×51.72	198.6
踢脚板	15.7(kg/m^2)	(5×2+5.5)×0.2=3.1m^2	15.7×3.1	48.67

平台总重量为 $Q_{平}=3568\times10=35680N=35.68kN$

（2）设备单件最大总量为：13.802t，即有

$$Q_{设备}=13802\times10=138.02kN$$

（3）索具重量按设备重量的 1/25 计取，即有

$$Q_{索具}=Q_{设}/25=5.52kN$$

（4）活荷载（施工人员）按 2 人且每人 75kg 计，专用起重滑车每个按 50kg 计。

$$Q_{活}=(75\times2+50\times4)\times10=3.5kN$$

（5）吊装平台按承受集中荷载考虑，可变荷载系数取 1.3，则集中荷载设计值：

$$\begin{aligned}Q_{设计}&=(Q_{设备}+Q_{索具}+Q_{活})\times1.3\\&=(138.02+5.52+3.5)\times1.3\\&=191.152kN\end{aligned}$$

（6）平台（宽度方向）的主钢梁（I25b）承载力验算

按承受集中荷载考虑，则

单根主梁承受荷载为：　　$P=Q_{设计}/4=51.464kN$

根据对工字钢受力分析，工字钢的最大弯矩出现在跨中，最大弯矩值近似采用如图 7-14 所示的。

$$M=1/4PL=1/4\times51464\times5.06=65102\text{N}\cdot\text{m}$$

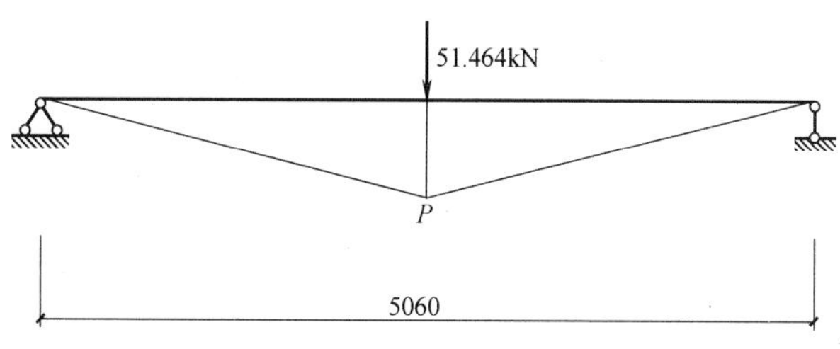

图 7-14 工字钢受力分析图

计算公式

$$\sigma=M/W=65102/423=154\text{N/mm}^2<235\text{N/mm}^2$$

式中 δ——许用应力（kg）；

W——截面模数（cm^3）。

注：查《热轧型钢》GB/T 706 $W_x=423\text{cm}^3$，

查《碳素结构钢》GB/T 700 Q235，$\sigma=235\text{N/mm}^2$。

（7）次梁 I25b 承载力验算

设备放置卸料平台上，设备重量通过钢板作用于次梁。假设其设备重量全部落在框架的两根次梁上，次梁按集中荷载的一半计算。

$$P'=Q_{设计}/2=102.928\text{kN}$$

$$M_{max}=1/4\times P'\times L=1/4\times102.928\times3=77.196\text{kN}\cdot\text{m}$$

$$\sigma=M/W=77.196\text{kN}\cdot\text{m}/422.72\text{cm}^3=182.6\text{N/mm}^2<215\text{N/mm}^2$$

所以满足强度要求。

（8）吊点耳板验算

需考虑可变荷载系数为 1.4，永久荷载系数为 1.2，冷水机组、卸料平台以及索具等设计总荷载为：

$$G_{总}=(138.02+5.52+3.5)\times1.4+35.68\times1.2=248.672\text{kN}$$

则有，每边吊耳受力为 248.672/2=124.336kN。

吊耳板设置尺寸及受力分析见图 7-15。

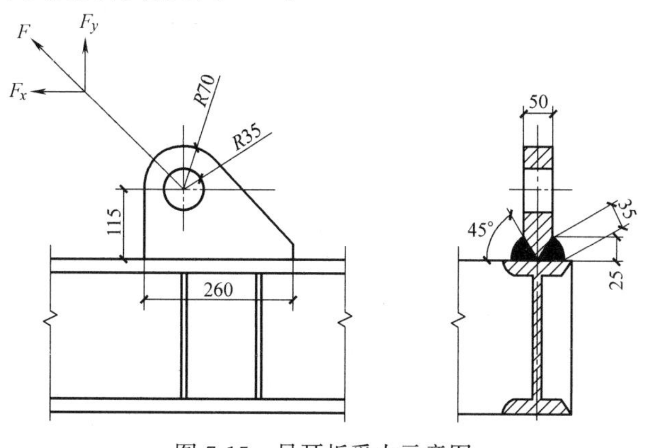

图 7-15 吊耳板受力示意图

耳孔强度校核：

耳板采用50mm厚钢板（材质为Q235），其耳孔直径为70mm。

A-A剖 $R/r=70/35=2$，选用 $[\sigma]=120\text{N/mm}^2$

$F=N/\sin 40°=124.336/0.6428=193.429\text{kN}$

则有 $P=F/\phi\delta=193429/(35\times 50)=110.53\text{N/mm}^2<120\text{N/mm}^2$，满足要求。

经计算卸料平台荷载能满足满足承重要求后，方可进行地上设备吊装运输。

2. 塔式起重机起吊能力

为保证设备吊装的安全性，需根据现场塔吊的工作半径，确定起吊点位置，并根据塔吊各项技术参数复核塔吊起重能力，应满足现场所需起吊设备重量。

【例7-3】 以塔吊TC-8039为例进行分析：

塔式起重机TC-8039在不同倍率下的起升速度 **表7-7**

最大起重重量(t)		25					
起升机构	倍率	$a=2$			$a=4$		
	速度(m/min)	80	53	27	40	27	13.5
	起重量(t)	1	6.25	12.5	2	12.5	25
	功率(kW)	63					

TC-8039塔吊性能表不同倍率下的承载力 **表7-8**

臂长(m)	倍率	R_{max}	C_{max}	26	35	40	45	50	55	60	65	70
70	4	17.5	25	15.6	10.8	9.14	7.8	6.7	5.9	5.2	4.5	4.1
	2	33.6	12.5	12.5	11.9	10.2	8.9	7.8	7.0	6.3	5.7	5.2

根据设备卸车位置确定所需塔吊臂长，如表7-7、表7-8所示，TC-8039塔吊臂长最远端最大吊装重量为5.2t，以此类推，确定在设备卸车位置处土建塔吊起重量是否能满足设备起重量，设备利用TC-8039塔吊吊装见图7-16。

3. 吊装作业注意事项

（1）对土建结构的要求

中转层钢结构桁架剪刀撑预留：超高层建筑较多的设备层位于转换层，转换层的钢结构剪刀撑布置加密，大型设备由吊装口进入就位到设备安装位置较为困难，设备工程师在规划运输路线时应根据层间的钢结构图，尽量避开钢结构的剪刀撑，实在无法避免的应与结构设计师协商部分剪刀撑在设备就位后再行安装或者在设备运输前拆除，运输后恢复。

幕墙预留要求（洞口大小，预留时间）：高层钢结构的幕墙一般提前介入施工，在主

图 7-16 某项目冷水机组塔吊吊装图

要设备进厂前就开始施工。为了保证大型设备能够顺利进入楼层，规划每一层设备进入的口，在该区域幕墙预留，预留时间需要根据设备的进厂进度与幕墙专业沟通，既保证设备能够通过，又保证幕墙专业的节点进度。一般留洞考虑一个柱位间。上下楼层统一在同一个位置留洞。

（2）吊装作业安全注意事项

吊装前对各机具（如钢丝绳、千斤顶、滑轮、卡环等）进行检查，发现有缺陷，不符合安全要求的不准使用。起吊用的吊钩、吊环、链条等，要符合标准要求，并不得超负荷使用。吊重钢丝绳，应垂直地面，不得斜吊。钢丝绳端部应采用插接，并应保证其牢固性。工作中的钢丝绳，不得与其他物体相摩擦，特别是带棱角的金属物体，着地的钢丝绳应以垫板或滚轮托起。工作中若发现钢丝绳股缝间有大量的油挤出，这是钢丝绳破断的前兆，应立即停吊查明原因。使用导向滑轮作水平导向时，底滑轮钩向下挂住绳扣，防止使用中脱钩，垂直悬挂的导向滑轮要在钩子上绕一圈，避免滑轮移动或绳索走动时，发生滑动。

安全操作人员在作业前，要明确任务，并制定可靠的安全技术措施，项目管理人员要经常督促检查，发现问题要及时、妥善加以解决。施工人员要服从统一指挥和调配，要分工明确，坚守岗位，尽职尽责，保证吊装工作的顺利进行。作业区要有警戒标志，非作业人员不得进入作业区。

起吊工作要做到十不吊：信号不清，不得起吊；重量超过机械性能允许范围或重量不明不得起吊；埋在地下物不得起吊；斜拉斜牵不得起吊；吊物上站人不得起吊；吊装下方有人不得起吊；散物捆扎不牢不得起吊；零碎物品无容器不得起吊；立式构件、不用卡环不得起吊；六级风及以上，不得起吊。

设备起吊前，要检查各绑扎点是否可靠，重心是否准确，并应进行试吊。布置滚杠人员不得戴手套操作，摆放和调整滚杠时，大拇指在外，其他四指放在滚杠筒内，以免压伤手指。使用撬杠时，不准骑在上面，当重物升高后，用坚实垫木垫牢，严禁将手伸入重物底面。

（3）对设备的保护措施

机组吊装一定要使用机身上吊装用吊耳，避免吊装绳索触碰机体。小型设备将考虑带包装运输。吊装设备时，固定钢丝绳与设备接触面应采用软质材料填充，确保设备不受钢丝绳挤压而造成设备损坏，特别是配电盘、仪表盘、连接阀门、管口等。设备运输过程中，应考虑对设备边角、易损件特殊保护，配件应单独存放。就位后机组用苫布整体封盖，以防外表灰尘及零部件损坏。吊装作业各项防护安保措施详见表 7-9。

吊装作业防护安保措施表　　表 7-9

手拉葫芦等皆进行了验收手续	检查吊绳的安全性

机组卸车	检查卡扣的安全性

水泵吊装	大体积设备吊装

机组拖运时要注意对其他专业的成品保护，应对结构中的周边柱子、墙面使用钢板条包裹。严禁直接在地面上进行拖动作业，损坏结构地面。不可在吊装作业中使结构负荷超载，损害结构力学性能。

7.4.3　井道内提升吊装

由于现场塔吊和外用施工电梯的使用经常受到限制，为了满足工期要求，在施工过程中，可利用电梯井道或管道井，用型钢制作吊篮，通过卷扬机和滑车系统实现中、小型设备和材料的垂直运输。

1. 在电梯井内设置吊篮提升系统

在建筑内选择合适的正式电梯井作为运输通道，在设备安装楼层的上面两层以上井道，用型钢制作吊梁，在钢梁固定提升滑车组，在钢梁的下面楼层安设卷扬机，并根据需要设置导向滑轮。吊点的设计、各种机具的选择应根据设备具体参数来确定。吊装重量一般在 2～10t 之间，如：热水换热器、膨胀罐、水泵、变压器、配电柜等。其布置如图 7-17、图 7-18 所示。

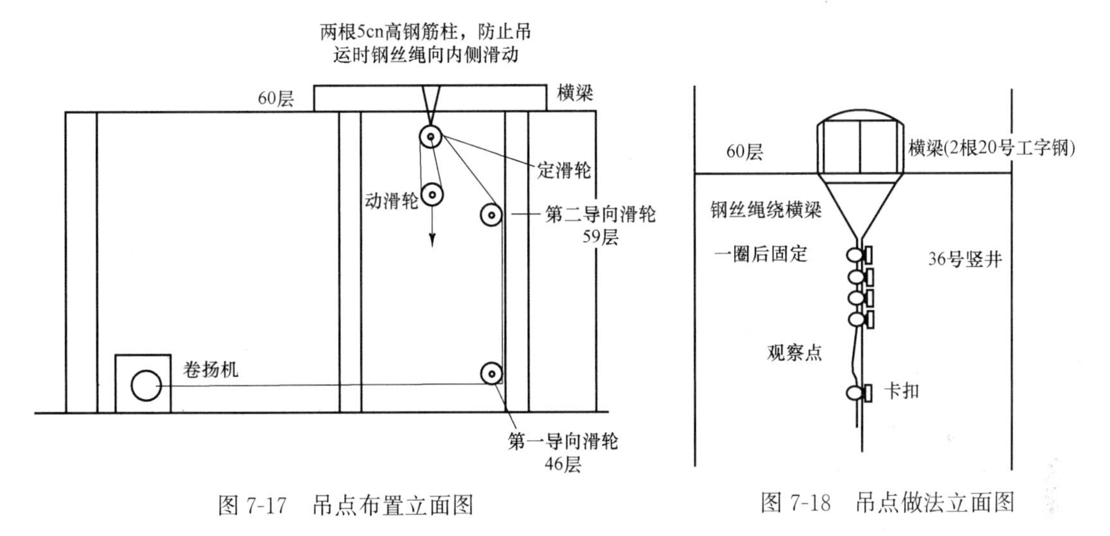

图 7-17　吊点布置立面图　　图 7-18　吊点做法立面图

为防止设备在垂直运输过程中旋转、摆动，保证顺利穿越各楼层，在设备一侧安装两个滑道环，利用两根 ϕ14mm 钢丝绳穿过滑道环分别固定在顶层及一层的锚固点上，见图 7-19。

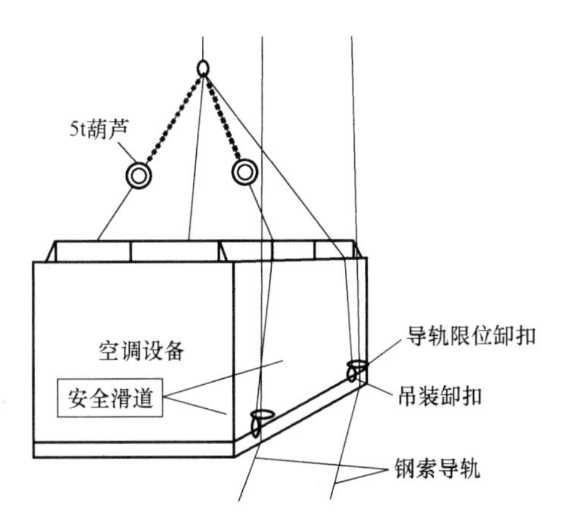

图 7-19　安全滑道设置示意图

2. 物料分层转运

小型设备、材料及配件运输至设备层后将利用运输管井进行分层的转运，运输方式为采用电动葫芦拉动吊笼。利用以后每层会用到的10号槽钢作为吊笼的导轨。制作吊笼如图7-20所示，吊装运输过程如图7-21所示。

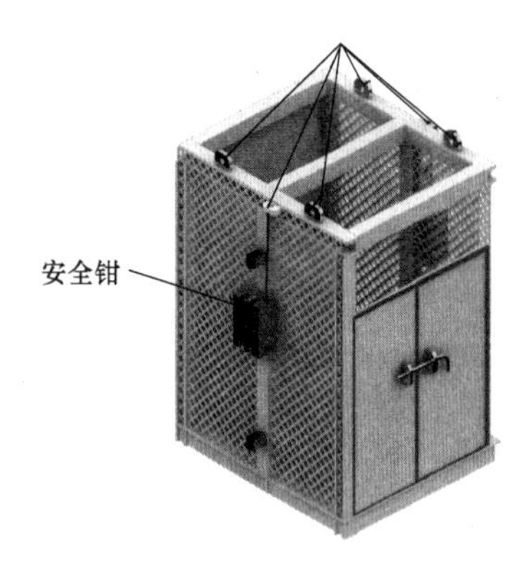

图7-20　吊笼效果图

图7-21　吊装运输过程示意图

电动葫芦提升吊笼，运输小型物料从设备层至各层。为了增强管井运输的安全性，在每层空调房设置临时门。并在吊笼导轨上安装一套安全钳，它利用钢丝绳拉力的存在与消失关联控制安全钳松闸及上闸。发生断绳时，由于拉力消失，受拉的弹簧首先激发安全钳上闸，再利用吊笼的压力来增加安全钳的上闸力，使吊笼停止下降。在最底层设置减震弹簧，以降低吊笼下降的冲击力。

7.4.4　外用电梯垂直运输

外用施工电梯运输是超高层建筑设备、材料、人员垂直运输的主要方式。当需要运输设备、材料时，应满足外用施工电梯箱笼的规格及承载能力要求，并与电梯管理方提前商定好运输时间，严格遵守相关规定。

1. 常用室外电梯参数

室外电梯为总包施工机具，为保证设备吊装的安全性，需根据起吊设备的规格参数，复核室外电梯起重能力。

【例7-4】 以室外电梯SC200/200为例进行分析：

根据设备本身重量及尺寸对照室外电梯SC200/200规格参数，如表7-10所示，吊笼尺寸为3m×1.3m×2.2m，额定载重量为2000kg，考虑设备垂直运输时的活荷载（施工人员按2人且每人75kg计，专用起重滑车每个按50kg计）以此类推，确定在利用室外电梯进行垂直运输时，设备重量及尺寸不超载。

2. 室外电梯垂直运输需注意事项

考虑到施工高峰期各承包商对施工电梯的需用量，可在小型设备集中进场前，与土建总包及其他专业承包商协商施工电梯的使用时间，确定进场设备数量、尺寸及重量，计算所需运输次数和时间表，为了保证施工进度可以安排夜间运输。

对于分体空调、生活水箱、空调膨胀水箱等尺寸较大的设备，考虑对设备采取分节进场的措施，利用施工电梯运输至各楼层后，采用液压叉车进行水平运输至设备安装位置现场进行组装。

规格参数　　表 7-10

额定载重量	kg	2000/2000
吊笼尺寸 $L\times W\times H$	m	3×1.3×2.2
起升速度	m/min	0～60

7.4.5 桅杆式起重机吊装

在现场塔吊的使用受到限制，或设备到货晚塔吊已拆除时，可采用桅杆式起重机吊装大型设备。

1. 桅杆形式的选择

根据基本工艺过程的需要，为保证桅杆的侧向稳定性，桅杆形式采用倾斜人字桅杆，桅杆采用无缝钢管制作。由于采用该工艺方法布置缆风绳和地锚较困难，缆风绳和地锚一般布置在设备就位层或其上部的建筑结构上，缆风绳与水平面的夹角一般不大于 30°，如图 7-22 所示。

在吊装过程中，需要通过改变桅杆的倾角使设备水平移动，进入建筑结构的楼层中；为防止桅杆在牵引设备的水平牵引力作用而反向倒下，造成安全事故，在设计吊装方案时，应仔细核算桅杆的倾角，桅杆起吊位置的倾角一般不应大于 30°。组成人字桅杆的两根桅杆的夹角，在一般情况下，以 30°～40°为宜。由于人字桅杆的倾角 α 较大，在吊装过程中要通过变幅来移动设备，一般采用单向铰为宜。单向铰座应与结构固定牢固，其结构如图 7-22 所示。

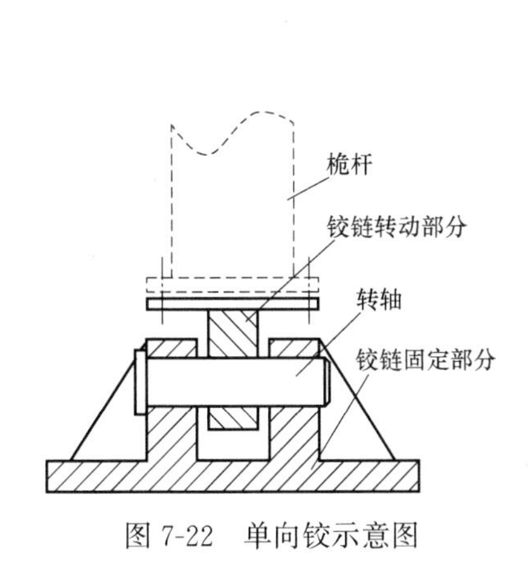

图 7-22 单向铰示意图

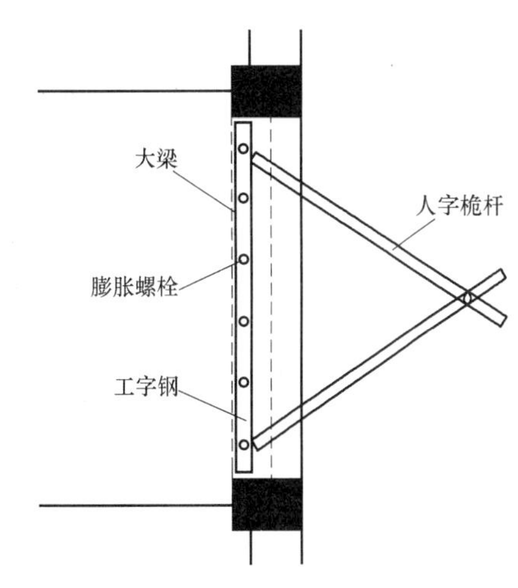

图 7-23 桅杆底座固定

2. 桅杆的安装位置

桅杆的安装位置在桅杆长度允许的情况下，应尽可能靠近建筑结构外侧，以减少设备就位时的水平位移和工人操作时的危险。桅杆基础应选择在屋顶梁的上部，应核算梁的强度，并征求设计同意。桅杆底座应与建筑结构固定，以防止在吊装过程中，桅杆底座在倾斜桅杆水平分力的作用下，产生滑移而发生事故。如图 7-23 所示。

3. 缆风绳及地锚的布置

在超高层建筑物顶部布置缆风绳，往往必须利用建筑物作地锚，如建筑物的梁、柱等。受建筑物结构的限制，缆风绳不可能标准布置，即在吊装平面内，可能无法布置主缆风绳，此时，应保证在吊装平面的两侧，对称布置两根主缆风绳，每根缆风绳与吊装平面在水平面内投影的夹角不应大于 15°。滑轮组或手动葫芦与缆风绳并连布置，桅杆倾角不改变时，由缆风绳稳定桅杆，滑轮组或手动葫芦不工作。当需要改变桅杆倾角时，滑轮组或手动葫芦工作，收紧缆风绳。当桅杆达到预定角度时，滑轮组或手动葫芦停止工作，迅速重新固定缆风绳。如图 7-24 所示。

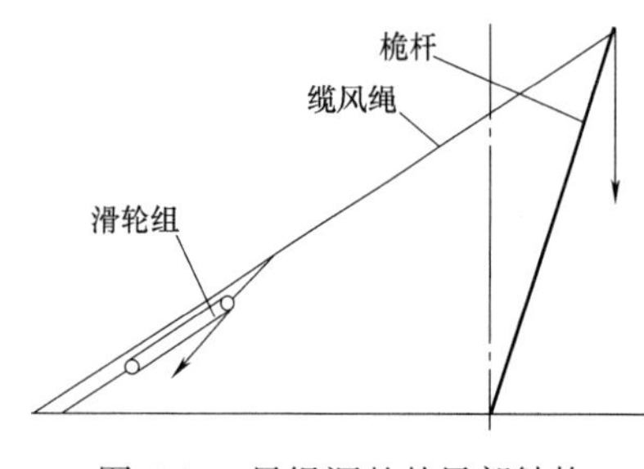

图 7-24　风绳调整的局部结构

4. 卷扬机的布置

卷扬机分为起升卷扬机和调幅卷扬机，调幅卷扬机一般应布置在桅杆基础上面，以便操作时，工人能直接观测到桅杆倾角的变化。起升卷扬机的布置，应根据施工现场的具体情况进行，布置的基本原则是使操作工人尽可能直接观测到被吊装设备或构件的起升情况。如图 7-25 人字桅杆吊装立面布置图。

5. 吊装工艺步骤

此类吊装工程，尽管重量不大，但高度高，过程长。尤其是在超高层建筑物顶部进行吊装，一般在繁华都市中进行，一旦出现危险，就不仅仅是巨大的经济损失，还可能伴随着大量的人员伤亡和极坏的社会影响，所以对工艺步骤的要求较高。主要有：

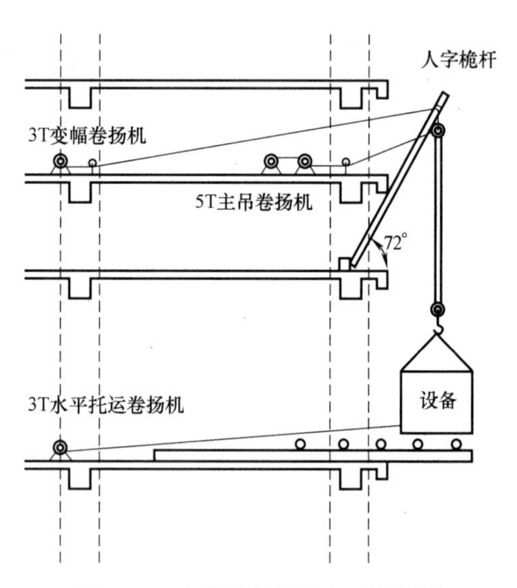

图 7-25　人字桅杆吊装立面布置图

（1）桅杆的安装

桅杆的安装方法很多。对于高度不大的桅杆可以直接用人力安装，对于高度和重量一般的桅杆，应尽量利用移动式起重机、打桩架或已安装好的金属构架来安装。利用移动式起重机安装桅杆最为简单，如起重机臂杆长度不足，可先把枪杆吊起成倾斜状，然后用起重滑轮组和卷扬机板成直立状态，再固定好杆底座，用缆风绳将杆稳固。如用已安装好的金属构架安装杆，起重滑轮组应系固到能吃力的构件上，并应做静载荷核算。

（2）吊装机具、索具的强度试验。

吊装前，应对所有的机具、索具进行强度试验，应达到其自身的设计值，试验机构最好是有试验资格的专门单位。

（3）正式吊装前，应按规定进行“试吊”，详细说明“试吊”的方法、步骤、技术要求、检查和调整部位等。一般“试吊”主要包括以下内容：

1）将设备吊离地面约300mm左右，停止半小时；

2）检查设备吊索及其部件的受力状况；

3）检查起升滑轮组、卷扬机、导向轮、跑绳及其部件的受力状况、固定状况和制动情况；

4）检查所有地锚及其部件的受力状况；

5）检查缆风绳及其调整部件的受力状况；

6）检查设备自身及其部件的受力状况；

7）改变桅杆倾角，重复上述各项检查；

8）放下设备，进行必要的调整，一切合格后才能进行正式吊装。

（4）起升的速度和平稳性要求，起升过程中，速度应缓慢、平稳，尽量避免紧急制动。

（5）对吊在空中的设备或构件的稳定方法及要求

由于吊装高度高，滑轮组拉得较长，吊装过程中，设备容易在空中晃动。设备在空中发生剧烈晃动，不仅使整个吊装系统承受冲击载荷，更容易使设备与基础或建筑物发生碰撞，损坏设备或建筑物。应采取用牵引绳等措施稳定设备。

（6）改变桅杆倾角，牵引设备水平位移的时机、方法和要求及缆风绳的固定、松、放等的技术要求。一般情况下，改变桅杆倾角，应在设备被吊装到高于基础（或必须跨越的障碍）300mm以上后进行，改变桅杆倾角时应停止起升。主缆风绳在桅杆倾角达到预定角度后，应迅速重新固定在地锚上。副缆风绳在桅杆开始改变倾角时，应逐渐放松，待桅杆达到预定角度后，应迅速重新固定在地锚上。牵引设备水平位移应在桅杆倾角达到预定角度，主、副缆风绳均已重新固定在地锚上后进行。水平牵引设备时，改变桅杆倾角和起升均应停止。

7.5　典型吊装措施计算

7.5.1　钢丝绳

钢丝绳是起重工程不可缺少的工具，是由高碳钢丝制成。每一根钢丝绳由若干根钢丝分股和植物纤维芯捻成粗细一致的绳索。钢丝绳的选用主要考虑以下几点。

（1）钢丝绳钢丝的强度极限：起重工程中常用的有1400MPa、1550MPa、1700MPa、1850MPa、2000MPa等数种。

（2）钢丝绳的规格：起重工程常用的为6×19＋1、6×37＋1、6×61＋1三种。其中，6代表绕成钢丝绳的股数，19（37、61）代表每股中的钢丝数，1代表中间的麻芯。

（3）钢丝绳的直径：在同等直径下，6×19＋1钢丝绳中的钢丝直径较大，强度较高，但柔性差，常用来做缆风绳。而6×61＋1钢丝绳中的钢丝最细，柔性好，但强度低，常用来做吊索。6×37＋1钢丝绳的性能介于上述二者之间，常用来做滑轮组跑绳或吊索。

（4）安全系数：在起重工程中，钢丝绳一般用来做缆风绳、滑轮组跑绳和吊索，做缆风绳的安全系数不小于3.5，做滑轮组跑绳的安全系数一般不小于5，做吊索的安全系数一般不小于8，如果用于载人，则安全系数不小于10～12。

（5）钢丝绳的许用拉力 T 计算：

钢丝绳的许用拉力理论按公式（7-8）计算：

$$T=P/K \tag{7-8}$$

式中 P——钢丝绳破断拉力（MPa）；

K——安全系数。

钢丝绳破断拉力 P 应按国家标准或生产厂提供的数据为准。表7-11为6×37+1的钢丝绳在不同容许拉应力和不同直径钢丝绳的破断拉力。根据不同用途，用钢丝破断拉力总和除以安全系数，便得到钢丝绳的许用拉力。

6×37 钢丝绳的主要数据表 **表 7-11**

直径		钢丝总截面积	线质量	钢丝绳容许拉应力 $[F_g]/A$ (N/mm^2)				
钢丝绳	钢丝			1400	1550	1700	1850	2000
(mm)		(mm^2)	(kg/100m)	钢丝破断拉力总和不小于(kN)				
8.7	0.4	27.88	26.21	39.0	43.2	47.3	51.5	55.7
11.0	0.5	43.57	40.96	60.9	67.5	74.0	80.6	87.1
13.0	0.6	62.74	58.98	87.8	97.2	106.5	116.0	125.0
15.0	0.7	85.39	80.57	119.5	132.0	145.0	157.5	170.5
17.5	0.8	111.53	104.8	156.0	172.5	189.5	206.0	223.0
19.5	0.9	141.16	132.7	197.5	213.5	239.5	261.0	282.0
21.5	1.0	174.27	163.3	243.5	270.0	296.0	322.0	348.5
24.0	1.1	210.87	198.2	295.0	326.5	358.0	390.0	421.5
26.0	1.2	250.95	235.9	351.0	388.5	426.5	464.0	501.5
28.0	1.3	294.52	276.8	412.0	456.5	500.5	544.5	589.0
30.0	1.4	341.57	321.1	478.0	529.0	580.5	631.5	683.0
32.5	1.5	392.11	368.6	548.5	607.5	666.5	725.0	784.0
34.5	1.6	446.13	419.4	624.5	691.5	758.0	825.0	892.0
36.5	1.7	503.64	473.4	705.0	780.5	856.0	931.5	1005.0
39.0	1.8	564.63	530.8	790.0	875.0	959.5	1040.0	1125.0
43.0	2.0	697.08	655.3	975.5	1080.0	1185.0	1285.0	1390.0
47.5	2.2	843.47	792.9	1180.0	1305.0	1430.0	1560.0	
52.0	2.4	1003.80	743.6	1405.0	1555.0	1705.0	1855.0	

7.5.2 平衡梁

平衡梁也称“铁扁担”，在吊装精密设备与构件时，或受到现场环境影响，或多机抬吊时，一般多采用平衡梁进行吊装。

1. 平衡梁的作用

（1）保持被吊设备的平衡，避免吊索损坏设备；

（2）缩短吊索的高度，减小动滑轮的起吊高度；

（3）减少设备起吊时所承受的水平压力，避免损坏设备；

（4）多机抬吊时，合理分配或平衡各吊点的荷载。

2. 平衡梁的形式及构造

（1）管式平衡梁：由无缝钢管、吊耳、加强板等焊接而成，一般可用来吊装排管、钢结构件及中、小型设备。

（2）钢板平衡梁：用钢板焊接制成，钢板的厚度按设备重量确定。其制作简便，可在现场就地加工。

（3）槽钢型平衡梁：由槽钢、吊环板、吊耳、加强版、螺栓等组成。它的特点是分部板提吊点可以前后移动，根据设备重量、长度来选择吊点，使用方便、安全、可靠。

（4）桁架式平衡梁：由各种型钢、吊环板、吊耳、桁架转轴、横梁等焊接而成。当吊点伸开的距离较大时，一般采用桁架式平衡梁，以增加其刚度。

3. 平衡梁的选用

起重作业中，一般都是根据设备的重量、规格尺寸、结构特点及现场环境要求等条件来选择平衡梁的形式，并经过设计计算来确定平衡梁的具体尺寸。

7.5.3　平衡梁吊耳板的计算

吊耳板如图 7-26 所示，吊耳板与平衡梁连接采用双侧满焊，焊缝采用手弧焊。应校核其焊缝受力及孔板的强度，按公式（7-9）、式（7-10）计算：

$$\sigma_f = \frac{N}{h_\theta \cdot L_w} \leqslant f \tag{7-9}$$

式中　σ_f——角焊缝的应力（N/mm^2）；

N——作用在吊耳板上的拉力（N）；

h_θ——角焊缝的有效厚度（mm），$h_\theta = 0.7h_f$，h_f 为较小焊脚尺寸；

L_w——角焊缝计算长度（mm），对每条焊缝取实际长度减去 10mm；

f——角焊缝的强度设计值，取 $160N/mm^2$。

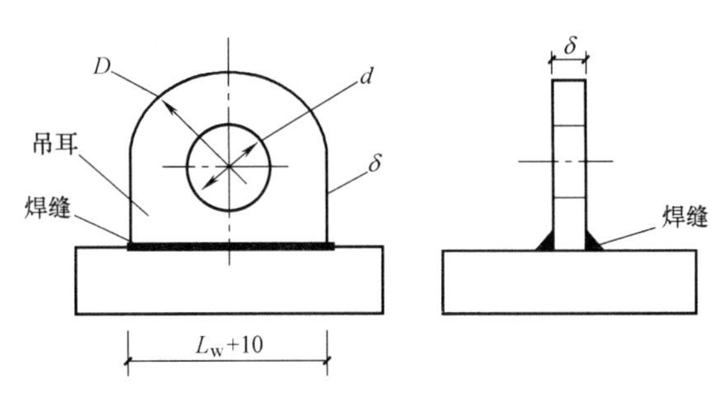

图 7-26　吊耳结构图

吊耳板强度：按最危险截面考虑

$$\sigma=\frac{Q_{计}}{2d\delta}\times\frac{D^2+d^2}{D^2-d^2}\leqslant[\sigma] \tag{7-10}$$

式中 σ——吊耳板的最大应力（N/mm^2）；

$Q_{计}$——设备的计算重量（N），应为 $1.1\times Q$（设备重量）；

d、D——分别为吊耳孔内外圆直径（mm）；

δ——吊耳板厚度（mm）；

$[\sigma]$——许用应力，取 $160N/mm^2$。

7.5.4 卡环（卸扣）选用

根据钢丝绳受力查五金手册进行选用。一般 30t 以下的卡环可在五金商店购买，30t 以上的须自行加工。

7.6 起重吊装作业的稳定性

起重吊装作业的稳定性是保证起重吊装安全实施的根本。只有充分了解起重机械特性、结构设备特点，了解设备和机械的稳定性要求，具有指挥操作经验，才能制定出科学合理、安全可靠、符合实际的起重吊装方案，并在实施中严格执行有关的规程、规范和标准。

7.6.1 起重吊装作业稳定性的意义及内容

（1）起重吊装作业在实现设备或构件等垂直提升、下降和水平移位功能的同时，其核心要求就是保证起重吊装作业的安全，即吊装安全是第一位的。起重吊装作业的稳定性是保证吊装安全的根本。由于起重机械或被吊设备构件在吊装过程中的失稳，出现了安全事故，造成人员伤亡、设备损坏、财产损失事件时有发生，通常人员伤亡和财产损失都较大。因此了解起重吊装作业稳定性的内容、产生原因及预防措施，对确保起重吊装作业的安全顺利实施具有重大的现实意义。

（2）起重吊装作业稳定性的主要内容

1）起重机械的稳定性：起重机在额定工作参数情况下的稳定或桅杆自身结构的稳定。

2）吊装系统的稳定性：如：多机吊装的同步、协调；大型设备多吊点、多机种的吊装指挥及协调；桅杆吊装的稳定系统（缆风绳、地锚）。

3）吊装设备或构件的稳定性：又可分为整体稳定性（如：细长塔类设备、薄壁设备、屋盖、网架）及吊装部件或单元的稳定性。

7.6.2 起重吊装作业失稳的原因及预防措施

（1）起重机械失稳的主要原因有：超载、支腿不稳定、机械故障、桅杆偏心过大等。为保障起重机械的稳固，应做到严禁超载、严格机械检查、打好支腿基础并用道木和钢板加固，确保支腿稳定。

（2）吊装系统失稳的主要原因有：多机吊装的不同步、不同起重能力的多机吊装荷载分配不均、多动作、多岗位指挥协调失误，桅杆系统缆风绳、地锚失稳。为保障吊装系统的牢固，应做到采用同机型吊车并通过主副指挥来实现多机吊装的同步，集群千斤顶或卷扬机通过计算机控制来实现多吊点的同步；制定周密指挥和操作程序并进行演练，达到指挥协调一致；缆风绳和地锚完成后做拉力试验。

（3）吊装设备或构件失稳的主要原因有：由于设计与吊装时受力不一致、设备或构件的刚度偏小。其预防措施为：对于细长、大面积设备或构件采用多吊点吊装；薄壁设备用型钢加固；对型钢结构、网架结构的薄弱部位或杆件进行加固或加大截面。

【例 7-5】 两高层建筑中间连廊，由多片桁架结构组成，单片桁架长 40m，高 5m，宽 0.42m，钢桁架的吊装、就位为立式。在水平桁架没有安装前，单片桁架的侧向刚度非常小，无论是两台吊车抬吊，还是在两端进行液压提升，均无法直接进行吊装，必须增加宽度，以提高侧向刚度，方可实现单片桁架安全平稳提升就位。如图 7-27 所示，在单片桁架上梁的上面用型钢制作一榀宽 3.02m 的钢梁，并在两侧用 $\phi159\times6$ 的钢管与桁架下梁连接，使单片桁架的宽度从 0.42m 增加到 3.02m，大大提高了桁架的侧向刚度，避免了构件在吊装过程中的侧向失稳。

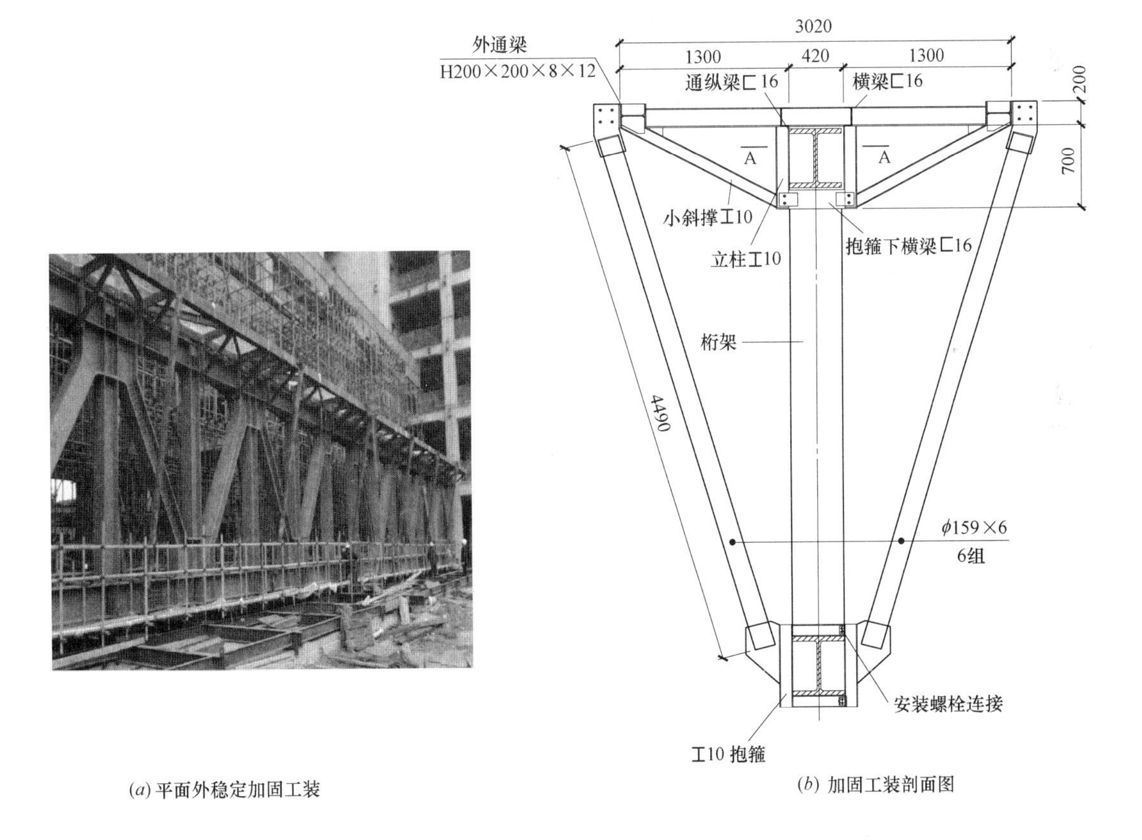

(*a*) 平面外稳定加固工装　　(*b*) 加固工装剖面图

图 7-27　桁架平面外稳定加固工装图

【例 7-6】 大型锅炉的水冷壁管吊装，通常在地面的水平胎架上组对成一片，再由吊车水平吊起，空中旋转直立成垂直状态，然后吊到锅炉钢架内垂直就位固定。锅炉水冷壁一般由多片直径 32～50mm 的钢管组成，水冷壁长 20～30m，宽 2m 左右；在水平吊起和空中旋转过程中，水冷壁排管在垂直方向上的刚度非常小，必须采取多吊点吊装，减小吊点间距，提高水冷壁的刚度。如图 7-28 所示，利用钢管制作一加固钢架，在加固钢架上通过 16 个吊点与水冷壁排管相连，实行水冷壁排管平稳水平起吊、空中旋转直立操作。

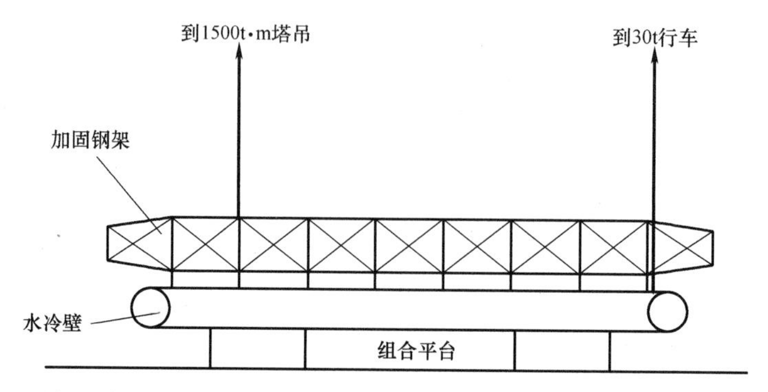

说明：水冷壁吊装时的加固钢架柱子采用 ϕ159×8，斜撑采用 ϕ89×5

图 7-28　水冷壁排管利用钢架多点吊装示意图

8 抗震支吊架施工技术

8.1 建筑机电工程抗震概述

8.1.1 发展背景

地震是地壳快速释放能量过程中造成的振动，期间会产生地震波的一种自然现象。地震具有一定的突发性和随机性，当前的科技水平尚无法预测。地震发生后，可能引起火灾、水灾、海啸、滑坡、泥石流、崩塌、地裂以及毒气、细菌、放射性污染等一系列灾害的发生。地震灾害往往会带来人员伤亡和经济损失，特别是对建筑、设施的破坏而造成的直接和间接损失，往往是非常巨大的。为此，就需要提前对建筑、设施进行抗震设计，使其具有一定的抗震能力。

1971 年，美国洛杉矶北部圣佛南多发生了 6.6 级地震，消防系统管路遭到严重破坏，完全丧失自救灭火能力；1989 年美国加州旧金山湾区发生 7.1 级地震，虽然地震强度高了，但由于采用 NFPA13 的抗震加固方法，管道仅有极少数的接头受损。

2008 年，“5·12”中国汶川发生了 8.0 级大地震，是我国历史上地震等级最高、破坏最为严重的一次，造成了巨大的人员伤亡和经济财产损失。同时也对建设于不同时期的各类建筑、设施进行了一次抗震检验。总体来说，设防的建筑、设施震害明显轻于未设防建筑、设施，后期建筑、设施的震害明显轻于早期建筑、设施。尤其是 1990 年以后的建筑、设施，虽然受到地震破坏，但并未倒塌，基本达到了“小震不坏，中震可修，大震不倒”三水准设防目标。

2010 年，智利康塞普西翁发生 8.8 级特大地震。虽然智利地震强度大于中国汶川地震，但死亡人数仅有 795 人，且其中 90%死于海啸，这与智利严格的抗震标准有着密不可分的关系。

我国的抗震设计初衷是保障生命安全，但经过多年来对世界范围地震灾害的抗震设计表现来看，考虑抗震设计的建筑在地震中虽然没有倒塌，保障了生命安全，但其遭受的破坏却造成了严重的经济损失，而且这种损失往往超出了预先的估计。因此，20 世纪 90 年代初，美国首先提出了基于结构性能的抗震设计理论。2008 年汶川地震后，国家对整个建筑的抗震设计更加重视。2010 年国家出台了新版的《建筑抗震设计规范（2016 年版）》GB 50011，增加了抗震性能化设计的原则性规定，并指出：建筑的抗震性能化设计立足于抗震承载力和变形能力这两方面的综合考虑，具有很强的针对性和灵活性。针对工程的需要和可能，可以对整个结构，也可以对某些部位或关键构件灵活运用各种措施达到预期的抗震性能目标，以提高抗震安全性或满足使用功能的特殊要求，而建筑物内最多的关键构件就是机电系统，所以机电安装工程的抗震设计也十分重要。

室外给水排水和燃气热力工程早在 1979 年就有相应的国家标准《室外给水排水和煤气热力工程抗震设计规范》TJ 32 发布实施，后来经过修订，被《室外给水排水和燃气热力工程抗震设计规范》GB 50032 在 2003 年替代。但对于建筑机电安装工程来说，设备、管道的抗震措施，主要依靠与建筑结构连接固定的支吊架来实现，根据《建筑抗震设计规范》GB 50011 中第 3.7.1 条的规定："非结构构件，包括建筑非结构构件和建筑附属机电设备，自身及其与结构主体的连接，应进行抗震设计。"但应该如何设计，长期以来并没有参考标准依据。直到 2015 年 8 月 1 日，我国首部针对建筑机电系统抗震设计国家标准《建筑机电工程抗震设计规范》GB 50981 正式发布实施，使建筑机电工程的抗震设计有据可依。之后，在 2018 年 12 月 28 日，国家又正式发布了《建筑抗震支吊架通用技术条件》GB/T 37267，标准中规定了建筑抗震支吊架的试验方法、检验规则以及包装、运输和贮存等要求。目前机电抗震系统的设计、施工还处于初级阶段，还有很多待解决的问题，但随着时代的进步，相信未来建筑机电工程的抗震系统会逐步完善。

8.1.2 建筑机电的抗震设防

建筑机电工程经抗震设防后，要达到减轻地震破坏，防止次生灾害，避免人员伤亡，减少经济损失的目的。同时机电抗震设防时，还应从安全、技术、经济、维护等方面综合考虑布设抗震设施或构件。

抗震设防是以现有的科学水平和经济条件为前提。对抗震设计来说，首先要明确抗震设防分类、抗震设防烈度、抗震设防标准等基本参数。

1. 抗震设防分类

根据建筑遭遇地震破坏后，可能造成人员伤亡、直接和间接经济损失、社会影响的程度及其抗震救灾中的作用等因素，将抗震设防分为甲、乙、丙、丁四个类别。甲类建筑应属于重大建筑工程，地震时可能引发水灾、火灾、爆炸、剧毒或强腐蚀性物质大量泄漏和其他严重次生灾害的建筑以及地震破坏后会产生巨大社会影响或造成巨大经济损失的建筑；乙类建筑应属于地震时使用功能不能中断或需尽快恢复的建筑、地震破坏后会产生较大社会影响或造成相当大的经济损失的建筑，包括城市的重要生命线工程和人流密集的多层的大型公共建筑等；丙类建筑应属于除甲、乙、丁类建筑以外的建筑；丁类建筑应属于抗震次要建筑，其地震破坏不致影响甲、乙、丙类建筑，且社会影响和经济损失轻微的建筑，一般为储存物品价值低、人员活动少、无次生灾害的单层库房等。

2. 抗震设防烈度

抗震设防烈度是按照国家规定的权限批准作为一个地区抗震设防依据的地震烈度。一般情况，取 50 年内超越概率 10%的地震烈度。根据国家规范要求，对位于抗震设防烈度为 6 度地区且除甲类建筑以外的建筑机电工程，可不进行地震作用计算。对位于抗震设防烈度为 6 度及 6 度以上地区的建筑机电工程都必须进行抗震设计。

3. 抗震设防标准

抗震设防标准是衡量抗震设防要求高低的尺度，由抗震设防烈度或设计地震动参数及建筑抗震设防类别确定。

4. 建筑机电工程设施抗震设防

建筑机电工程设施抗震设计应以建筑结构设计为基准，所使用的支、吊架应具有足够的刚度和承载力，支、吊架与建筑结构应有可靠的连接和锚固。抗震支、吊架连接固定方式与其连接的建筑主体结构类型有关，当与钢筋混凝土结构连接时应采用锚栓连接，当与钢结构连接时宜采用螺栓连接。建筑机电工程设施的基座与连接件应能将设备承受的地震作用全部传递到建筑结构上，同时建筑结构中用以固定建筑机电工程设施的预埋件、锚固件，也应能承受建筑机电工程设施传给建筑主体结构的地震作用。建筑机电工程设施底部应与地面固定牢固，对于8度及8度以上的抗震设防，膨胀螺栓或螺栓应固定在垫层下的结构楼板上；对于无法用螺栓与地面连接的建筑机电工程设施，应用L形抗震防滑角铁进行限位，如图8-1所示。建筑机电工程设施抗震设防应根据设防烈度、建筑使用功能、建筑高度、结构类型、变形特征、设备设施所处位置和运行要求结合现行国家标准中的有关规定，经综合分析后确定。

5. 建筑机电工程设备、管道的抗震设防

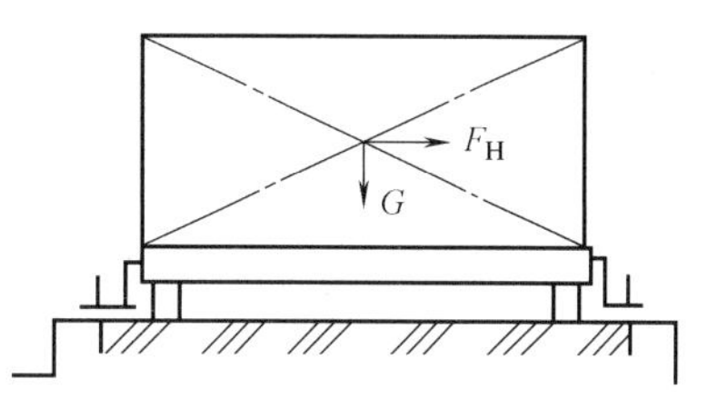

图8-1 L形抗震防滑铁件示意图

(1) 以下的建筑机电工程设备、管道都需进行抗震设防：

1) 吊杆计算长度大于300mm的吊杆悬挂管道；

2) 悬吊管道中重力大于1.8kN的设备；

3) DN65以上的生活给水、消防管道系统；

4) 矩形截面面积大于等于0.38m^{2}和圆形直径大于等于0.7m的风管系统；

5) 内径大于等于60mm的电气配管及重力大于等于150N/m的电缆梯架、电缆槽盒、母线槽；

6) 内径大于或等于25mm的燃气管道系统。

(2) 以下的建筑机电设备需进行抗震验算：

1) 7～9度时，电梯提升设备的锚固件、高层建筑上的电梯构件及其锚固；

2) 7～9度时，建筑机电设备自重超过1.8kN或其体系自振周期大于0.1s的设备支架、基座及其锚固。

当计算两个连接在一起、抗震措施要求不同的机电设备时，应按较高要求进行抗震设计。建筑机电设备连接损坏时，不应引起与之相连的有较高要求的附属机电设备失效。

对于地震时或地震后需要迅速运行的电力保障系统、消防系统和应急通信系统可按设防烈度提高1度进行抗震设计，但当设防烈度为8度及以上时可不再提高。

6. 场地对抗震设防的影响

历年大地震的经验表明，同样或相近的建筑，建造于不同的场地上所遭受的灾害影响也不同。我国建筑的场地类别，根据土层等效剪切波速和场地覆盖层厚度按表8-1划分为四类，其中Ⅰ类又分为$Ⅰ_0$、$Ⅰ_1$两个亚类，具体由岩土工程勘察单位进行工程勘察后确定。Ⅰ类场地时震害相对较轻，建造于Ⅲ类、Ⅳ类场地震害相对较重。

各类建筑场地的覆盖层厚度（m） **表8-1**

岩石的剪切波速或土的等效剪切波速(m/s)	场地类别				
	$Ⅰ_0$	$Ⅰ_1$	Ⅱ	Ⅲ	Ⅳ
$v_s>800$	0				
$800\geqslant v_s>500$		0			
$500\geqslant v_{se}>250$		<5	≥5		

续表

岩石的剪切波速或土的等效剪切波速(m/s)	场地类别				
	I$_0$	I$_1$	Ⅱ	Ⅲ	Ⅳ
$250 \geq v_{se} > 150$		<3	3～50	>50	
$v_{se} \leq 150$		<3	3～15	15～80	>80

注：表中 v_s 系岩石的剪切波速，v_{se} 系土的等效剪切波速。

故此，机电抗震设计时，根据国家规范要求，建筑场地为Ⅰ类时，甲、乙类建筑的建筑机电工程按本地区抗震设防烈度的要求采取抗震构造措施，丙类建筑的建筑机电工程可按本地区抗震设防烈度降低1度的要求采取抗震构造措施，但6度时仍应按本地区抗震设防烈度的要求采取抗震构造措施；建筑场地为Ⅲ、Ⅳ类时，对设计基本地震加速度为0.15g 和0.30g 的地区，各类建筑机电工程宜分别按8度（0.20g）和9度（0.40g）的要求采取抗震构造措施。抗震构造措施是根据抗震概念设计原则，一般不需要计算而对结构和非结构各部分必须采取的各种细部要求。抗震构造措施不同于抗震措施，抗震措施包括地震作用计算、地震抗力计算以及其他抗震设计内容，其中其他抗震设计内容包括抗震构造措施。

8.2 建筑机电工程抗震要求

8.2.1 机电管线材料及布置抗震要求

1. 机电管线材料的选用要求

（1）室内给水排水管材的选用

1）8度及8度以下地区的多层建筑生活给水、热水、污、废水排水干管、立管应按现行国家标准《建筑给水排水设计标准》GB 50015规定的材质选用；

2）高层建筑及9度地区建筑生活给水、热水干管、立管应采用铜管、不锈钢管、金属复合管等强度高且具有较好延性的管道，连接方式可采用管件连接或焊接；

3）高层建筑及9度地区建筑采用的污、废水排水管适用建筑排水柔性抗震接口的铸铁管及管件，其产品应符合《建筑排水用柔性接口承插式铸铁管及管件》CJ/T 178的标准要求；

4）消防给水管、气体灭火输送管道的管材和连接方式应根据系统工作压力，按国家现行标准中有关消防的规定选用。

（2）室外给水排水管材的选用

1）生活给水管宜采用双面防腐钢管、塑料和金属复合管、PE管等具有延性的管道；当采用延性较差的球墨铸铁管时，应采用橡胶圈密封之类的柔性接口连接；

2）热水管宜采用不锈钢管、双面防腐钢管、塑料和金属复合管；

3）消防给水管宜采用焊接钢管、热浸镀锌钢管；

4）排水管材宜采用PVC和PE双壁波纹管、钢筋混凝土管或其他类型的化学管材，排水管的接口应采用柔性接口；不得采用陶土管、石棉水泥管；8度的Ⅲ类、Ⅳ类场地或9度的地区，管材应采用承插式连接，其接口处填料应采用柔性材料；

5）7 度、8 度且地基土为可液化地段，地震时饱和水可能液化，温度很高，塑料管易融化或破坏；9 度地区，因其地震时破坏力大；故室外埋地给水、排水管道均不得采用塑料管。管网上的闸门、检查井等附属构筑物不宜采用砖砌体结构和塑料制品。

（3）供暖、通风与空气调节管道材料的选用

1）通风、空调调节风道的管材可按国家现行有关标准规定的材质选用；

2）8 度及 8 度以下地区的多层建筑，供暖、空气调节水管管材可按国家现行有关标准规定的材质选用；排烟风道、排烟用补风风道、加压送风和事故通风风道材料宜采用镀锌钢板或钢板制作；

3）高层建筑及 9 度地区的建筑，供暖、空气调节水管管材应采用热镀锌钢管、钢管、不锈钢管、铜管，连接方式可采用管件连接或焊接；排烟风道、排烟用补风风道、加压送风和事故通风风道材料应采用热镀锌钢板或钢板制作。

（4）室外热力管材的选用

1）室外热力管材宜采用钢管，并应采用法兰连接或焊接；

2）7 度、8 度且地基土为可液化土地段或 9 度的地区，热力管道干线的附件均应采用球墨铸铁、铸钢或有色金属材料；

3）8 度及 8 度以下的地区，地下直埋的热力管道的管外保温材料应具有良好的柔性。

（5）燃气管材的选用

1）室外燃气管材宜采用焊接钢管或无缝钢管，应做防腐处理，并可采取保温措施；

2）高层建筑物室外燃气管材应采用焊接钢管或无缝钢管，壁厚不得小于 4mm；

3）建筑高度大于 50m 的建筑物内，燃气立管应采用焊接，宜减少焊缝数量，不得使用螺纹连接；燃气水平管从立管分支至第一个水平管固定件处，均应采用焊接连接。

（6）电气管线材料的选用

1）配电导体宜采用电缆或电线；

2）缆线穿管敷设时宜采用弹性和延性较好的管材；

3）配电装置至用电设施间连线宜采用软导体。

2. 机电管线抗震布置与敷设要求

（1）机电管线抗震布置与敷设通用要求

建筑物为了避免地震破坏，会按抗震要求设置抗震缝。当抗震缝两侧的主体结构位移时，会对在其两侧固定的建筑机电系统管线产生应力破坏，故建筑机电系统的任何管线都应该尽量避免穿过抗震缝，燃气管道不应穿过抗震缝。当必须穿越时，水管道应在抗震缝两边各装一个柔性管接头或在通过抗震缝处安装门形弯头或设伸缩节，风管道应在抗震缝两侧各装一个柔性软接头，电气金属导管、刚性塑料导管敷设时宜靠近建筑物下部穿越，且在抗震缝两侧应各设置一个柔性管接头，电缆梯架、电缆槽盒、母线槽在抗震缝两侧应设置伸缩节，用以吸纳结构位移对管线产生的应力影响，抗震缝的两端应设置抗震支撑节点并与结构可靠连接。

当机电管道穿过墙体或楼板时，都应设置套管，套管与管道间的缝隙应填充柔性耐火材料，当管道穿越的是需要封闭的防火、防爆墙体或楼板时，管道与套管之间应采用不燃柔性材料封堵严密，当管道穿越建筑物外墙时应设防水套管；管道穿越建筑物基础时也应设套管，基础与管道之间应留有一定间隙，管道与套管间的缝隙内也应用柔性材料进行填

充；当穿越建筑物外墙或基础的管道与建筑物外墙或基础为嵌固时，应在穿越的管道上室外就近设置柔性连接件。

室外的机电管线敷设时，都应避免敷设在高坎、深坑、崩塌、滑坡地段，减少地震力引起的管道破坏。对于输送介质与环境温差较大的管线，应根据管道系统自身防伸缩特点，采取设置伸缩节的抗震防变形措施。管道保温、保冷材料应具有柔性。

（2）室内给水排水管道布置与敷设

1）8度、9度地区的高层建筑的给水、排水立管直线长度大于50m时，宜采取抗震动措施；直线长度大于100m时，应采取抗震动措施。抗震动措施可采用设波纹管伸缩节等方式；

2）8度、9度地区的高层建筑的生活给水系统，不宜采用减压阀串联分区供水的方式，以免供水总立管出现故障时同时影响几个分区的供水；

3）当8度、9度地区建筑物给水引入管和排水出户管穿越地下室外墙时，应设防水套管。穿越基础时，基础与管道间应留有一定空隙，并宜在管道穿越地下室外墙或基础处的室外部位设置波纹管伸缩节；

4）高层建筑及9度地区建筑的入户管阀门之后应设软接头。

（3）室外给水排水管道布置与敷设

1）室外生活给水、消防给水管宜采用埋地敷设或管沟敷设。室外生活、消防给水干管应成环状布置，引入建筑的管道宜设置为两路供水，尽量保证地震时的生活和消防供水；

2）室外热水管宜采用埋地敷设或管沟敷设，9度地区宜采用管沟敷设。

（4）室外热力管道布置与敷设

1）干管宜采用环状布置，合理设置分段阀门。当采用枝状布置时，应合理设置分支阀门和旁通管道；

2）管道宜采用地下直埋敷设或地沟敷设，不宜采用架空敷设。当9度时，宜采用管沟敷设；

3）热力入口关断阀应设置在建筑物外，阀后应设置柔性连接；

4）7度且地基土为可液化地段或8度、9度的地区，水泵的进、出管上宜设置柔性连接；

5）当地下直埋敷设热力管道不能避开活动断裂带时，管道宜与断裂带正交敷设；管道应敷设在套筒内，周围应填充细砂；管道及套筒应采用钢管；断裂带两侧的管道上应设置紧急关断阀。

（5）燃气管道布置与敷设

1）燃气引入管穿过建筑物基础、墙或管沟时，应设置在套管中，并应留有沉降空间，且应符合现行国家标准的有关规定；

2）燃气引入管阀门宜设置在建筑物内，重要用户应在室外另设阀门；

3）燃气管道通过隔震层时，应在室外设置阀门和切断阀，并应设置地震感应器。地震感应器与切断阀连锁；

4）室外燃气立管的焊口及管件距建筑物门窗水平净距不应小于0.5m；

5）燃气水平干管和高层建筑立管应考虑工作环境温度下的极限变形。当自然补偿不能满足要求时，应设置补偿器。补偿器宜采用门形或波纹管形，不得采用填料型；

6）燃气水平干管不宜跨越建筑物的沉降缝。

（6）电气管线布置与敷设

1）配电导体当采用硬母线敷设且直线段长度大于 80m 时，应每 50m 设置伸缩节；

2）在电缆桥架、电缆槽盒内敷设的缆线在引进、引出和转弯处，应在长度上留有余量；

3）接地线应采取防止地震时被切断的措施；

4）引入建筑物的电气管路敷设时，在进口处应采用挠性线管或采取其他抗震措施；当进户井贴邻建筑物设置时，缆线应在井中留有余量；进户套管与引入管之间的间隙应采用柔性防腐、防水材料密封；

5）配电装置至用电设施间连线当采用穿金属导管、穿刚性塑料导管、电缆梯架或电缆槽盒敷设时，进口处应转为挠性线管过渡；

6）金属导管、刚性塑料导管的直线段部分每隔 30m 应设置伸缩节。

8.2.2 机电设备设施抗震要求

建筑机电工程重要机房，如消防水泵房、生活水泵房、锅炉房、制冷机房、热交换站、配变电所、柴油发电机房、通信机房、消防控制室、安防监控室等，不应设置在抗震性能薄弱的部位，宜布置在建筑结构地震反应较小的地下室或底层；设备选择时，应尽量考虑应力分布均匀的设备，高层建筑的设备布置时，尽量选择建筑物中心部位布置设备；对于运行时不产生振动的设备、设施，应与主体结构牢固连接，与其连接的管道应采用金属管道，设备、设施与管道间，应设柔性连接；对于运行时产生振动的设备、设施，应设防振基础，且应在基础四周设限位器固定，限位器应经计算确定；对于有隔振装置的设备，当发生强烈振动时不应破坏连接件，并应防止设备和建筑结构发生谐振现象；设在水平操作面上的设备应有防止滑动的措施，屋顶和楼板底面上安装的机电设备应采取防止因地震导致设备或其部件损坏后坠落伤人的安全防护措施。设备与基础之间、设备与减震装置之间的地脚螺栓应能承受水平地震力和垂直地震力。有易燃易爆危险的设备机房应设置在独立建筑内，当布置在非独立建筑物内时，除满足国家现行有关标准的规定外，还应采取防止燃料、高温热媒泄露外溢的安全措施。室外热力管道上的阀门井、热力小室可不进行抗震验算，管道上的阀门均应设置阀门井；7 度、8 度且地基土为可液化土地段或 9 度的地区，管道的阀门井、热力小室等附属构筑物不宜采用砌体结构。对于电气系统，地震时，应保证正常人流疏散所需的应急照明及相关设备的供电，应保证火灾自动报警及联动控制系统正常工作，应保证通信设备电源的供给、通信设备正常工作，需要坚持工作场所的照明设备应就近设置应急电源装置，应急广播系统宜预置地震广播模式，电梯和相关机械、控制器的连接、支承应满足水平地震作用及地震相对位移的要求，垂直电梯宜具有地震探测功能，地震时电梯应能够自动就近平层并停运。

8.3 机电抗震支吊架技术要点

建筑机电工程的抗震主要是对机电设备设施及管线进行抗震加固，通过设置抗震支吊架来实现。抗震支吊架由锚固体、加固吊杆、抗震连接构件及抗震斜撑组成，如图 8-2 所示。

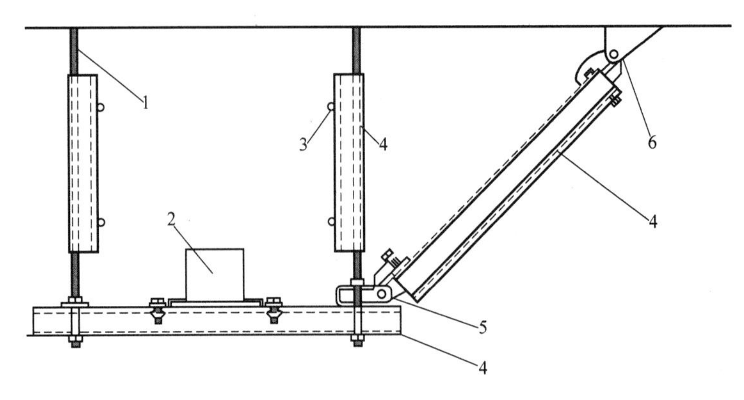

图 8-2　抗震支吊架示意图

1—长螺杆；2—设备或管道等；3—螺杆紧固件；4—C形槽钢；
5—快速抗震连接构件；6—抗震连接构件

8.3.1　机电抗震支吊架设计

1. 抗震支吊架布设

根据规范要求对建筑机电系统进行抗震支吊架的布设，确定抗震支吊架的布设间距，计算每组抗震支吊架所承受的荷载。

（1）水平管线侧向及纵向抗震支吊架间距应按下式计算：

$$l=\frac{l_0}{\alpha_{Ek}\cdot k} \tag{8-1}$$

式中　l——水平管线侧向及纵向抗震支吊架间距（m）；

l_0——抗震支吊架的最大间距（m），可按表 8-2 的规定确定；

α_{Ek}——水平地震力综合系数，该系数小于 1.0 时按 1.0 取值；

k——抗震斜撑角度调整系数。当斜撑垂直长度与水平长度比为 1.00 时，调整系数取 1.00；当斜撑垂直长度与水平长度比小于或等于 1.50 时，调整系数取 1.67；当斜撑垂直长度与水平长度比小于或等于 2.00 时，调整系数取 2.33。

抗震支吊架的最大间距　　表 8-2

管道类别		抗震支吊架最大间距(m)	
		侧向	纵向
给水、热水及消防管道	新建工程刚性连接金属管道	12.0	24.0
	新建工程柔性连接金属管道;非金属管道及复合管道	6.0	12.0
燃气、热力管道	新建燃油、燃气、医用气体、真空管、压缩空气管、蒸汽管、高温热水管及其他有害气体管道	6.0	12.0
通风及排烟管道	新建工程普通刚性材质风管	9.0	18.0
	新建工程普通非金属材质风管	4.5	9.0
电线套管及电缆梯架、电缆托盘和电缆槽盒	新建工程刚性材质电线套管、电缆梯架、电缆托盘和电缆槽盒	12.0	24.0
	新建工程非金属材质电线套管、电缆梯架、电缆托盘和电缆槽盒	6.0	12.0

注：改建工程最大抗震加固间距为上表数值的一半。

（2）抗震支吊架布设其他要求

1）每段水平直管道应在两端设置侧向抗震支吊架。

2）当两个侧向抗震支吊架间距大于最大设计间距时，应在中间增设侧向抗震支吊架。

3）每段水平直管道应至少设置一个纵向抗震支吊架，当两个纵向抗震支吊架距离大于最大设计间距时，应按规定间距依次增设纵向抗震支吊架。

4）抗震支吊架的斜撑与吊架的距离不得大于0.1m。

5）刚性连接的水平水管及电线套管，两个相邻的抗震支吊架间允许纵向偏移值不得大于最大侧向支吊架间距的1/16；刚性连接的水平管道风管、电缆梯架、电缆托盘和电缆槽盒，两个相邻的抗震支吊架间允许纵向偏移值不得大于其宽度的两倍。

6）水平管道应在离转弯处0.6m范围内设置侧向抗震支吊架。当斜撑直接作用于管道时，可作为另一侧管道的纵向抗震支吊架，且距下一纵向抗震支吊架间距应按下式计算：

$$L=\frac{(L_1+L_2)}{2}+0.6 \tag{8-2}$$

式中 L——距下一纵向抗震支吊架间距（m）；

L_1——纵向抗震支吊架间距（m）；

L_2——侧向抗震支吊架间距（m）。

7）当抗震支吊架吊杆长细比大于100或当斜撑杆件长细比大于200时，应采取加固措施。

8）沿墙敷设的管道当设有入墙的托架、支架且管卡能紧固管道四周时，可作为一个侧向抗震支撑。

9）单管（杆）抗震支吊架的设置应符合下列规定：连接立管的水平管道应在靠近立管0.6m范围内设置第一个抗震吊架；当立管长度大于1.8m时，应在其顶部及底部设置抵抗水平四个方向抗震支吊架，当立管长度大于7.6m时，应在中间加设抗震支吊架；当立管通过套管穿越结构楼层时，可设置抗震支吊架；当管道中安装的附件自身质量大于25kg时，应设置侧向及纵向抗震支吊架。

10）门型抗震支吊架的设置应符合下列规定：门型抗震支吊架至少应有一个侧向抗震支撑或两个纵向抗震支撑；同一承重吊架悬挂多层门型吊架，应对承重吊架分别独立加固并设置抗震斜撑；门型抗震支吊架侧向及纵向斜撑应安装在上层横梁或承重吊架连接处；当管道上的附件质量大于25kg且与管道采用刚性连接时，或附件质量为9～25kg且与管道采用柔性连接时，应设置侧向及纵向抗震支撑。

2. 水平地震作用标准值

（1）水平地震作用标准值是计算地震作用效应的基础，计算水平地震作用标准值的方法主要有等效侧力法和楼面反应谱法，建筑机电工程自身重力产生的地震作用可采用等效侧力法计算。对支承于不同楼层或防震缝两侧的建筑机电工程，除自身重力产生的地震作用外，尚应同时计算地震时支承点之间相对位移产生的作用效应。建筑机电设备（含支架）的体系自振周期大于0.1s且其重力超过所在楼层重力的1%，或建筑机电设备的重力超过所在楼层重力的10%时，宜进入整体结构模型进行抗震计算，也可采用楼面反应谱方法计算。其中，与楼盖非弹性连接的设备，可直接将设备与楼盖作为一个质点计入整个结构的分析中得到设备所受的地震作用。

（2）当采用等效侧力法时，水平地震作用标准值宜按下列公式计算：

$$F=\gamma\eta\zeta_1\zeta_2\alpha_{max}G \tag{8-3}$$

式中 F——沿最不利方向施加于机电工程设施重心处的水平地震作用标准值；

γ——非结构构件功能系数；

η——非结构构件类别系数；

ζ_1——状态系数；对支承点低于质心的任何设备和柔性体系宜取 2.0，其余情况可取 1.0；

ζ_2——位置系数，建筑的顶点宜取 2.0，底部宜取 1.0，沿高度线性分布；对结构要求采用时程分析法补充计算的建筑，应按其计算结果调整；

α_{max}——地震影响系数最大值；

G——非结构构件的重力，应包括运行时有关的人员、容器和管道中的介质及储物柜中物品的重力。

（3）当采用楼面反应谱法时，建筑机电工程设施或构件的水平地震作用标准值宜按下列公式计算：

$$F=\gamma\eta\beta_sG \tag{8-4}$$

式中 β_s——建筑机电工程设施或构件的楼面反应谱值。

（4）建筑机电工程设备根据所属建筑抗震要求，所属部位采用不同功能系数、类别系数进行抗震计算，建筑机电设备构件的类别系数和功能系数可按表 8-3 的规定确定，并应符合下列要求：

1）高要求时，外观可能损坏但不影响使用功能和防火能力，可经受相连结构构件出现 1.4 倍以上设计挠度的变形，其功能系数应大于等于 1.4；

2）中等要求时，使用功能基本正常或可很快恢复，耐火时间减少 1/4，可经受相连结构构件出现设计挠度的变形，其功能系数应取 1.0；

3）一般要求时，多数构件基本处于原位，但系统可能损坏，需修理才能恢复功能，耐火时间明显降低，只能经受相连结构构件出现 0.6 倍设计挠度的变形，其功能系数应取 0.6。

建筑机电设备构件的类别系数和功能系数 **表 8-3**

构件、部件所属系统	类别系数	功能系数		
		甲类建筑	乙类建筑	丙类建筑
消防系统、燃气及其他气体系统；应急电源的主控系统、发电机、冷冻机等	1.0	2.0	1.4	1.4
电梯的支承结构，导轨、支架，轿厢导向构件等	1.0	1.4	1.0	1.0
悬挂式或摇摆式灯具，给水排水管道、通风空调管道及电缆桥架	0.9	1.4	1.0	0.6
其他灯具	0.6	1.4	1.0	0.6
柜式设备支座	0.6	1.4	1.0	0.6

续表

构件、部件所属系统	类别系数	功能系数		
		甲类建筑	乙类建筑	丙类建筑
水箱、冷却塔支座	1.2	1.4	1.0	1.0
锅炉、压力容器支座	1.0	1.4	1.0	1.0
公用天线支座	1.2	1.4	1.0	1.0

(5) 建筑机电工程设备的水平地震影响系数最大值应按表8-4采用，当建筑结构采用隔震设计时，应采用隔震后的水平地震影响系数最大值。

水平地震影响系数最大值 **表8-4**

地震影响	6度	7度	8度	9度
多遇地震	0.04	0.08(0.12)	0.16(0.24)	0.32
罕遇地震	0.28	0.50(0.72)	0.90(1.20)	1.40

注：括号中数值分别用于设计基本地震加速度为0.15g和0.30g的地区。

3. 建筑机电工程设施工程的地震作用效应

根据重力荷载代表值的效应和水平地震作用标准值的效应确定建筑机电工程设施工程的地震作用效应（包括自身重力产生的效应和支座相对位移产生的效应）和其他荷载效应，计算公式如下：

$$S=\gamma_G S_{GE}+\gamma_{Eh} S_{Ehk} \tag{8-5}$$

式中 S——机电工程设施或构件内力组合的设计值，包括组合的弯矩、轴向力和剪力设计值；

γ_G——重力荷载分项系数，一般情况应采用1.2；

γ_{Eh}——水平地震作用分项系数，取1.3；

S_{GE}——重力荷载代表值的效应；

S_{Ehk}——水平地震作用标准值的效应。

4. 机电工程设施构件抗震验算

根据机电工程设施或构件内力组合的设计值，进行机电工程设施构件抗震验算，验算时，摩擦力不得作为抵抗地震作用的抗力；承载力抗震调整系数，可采用1.0，并应满足下式要求：

$$S \leqslant R \tag{8-6}$$

式中 R——构件承载力设计值。

8.3.2 机电抗震支吊架施工

抗震支吊架在施工前，施工单位应按施工图纸和施工要求编写施工方案，并报监理单位审核。安装人员应进行岗前培训，培训考核合格才能上岗。材料进场后安装前，应储存在通风良好、干燥的库房内，避免腐蚀性介质接触，贮存温度应为－20～＋40℃。抗震支吊架进行运输时，应注意防雨防潮，装卸吊装时，应注意防止撞击、磕碰或坠落。

1. 抗震支吊架材料要求

抗震支吊架主体应采用Q235B级及以上碳钢或者不锈钢等材料，材质为碳钢时，构件应表面工整、光洁，不应有锈蚀、折叠、裂纹、分层、滴瘤、粗糙、刺锌、漏镀等缺陷；材质为不锈钢时，表面应无明显刮伤、拉伤等现象，各种材料的合金成分应符合相应的国标规范要求。

抗震连接构件及管道连接构件用板材厚度不应小于 5mm，抗震斜撑构件槽钢（或钢管）厚度不应小于 2mm。其他构件尺寸公差应符合《一般公差 未注公差的线性和角度尺寸的公差》GB/T 1804 中“中等 m”的规定。构件表面镀锌层厚度不应小于 5μm；采用热浸镀锌处理时，镀锌层厚度不应小于 60μm；采用锌铬涂层处理时，涂层厚度不应小于 8μm；采用环氧喷涂处理时，涂层厚度不应小于 70μm。抗震连接构件、管道连接构件在额定荷载作用下，保持 1min，不应产生明显变形；当继续施加到 1.5 倍额定荷载时，不应产生滑落。抗震组件应进行循环加载性能、疲劳性能、耐火性能、防腐性能的检测。

2. 抗震支吊架安装要求

抗震支吊架主要承受来自任意水平方向的地震作用，在地震中应对建筑机电工程设施给予可靠保护，抗震支吊架的安装均不能影响其机电系统正常使用功能。组成抗震支吊架的所有构件应采用成品构件，连接紧固件的构造应便于安装。保温管道的抗震支吊架限位应按管道保温后的尺寸设计，且不应限制管线热胀冷缩产生的位移。所有抗震支吊架应和结构主体可靠连接，当管道穿越建筑沉降缝时应考虑不均匀沉降的影响。水平管道在安装柔性补偿器及伸缩节的两端应设置侧向及纵向抗震支吊架。侧向、纵向抗震支吊架的斜撑安装，垂直角度宜为 45°，且不得小于 30°。抗震吊架斜撑安装不应偏离其中心线 2.5°。当水平管道通过垂直管道与地面设备连接时，管道与设备之间应采用柔性连接，水平管道距垂直管道 0.6m 范围内设置侧向支撑，垂直管道底部距地面大于 0.15m 应设置抗震支撑。

（1）需要设防的室内给水、热水以及消防管道管径大于或等于 *DN*65 的水平管道，当其采用吊架、支架或托架固定时，应按要求设置抗震支承。室内自动喷水灭火系统和气体灭火系统等消防系统还应按相关施工及验收规范的要求设置防晃支架；管段设置抗震支架与防晃支架重合处，可只设抗震支承。

（2）泵房内的管道应有牢靠的侧向抗震支撑，沿墙敷设管道应设支架和托架。

（3）锅炉房、制冷机房、热交换站内的管道应有可靠的侧向和纵向抗震支撑。多根管道共用支吊架或管径大于等于 300mm 的单根管道支吊架，宜采用门型抗震支吊架。

（4）管道抗震支吊架不应限制管线热胀冷缩产生的位移。

（5）矩形截面面积大于等于 0.38m^2 和圆形直径大于等于 0.70m 的风道可采用抗震支吊架，防排烟风道、事故通风风道及相关设备应采用抗震支吊架，风道抗震支吊架的设置和设计应符合规范规定。

（6）重力大于 1.8kN 的空调机组、风机等设备不宜采用吊装安装。当必须采用吊装时，应避免设在人员活动和疏散通道位置的上方，并应设置抗震支吊架。

（7）高层建筑的燃气立管应设置承受自重和热伸缩推力的固定支架和活动支架。

（8）在建筑高度大于 50m 的建筑物内，燃气管道应根据建筑抗震要求，在适当的间隔设置抗震支撑。当立管的长度大于 60m，小于 120m 时，应至少设置 1 处抗震支承；当立管的长度大于 120m 时，应至少设置 2 处抗震支撑，且应在抗震支承的中间部位采取吸收伸缩变形的措施。从立管分支开口的水平管接口处，应采取吸收立管变形的措施；水平管的第一个水平管固定件应按建筑物抗震等级进行抗震设计。

（9）室内燃气管道及设备应固定在主体结构上，沿墙、柱、楼板和加热设备构件上明设的燃气管道应采用管支架、管卡或吊架固定；管支架、管卡、吊架等固定件的安装不应妨碍管道的自由膨胀和收缩；管支架、管卡、吊架等固定件应计算自重、地震、伸缩、振动的影响程度和间距。

（10）当电气线路采用金属导管、刚性塑料导管、电缆梯架或电缆槽盒敷设时，应使用刚性托架或支架固定，不宜使用吊架。当必须使用吊架时，应安装横向防晃吊架。

8.4 机电抗震支吊架项目实施

8.4.1 实施流程

1. 深化设计

平面初步布点→抗震力计算→支架初步设计→支架强度验算→布点及支架调整→支架型钢选型、布点确定→出图审批。

2. 施工安装

施工准备→测量放线→下料备料→吊点安装→竖向杆件安装→横担杆件安装→侧向、纵向斜撑安装。

8.4.2 实际工程应用问题

1. 与结构的连接

建筑机电的抗震主要依靠抗震支吊架来实现，而抗震支吊架中，与建筑结构固定的连接件承担着将整个机电工程的地震作用荷载传递到建筑结构上的重要使命，十分关键。根据《建筑机电工程抗震设计规范》GB 50981 中的描述，机电设施与结构的连接可以使用膨胀螺栓，但膨胀螺栓在实际安装中，不可控因素较多，是否能够真正起到抗震作用，达到抗震要求是个有争议的问题。

根据《建筑机电工程抗震设计规范》GB 50981 的要求，抗震支吊架与钢结构连接允许采用焊接。从抗震角度来看，是很好的连接方式，但在实际项目应用中，焊接对钢结构可能产生热变形、内应力等不良影响，一般不允许在已安装就位的钢结构上进行焊接也是很矛盾的技术问题。

2. 空间问题

抗震支吊架由于需要设置两个水平方向的斜撑支架用以抵抗来自各个方向的水平地震作用，实际项目中机电管线满足抗震设防要求的管线，大多为主干或支干管线，位于管道竖井、走廊等相对空间狭小的部位，抗震斜撑根据规范设计位置往往不具备安装条件。

3. 建筑抗震影响

建筑中根据规范要求设置的某些抗震措施有时会影响机电系统抗震实施，例如：建筑结构抗震设计时，会在某些楼层设置隔震层，允许在水平方向有位移，但这种做法会导致机电管线的抗震支吊架无法直接生根于抗震层上部的楼板上。

9 机电装配式施工技术

9.1 机电工程装配式施工技术简介

9.1.1 机电装配式施工技术简介

1. 机电装配式施工技术概述

装配式技术，顾名思义，是一种将工业化生产的部品部件通过可靠的装配方式，由产业工人按照标准化程序进行施工安装的技术。

随着现代工业技术的发展，建造房屋可以像机器生产那样，成批成套地制造。由预制部品部件在工地装配而成的建筑，称为装配式建筑。装配式建筑在 20 世纪初就开始引起人们的兴趣，到 20 世纪 60 年代终于实现。欧、美、日、韩等发达国家目前已形成完备的装配式建筑体系，并仍在建筑的使用经验、节能、寿命和维修服务等方面不断取得进步。我国的装配式建筑起源于 20 世纪 50 年代，经过多年探索和积淀，在城市化进程快速发展，劳动力成本上升和经济技术实力不断增强的大背景下，于 2010 年迎来了装配式建筑发展的全新时期。

在民用建筑中机电安装是建筑工程的重要组成部分，通过标准化设计、工厂化生产、装配式施工、信息化管理，最终达到工厂化大规模定制生产将成为建筑安装行业可持续健康发展的必然选择和趋势。目前，机电工程的预制装配技术主要应用于石油化工领域，而民用建筑机电工程中，机电预制装配技术的应用尚处于初步发展阶段。国内一些大型企业已经在进行这方面的研究，并在试点项目上采用了部分预制装配化技术，但尚未达到系统化和标准化。

2. 机电装配式施工技术的主要特点

机电安装工程包括给水排水、消防、暖通、电气等多个专业，其中涉及设备、管道、风管、母线、桥架及末端等，采用预制装配式施工技术的主要特点包括：

（1）加工制造作业规范化

在机电安装工程预制装配式施工中，部品部件都是选择车间等专门的生产场所进行加工制造，整个过程严格按照标准的加工图进行操作，采用自动化的生产机械按照质量控制标准进行加工制造，能有效提高预制加工的整体质量，使机电安装工程施工质量得到有效保障。

（2）现场装配式施工，有利于减少施工安全隐患

传统的机电安装工程施工过程中，存在作业环境恶劣，操作条件有限，超高或密闭空间内作业，油漆、焊接、切割等作业易产生安全事故，威胁着施工人员的生命安全；同时，也容易对周边的生态环境造成破坏和污染。装配式施工过程中能够有效减少不安全的施工工序，减少施工现场的安全隐患，避免施工过程中出现气体污染、光污染、噪声污染等环境问题。

（3）实现集成化的管线施工，提高美观度

机电装配式施工技术可以集成多专业的管道或设备，有效减少各专业交叉施工，并通过工厂化、标准化、机械化的施工工艺，有效保证施工的整体美观性。

（4）利用BIM技术及信息化管理，提高施工管理水平

机电装配式施工技术通过运用BIM技术辅助进行精细的深化设计，同时可以应用三维扫描、二维码、信息化平台等进行设计、制造、运输及施工管理，有效地提高施工管理效率。

总之，装配式机电预制安装技术与传统施工方式的对比，具有极大的优势，可以有效提升施工质量，减少对技术工人的依赖；可以缩短施工工期，降低人工投入；安全生产有保障；可以节约施工现场加工场地的需求；降低材料损耗；减少对环境的污染，真正实现建筑产业的可持续性发展。

3. 机电装配式施工的工作流程

机电装配式施工的工作流程参见图9-1。

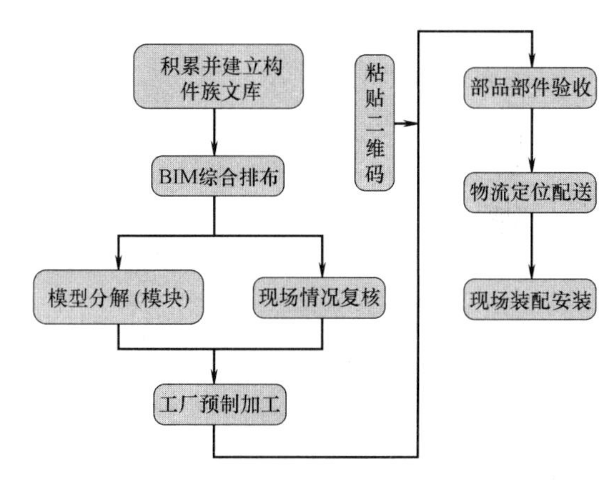

图9-1 机电装配式施工的工作流程

4. 机电装配式施工技术的发展方向

（1）形成装配式施工及深化设计的技术规范、标准及相关图集

目前机电装配式施工技术的实践应用，仍处于尝试阶段，大部分还停留在企业研究、项目试点阶段，成熟的、成规模、能推广的技术标准、规范、图集还未形成，在这方面落后于建筑结构专业，亟需形成统一标准，并加以推广。

（2）机电、结构、装饰向预制装配化技术集成化方向发展

当前机电装配式施工技术仍未摆脱依附于传统现浇结构的施工方式，导致机电专业与建筑结构、装修专业发展进度严重脱节，且各专业各自为政，缺乏统筹，如很多装配式结构未解决机电管线的装配式不能充分发挥装配式施工技术的效率、环保、节材及运行维护方面的优势，亟需机电专业、装修以及结构专业同步协同发展，相辅相成，如整体式卫生间将机电管线、墙、顶、地以及装饰实现了集成化。今后这类要跨专业界限的集成化将是装配式施工技术的一个重要发展方向。

（3）预制加工机械的自动化、智能化

随着机电装配式施工技术的发展，预制加工机械的自动化和智能化要求也逐渐提高，

如加工图可以自动导入加工机械，焊接机器人以及各类物联网技术、人工智能技术的研发和应用，将提高预制加工的精度和效率。

（4）预制加工工人经过专业培训，向产业工人方向转化

目前机电装配式技术人才缺乏，需要企业从方案设计、现场测量、部件预制、运输、吊装、组装等各道工序培养具有较高素质的技术人员和项目管理人员，符合建筑产业化发展的需求。

（5）BIM 及信息化技术与装配式施工技术的相互促进发展

通过 BIM 信息化技术实现建筑工程项目的信息化，以建筑项目的“信息化”促进建筑施工的“产业化”。BIM 模型所承载的信息数据，使得机电安装工程各部位导出预制加工图比较方便，促进了预制装配式施工技术的发展。反过来，预制装配式施工技术的不断推进，也促进了 BIM 技术应用的深度发展。

9.1.2 机电装配式施工技术相关规范及政策

1. 我国装配式施工技术的政策背景

（1）2013 年 1 月 1 日，国务院办公厅以 2013 年 1 号文的形式，转发了国家发展改革委、住房和城乡建设部《绿色建筑行动方案》（国办发〔2013〕1 号 附件 1），文件重点要求充分认识开展绿色建筑行动，并将“推动建筑工业化”被列为十大重要任务之一。

（2）2016 年 2 月 6 日，中共中央国务院《关于进一步加强城市规划建设管理工作的若干意见》提出，大力推广装配式建筑，减少建筑垃圾和扬尘污染，缩短建造工期，提升工程质量，力争用 10 年左右时间，使装配式建筑占新建建筑的比例达到 30%，按照住房和城乡建设部制定的《建筑产业现代化发展纲要》的要求，到 2020 年，装配式建筑占新建建筑的比例达 20%以上，到 2025 年，装配式建筑占新建建筑的比例达 50%以上。

（3）2016 年 3 月的两会，李克强总理在《政府工作报告》中进一步强调，大力发展钢结构和装配式建筑，加快标准化建设，提高建筑技术水平和工程质量。

（4）2016 年 9 月，国务院常务会议审议通过《关于大力发展装配式建筑的指导意见》，国务院办公厅于 9 月 27 日印发执行。在该意见中将装配式建筑提到国家层面，明确京、津、冀三大城市群为重点推进地区。

（5）2016 年 11 月 19 日，住房和城乡建设部部长在全国装配式建筑工作现场会上提出，要大力发展装配式建筑，促进建筑业转型升级。他还提出，装配式建筑从设计、生产到施工组装，对过去的建造方式是根本性的改变，要从设计开始，从工厂生产抓起，从现场组装抓起，打造新型的职工队伍。

（6）2016 年 12 月 27 日，住房和城乡建设部正式印发《装配式建筑工程消耗量定额》，2017 年 3 月 1 日起实行。

（7）2017 年 2 月，国务院办公厅印发《关于促进建筑业持续健康发展的意见》。

（8）推广智能和装配式建筑。坚持标准化设计、工厂化生产、装配化施工、一体化装修、信息化管理、智能化应用，推动建造方式创新，大力发展装配式混凝土和钢结构建筑，在具备条件的地方倡导发展现代木结构建筑，不断提高装配式建筑在新建建筑中的比例。力争用 10 年左右的时间，使装配式建筑占新建建筑面积的比例达到 30%。

（9）2017 年 3 月，住房和城乡建设部印发《建筑节能与绿色建筑发展“十三五”规

划》，提出6大主要目标和9项主要任务，要求完善装配式建筑相关政策、标准及技术体系，并提出，到2020年末，全国装配式建筑面积占新建建筑面积比例达到15%。

（10）2017年北京市人民政府办公厅颁发了《关于加快发展装配式建筑的实施意见》使北京市装配式建筑发展进入快车道。北京、上海、河北、江苏、河南、浙江、安徽、山东、深圳等30多个省市纷纷出台政策和措施。大力推进住宅产业化是现代建筑发展的必然趋势，机电工程作为住宅产业化项目的重要组成部分，必须顺应住宅产业化的发展方向，大力开发及推广与之相适应的机电工程新工艺、新技术，为住宅产业化的发展做出更大的贡献。

北京市规定：保障性住房全部采用装配式建筑，政府投资的新建建筑全部采用装配式建筑，其中装配式混凝土项目，施行“双率”控制：装配率应不低于50%；建筑高度在60m以下时，预制率应不低于40%，建筑高度在60m以上时，预制率不低于20%。

2. 机电装配式施工技术的相关规范

（1）2017年1月10日，住房和城乡建设部发布国家标准《装配式木结构建筑技术标准》GB/T 51233、《装配式钢结构建筑技术标准》GB/T 51232、《装配式混凝土建筑技术标准》GB/T 51231，实施日期2017年6月1日。

（2）2017年12月12日，住房和城乡建设部发布《装配式建筑评价标准》GB/T 51129，实施日期2018年2月1日。

装配率是指单体建筑室外地坪以上的主体结构、围护墙和内隔墙、装修和设备管线等采用预制部品部件的综合比例。

装配率的计算公式如下：

$$Q=\frac{Q_1+Q_2+Q_3}{100-q}\times 100\% \tag{9-1}$$

式中 Q——装配式建筑的装配率；

Q_1——承重结构构件指标实际得分值；

Q_2——非承重构件指标实际得分值；

Q_3——装修与设备管线指标实际得分值；

q——评价项目中缺少的评价项分值总和。

装配式建筑的评分表如表9-1所示。

装配式建筑的评分表 **表9-1**

评价项		评价要求	评价分值	最低分值
主体结构（50分）	柱、支撑、承重墙、延性墙板等竖向构件	35%≤比例≤80%	20～30*	20
	梁、板、楼梯、阳台、空调板等构件	70%≤比例≤80%	10～20*	
围护墙和内隔墙（20分）	非承重围护墙非砌筑	比例≥80%	5	10
	围护墙与保温、隔热、装饰一体化	50%≤比例≤80%	2～5*	
	内隔墙非砌筑	比例≥50%	5	
	内隔墙与管线、装修一体化	50%≤比例≤80%	2～5*	

续表

评价项		评价要求	评价分值	最低分值
装修和设备管线（30分）	全装修	—	6	6
	干式工法楼面、地面	比例≥70%	6	—
	集成厨房	70%≤比例≤90%	3～6*	
	集成卫生间	70%≤比例≤90%	3～6*	
	管线分离	50%≤比例≤70%	4～6*	

注：表中带“*”项的分值采用“内插法”计算，计算结果取小数点后1位。

其中集成卫生间的洁具设备等应全部安装到位，评价比例按各楼层卫生间墙面、顶面和地面采用干式工法的面积之和占各楼层卫生间墙面、顶面和地面的总面积计算。

其中集成厨房的橱柜和厨房设备等应全部安装到位，评价比例按各楼层厨房墙面、顶面和地面采用干式工法的面积之和占各楼层厨房的墙面、顶面和地面的总面积计算。

其中管线分离比例按各楼层管线分离的长度占各楼层电气、给水排水和采暖管线的总长度计算。

装配率为60%～75%时，评价为A级装配式建筑；

装配率为76%～90%时，评价为AA级装配式建筑；

装配率为91%及以上时，评价为AAA级装配式建筑。

(3) 关于BIM模型深化设计及应用的国家、各省地市的标准。

(4) 2011年2月8日，住房和城乡建设部发布《预制组合立管技术规范》GB 50682，实施日期2012年1月1日。

(5) 2018年住房和城乡建设部发布行业标准《装配式整体卫生间应用技术标准》JGJ/T 467，实施日期2019年5月1日。

(6)《住宅整体卫浴间》JG/T 183，实施日期2012年1月1日。

9.2 机电工程装配式施工技术应用

目前，机电安装工程装配式生产安装的主要产品有管井综合支架、管井管段、综合支吊架、机房管道组、模块化泵组、整体厨房或整体卫生间、部分管段或管段模块等。

9.2.1 机电部品部件装配式施工技术

1. 机电装配式支吊架

目前，机电安装工程的支吊架很多采用装配式施工，主流产品主要有两类：一类是成品支架（图9-2）、抗震支架（图9-3）和管廊支架（图9-4），采用热镀锌C形钢或槽钢、零部件等实现模块化/标准化生产，在施工现场仅需简单的切割，无需焊接、油漆或打孔，通过不同配件的组装可以灵活搭配成各种应生产需求的式样，满足各种施工环境，安装方便、维修便捷，可以提高施工质量、生产效率，降低人工费；另一类是地下室车道、标准层公共走廊的管道密集处，可深化设计共用综合支架，对共用支架“工厂预制+现场安装”生产模式的应用较为成熟。这类支架采用槽钢、工字钢等材料，在加工厂采用自动化机械，提前经过除锈、切割、焊接、刷漆等工艺制作完成，在现场也仅是直接装配即可，详见图9-5。

图 9-2　成品支架现场装配式安装效果

图 9-3　抗震支架现场装配式安装效果

图 9-4　综合管廊支架装配式安装效果图

图 9-5　预制支吊架现场装配安装效果

2. 机电阀组预制装配施工

组合式空调机组的阀组（图 9-6、图 9-7）、机电设备的阀组（图 9-8）、消防报警阀组（图 9-9）、FCU 的阀组等可在工厂内提前预制，并组装在型钢支架上，运到现场直接安装，批量生产可提高施工效率和工程质量，并节省材料，减少对现场加工场地的需求。

图 9-6　空调机组阀组的预制完成图

图 9-7　组合式空调机组阀组现场装配效果图

图 9-8　机电设备的阀组预制完成图

图 9-9　消防报警阀组预制成品

3. 机电管段预制装配施工

制冷机组、大型水泵上的阀门、软接、过滤器数量众多，因此设备支管的短节（图 9-10）也可采用工厂批量地预制加工，利用 BIM 技术，按照现场阀部件 1∶1 进行建模，导出精确二维加工制造图，对短节进行工厂预制。

图 9-10　预制完成的机电管段短节

9.2.2　超高层建筑管井立管模块化装配施工技术

1. 超高层建筑管井立管模块化装配施工技术简介

超高层建筑施工垂直降效较严重，为提高施工效率，国内先进企业研发、使用了超高层建筑管井立管模块化装配施工技术。相对于传统建筑工程逐节逐根立管逐层安装的施工，立管模块化建造技术（图 9-11、图 9-12）是将管井内多根立管按每 2～3 层分节，连同其管道支架预先在工厂内制作成一个个模块管段，运至施工现场整体安装。组合立管模块单元可随核心筒内钢结构施工一起安装，可节省塔吊垂直运输的吊次，提高工效，减少安全风险，确保施工质量。

2. 管井立管模块化装配施工的工艺流程

（1）立管模块化建造技术的关键环节主要包括：深化设计计算、立管模块的预制加工、立管模块的现场吊装以及质量检测验收等，主要施工工艺流程如图 9-13 所示。

图 9-11 管井立管模块化单元的成品

图 9-12 管井立管模块单元的现场装配

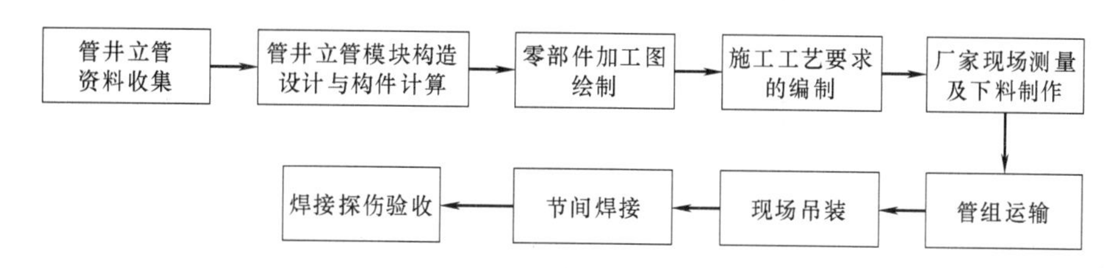

图 9-13 立管模块化建造技术的施工工艺流程

（2）模块化建造的立管应根据管井综合排布图进行二次深化，绘制预制管组管井排布图；再根据模块化预制管井排布图绘制零件加工图，依据零件加工图进行制作。深化设计主要内容包括：

1）系统图校核、单元节编号、单元节图纸、开口定位、补偿器的受力计算及设计、固定支架受力计算及设计、框架位置；

2）每单位节内管道的尺寸及位置、框架的型号、底板的厚度等；

3）框架的机加工图纸、材料做法表。

初步确定管井内管道的位置排布后，需对管组在空载及系统运行两种情况下进行受力复核计算，主要是管道支架上所有荷载组合的计算、组合立管的管道支架强度及变形计算、组合立管对结构的受力计算；并结合建筑设计给予的结构楼板受力上下限最终确定管组的最优化排布。

（3）立管模块单元的工厂加工制作工艺流程如图 9-14 所示。

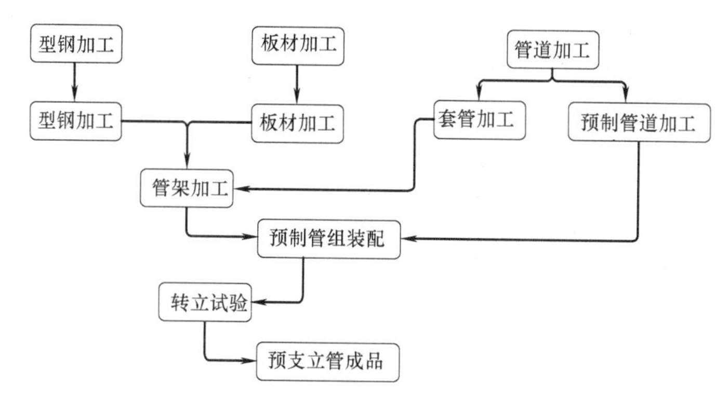

图 9-14 立管模块单元的工厂加工制作工艺流程

立管模块单元在工厂加工制作，主要包括立管管道的加工制作、管架的加工制作、预制管组的装配和预制管组的转立试验检验等关键环节。

（4）立管模块单元在加工厂经过试验、检验合格后，安排物流配送到现场安装位置，使用塔吊等垂直运输设备吊至管井处，随结构提前安装到位，每个单元之间仍按设计要求采用焊接或卡箍连接等现场连接。现场吊装（图 9-15）方面，需保证管组在转立过程中拥有充足的操作空间，还需保证管组在转吊过程中的稳定性及管组的完整性，安装过程中应做好立管垂直度的偏差检查和控制。

图 9-15　立管模块单元现场吊运、就位安装

9.2.3　整体式卫生间装配施工技术

整体式卫生间也称为模块化预制卫生间（Modular Prefab Bathroom Pods，POD），是在工厂化组装控制条件下，遵照给定的设计和技术要求进行生产，以高效全面的技术团队，确保精准生产，在质量和成本上达到最优控制。整体式卫生间（POD）具备独立的框架结构及配套的功能性，一套成型的产品包括一体化防水底盘、顶板、壁板等外框架结构，也包括卫浴间内部的五金、洁具、瓷砖、照明以及水电风系统等内部组件，可以根据使用需要装配在酒店、住宅、医院等环境中，为“即插即用”的成型产品，如图 9-16 所示。

图 9-16　整体式卫生间及工厂加工实景

POD 相比传统现场施工卫生间的优点在于：成本可控；与工程施工同步进行，安装简便，节约工期；工厂化控制标准，质量高；在场外工厂进行生产，减少施工现场的物流及劳动力组织；减少材料浪费、防水不易破坏等。其无论在生产环节还是质量检验和现场装配环节，都拥有统一的标准，具有良好的可控性。

因 POD 在专业生产厂进行设计及预制加工，经试验合格后运输至工程现场，故在工程建设中，工程承包商对于 POD 安装的控制重点在于如何做好 POD 成品到达现场后的场内临时存放及二次运输、垂直运输、安装就位、管线接驳的过程控制。

整体式卫生间最重要的是加工图的设计，需要与现场机电深化设计师、工程师进行密切沟通，应用 BIM 技术实现可视化设计，分别进行 POD 平面布置图、POD 各立面图、给水排水系统、电气系统、通风系统、细部节点详图等设计，充分协调装饰、给水排水、通风、电气等专业，充分考虑现场安装时的接驳条件，细部节点清晰准确，最终可将 BIM 模型直接导入加工设备进行数字化加工生产。

整体式卫生间的垂直吊运可利用塔吊将 POD 连同装 POD 的吊笼一起吊装至安装楼层的移动卸料平台上（图 9-17），然后使用液压平板车将 POD 从吊笼中顺利拉出，同时应用安全绳索将吊装笼与建筑物相连接，将 POD 就位于楼层安装位置或临时堆放点处。

图 9-17　某酒店工程正在进行的整体式卫生间垂直运输作业

整体式卫生间就位后需要与现场管井内给水排水主立管进行接驳，在管道接驳环节尤其需要注意与管井土建墙板施工安装之间的工序配合，先完成给水排水管、排风管等管道接驳，并检查验收无误后再进行 POD 中央墙板或石膏板墙的安装，一方面预留出管道接驳操作空间，另一方面避免二次拆改作业造成的工期和材料浪费，如图 9-18、图 9-19 所示。电气专业的管线一般通过整体式卫生间顶、墙壁上的预留孔进行管线连接。

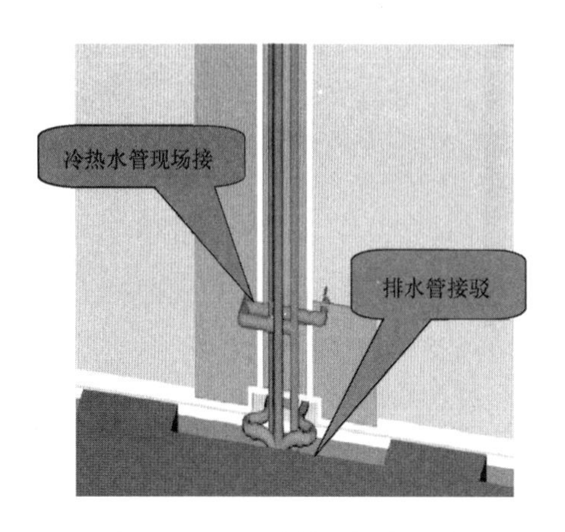

图 9-18　POD 水管现场接驳图

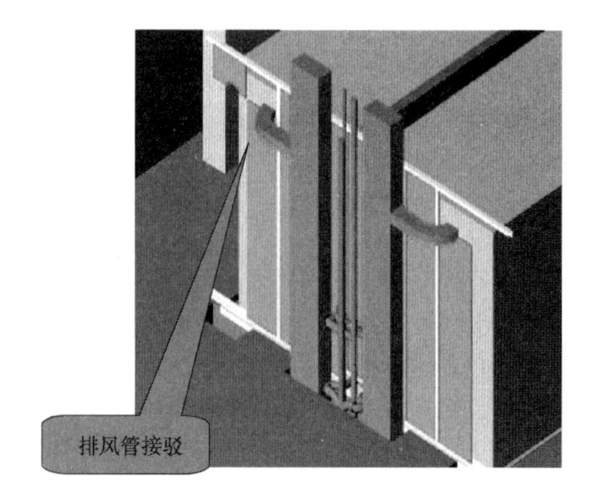

图 9-19　POD 排风管现场接驳

9.2.4　弧形管道装配式施工技术

很多地标性建筑的外形设计独特，使得机电管线成弧形排布，为保持美观，可利用BIM 技术进行深化设计，对弧形管段拆分成尽量标准弧度的管段，在工厂采用液压机械进行弧形管道预制加工，检验合格后进行管段编码，通过物流运送到现场进行装配。其中的关键施工环节包括：

（1）采用 BIM 技术辅助绘制加工图，根据弧形管道的半径、与建筑完成面的偏差要求，拆分弧形管道的标准单元；

（2）预制弧形背板模具（图 9-20）、卡具；

（3）调整大型液压顶弯机的模具到设计弧度，加工预制弧形管道单元，流水化作业；

（4）物流配送及现场装配。现场装配完成的弧形管道如图 9-21 所示。

图 9-20　弧形放样模板及弧形板模具

图 9-21　弧形管道现场装配完成实景

9.2.5　设备机房模块化装配施工技术

1. 设备机房模块化装配施工技术简介

机电设备机房，尤其是冷冻站、锅炉房等大型设备站房是机电系统的心脏，一般设备重量重、尺寸大，管线密集且管径大，各类阀部件设置齐全，是机电工程施工品质的关键，传统的施工方式需要待土建施工完成交付作业面后机电方能开始施工，但大型设备及管道的吊装、运输往往与土建砌筑工序相矛盾，而且施工时间长、效率低，受限于焊工的个人技能水平，品质也很保证。因此，目前一些大型企业颠覆了传统的施工工序，设备机房采用模块化装配式施工，让“搭积木建机房”成为现实。机房内设备与阀门、管道、管件、法兰、支架等合理分段、组合，划分为一个个的单元模块或组件（图 9-22、图 9-23）。在土建施工的同时，场外预制工厂同步进行每个单独的模块或组件的精细化预制及装配，交付作业面后迅速将装配完成的“机房模块”运输到位，工人根据装配图和二维码标识系统“对号入座”，通过螺栓连接，快速将机房各模块和管段连接起来，实现全程无焊或极少焊作业。

图 9-22 冷冻站的设备模块

图 9-23 设备机房的管段模块

设备机房模块化装配式施工技术比现场加工的质量更高、速度更快、成本可控，目前有大型冷冻站房 24h 或 48h 完成安装的先例，实现了机电安装的精细化加工和精细化管理，真正实现了建筑行业的可持续发展和绿色施工。

2. 设备机房模块化装配施工的工艺流程

设备机房模块化装配施工的工艺流程详见图 9-24。

(1) 收集资料阶段主要是收集站房内设备、阀部件等的确切规格、型号的样本及效果图，其中样本应包括 CAD 格式和纸质版，且包括尽可能详细的物理尺寸信息，如设备外形及尺寸、接口部位及尺寸、法兰盘尺寸及螺栓孔详图，所有样本尺寸均应精确到毫米。

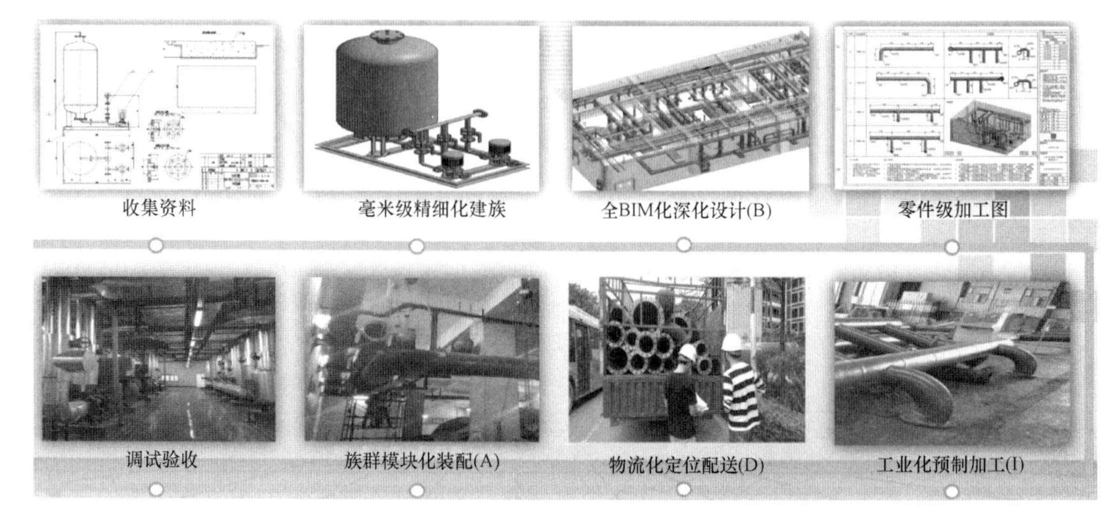

图 9-24　设备机房模块化装配施工的工艺流程

（2）根据收集到的资料建立设备及阀部件的精细化族文件。

（3）深化设计应采用 BIM 技术，根据设计院提供的施工图和各方确认的优化意见，结合现场测量的实际情况，进行站房内设备布置及管线的综合排布协调，在 BIM 模型深化设计过程中，应综合考虑管线布置原则、施工验收要求、操作维修空间、支吊架空间、整体的美观布置等因素。深化设计完成后，结合管线布置、管道材质及连接方式，统筹考虑成品模块管组的运输、就位、安装等条件，对机房综合管线图进行合理的模块分组/分段。

在预制加工条件允许的情况下，应尽量减少分段，避免由于分段过多造成漏水隐患和连接偏差。在管段分段时应提前考虑管道支吊架的布置方案，原则上每个分段点前后 1m 内应加设支吊架进行固定，支吊架的设置应进行选型计算和校核。分段过程中，应预留累积误差消差段，最后根据现场装配情况再实测实量、加工制作。每段管道分段完成后，应对管段进行二维码标示，且在 BIM 模型、工厂预制加工、现场装配时该码均保持一致。

图 9-25　预制加工厂采用坡口机进行管道坡口

（4）在管道分段和模块划分方案确定后，根据每段管道的实际尺寸、安装位置、支吊架设置情况，直接利用 BIM 模块绘制并导出站房综合布置图、分段预制管组图、预制模块及预制支吊架的加工图。

（5）将加工图传至加工厂车间，采用自动化机械设备进行加工生产（图 9-25），确保管段及模块预制尺寸的准确度。

（6）利用 BIM 技术进行预制构件的装车模拟分析，充分利用运输车的空间，最大限度提升运输效率。运输前应对模块或管段单元进行合理的运输规划，确保与施工工序相匹配，尽可能“随装随取”，实现物料的高效转运。

（7）现场装配阶段，应编制专项施工方案，合理安排吊运机具和施工顺序，并对现场操作工作进行技术交底；安装过程中随时进行测量，减少施工偏差，并最后安装消差段。

3. 设备机房模块化装配施工创新应用BIM技术

机电预制加工和模块化施工必须基于BIM技术的支撑，创新性应用BIM技术，包括：BIM＋深化设计、出图技术，BIM＋二维码技术，BIM＋RFID物料追溯系统，BIM＋VR虚拟现实技术，BIM＋360放样技术，BIM＋3D激光扫描技术等。

9.3 机电工程装配式施工技术的工程案例

9.3.1 机电部品部件装配式施工——北京丰台区某安置房项目

【例9-1】 北京丰台区某安置房项目（图9-26）是全国装配式建筑科技示范项目，北京市首个装配式钢结构住宅项目的示范工程。本项目总用地面积约6700m^2，4栋9～16层装配式钢结构住宅，总建筑面积约31000m^2，其中地上建筑面积约20000m^2，地下建筑面积约11000m^2。本项目采用开发、设计、施工运维全生命周期管理模式。

图9-26 北京丰台区某安置房项目效果图

项目在机电方面采用预制安装体系，地下室风管、桥架、给水、中水、消火栓、喷淋系统采用工厂加工、现场组装的方式进行施工。与传统机电施工相比，节省工程机电成本，缩短施工工期，提升建筑品质。

项目全面运用BIM技术实现设计施工一体化精细化管理，地下机房及管线实现工厂预制加工，以工业化思维指导建筑生产过程。为了更好配合BIM技术在项目中的应用，项目采用EBIM工程管理平台。该平台将BIM模型的轻量化、移动互联和物联网（二维码/RFID）三大技术有机融合，让项目所有参与者都能基于BIM开展工作协作，应用于项目的安全、质量、进度和资料管理全过程，提高工作效率和后台的管理能力。同时，基于二维码技术，能完整地收集和管理施工过程资料信息，在项目竣工的时候，能实现全信息的三维数字化移交，为项目的运维服务打下坚实的数据基础。

9.3.2 超高层管井立管模块化装配式施工——北京某商务大厦

【例9-2】 北京某商务大厦（图9-27）总建筑面积437000m^2，其中地下部分87000m^2，地上部分350000m^2，地下7层，地上108层，地面以上高度528m。

该项目实施预制立管的楼层为F7～F103层，每楼层四个预制管井，每个管井内平均管道数量为6根，最小管径为DN125，最大管径为DN600，管组共计222组，是目前国内包含系统、管径、管道数量最多的模块化管组系统，管道总长约13365m，管道总长度及管组数均为国内前列。

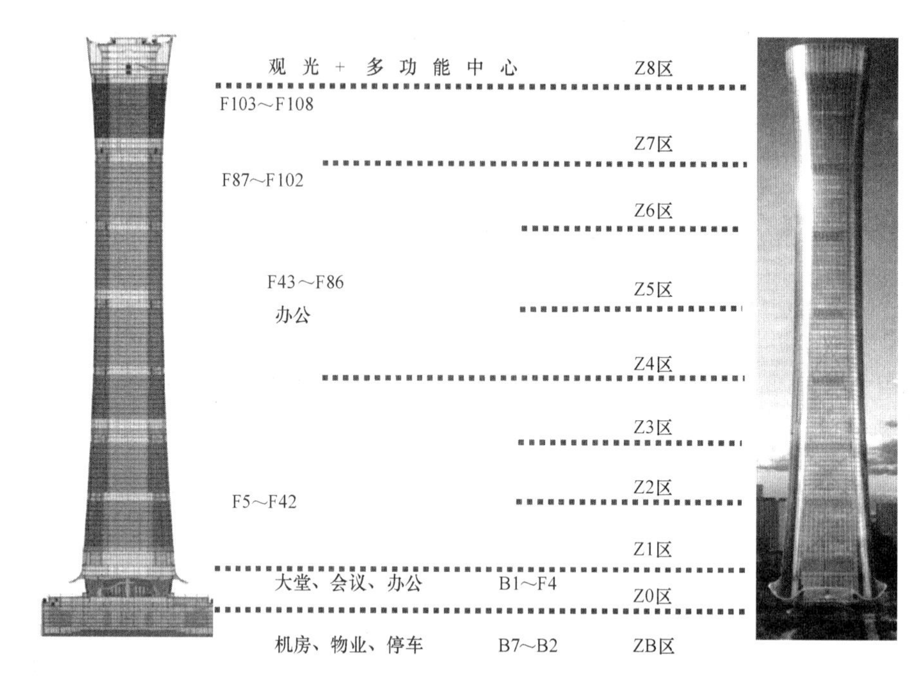

图 9-27 北京某商务大厦建筑概况示意图

采用管井立管模块化技术较常规做法为本工程创造的效益如下：

（1）空调水管井提前 45 天移交；

（2）节省材料堆放场地约 $2000m^2$；

（3）减少电梯使用 10560 次；

（4）大幅减少现场管道焊接，节约现场用电量 11220 度；

（5）利用工厂化加工，提高了管道焊接质量；

（6）社会效益提升：采用预制立管施工工艺，提高本工程一体化的设计理念，提升建筑行业新工艺的推广应用，敢于推陈出新，引领行业内自主创新的前沿。

9.3.3 整体式卫生间装配式施工——巴哈马某海岛度假村项目

【例 9-3】 巴哈马某海岛度假村项目（图 9-28）是大型综合旅游开发项目，位于巴哈马首都拿骚市（Nassau）占据了长约 3000 英尺（约 1km）的世界最著名的海滩之一——Cable 海滩，总建筑面积 $320000m^2$。

该项目新建 5 星级、4 星级酒店各两家，客房总数达 2374 间（包括 308 间对外销售的公寓房）。

另外，该项目还新建拉斯维加斯风格赌场 1 座，建筑面积约为 $10000m^2$，建成后将是加勒比地区最大的赌场。

新建项目的其他配套设施还包括：$15000m^2$ 的会议中心、$6000m^2$ 的名品店和休闲区、$3000m^2$ 的高级 SPA、18 洞高尔夫球场、20 英亩的泳池及水景设施、52 个分时度假酒店房以及场区内的道路、桥梁、景观绿化、中心机房等辅助设施。

其中酒店的卫生间采用整体式卫生间施工技术。

图 9-28 巴哈马某海岛度假村项目

9.3.4 弧形管道装配式施工——北京某写字楼

【例 9-4】 北京某写字楼（图 9-29）总建筑面积 172800m^2，地下 4 层，地上 45 层（主楼是由两座反对称复杂双塔用跨度 9～38m 弧形钢连廊连接组成），建筑高度约 200m；主要功能为商业及办公，F13、F24、F35 为避难区和设备机房、屋顶为设备机房及停机坪。

该项目为 DNA 双螺旋结构，由南北两个变曲率半圆弧形核心筒组成，项目中庭从首层直望楼顶，高达 200m。复杂的结构形式也对项目的机电安装带来了极大的困难；且办公区一般都不吊顶，管道明装，开发商要求变曲率半径弧形管道整层与建筑面的不平行偏差不超过 10cm。新颖的建筑外形加大了机电管线安装难度，不规则的建筑结构，使得机电管线不再呈横平竖直敷设，为了达到精装美观度及合理安装空间要求，管道呈不规则多变弧形安装。采用传统的现场用直管段拼出弧形，或者现场顶弯施工技术，均无法实现美观、高质量和高效率、经济的安装效果，故该项目办公层空调系统、喷淋系统管道采用 BIM 技术辅助，采用在工厂预制＋现场拼装弧形变曲率管道的施工工艺。

图 9-29 北京某写字楼竣工亮灯效果图

9.3.5 设备机房模块化装配式施工——山西某太阳能项目动力站

【例 9-5】 山西某太阳能项目（图 9-30）是山西省 2018 年重点工程，也是山西转型综合改革示范区与北京汉能共同投资建设的高新技术产业项目，总建筑面积约 98000m^2，其中动力站 4200m^2。动力站机电安装是建筑工程施工的重要环节，包括电气工程、空调暖通、通信工程、消防工程、自动控制系统等多个专业，主要工程量包含 4 台冷水机组、21 台水泵、

图 9-30　山西某太阳能项目 102 号动力站

2120m 管道、14150 套螺栓等。

该太阳能项目 102 号动力站成功运用了“DPMA”模块化装配式施工技术，26 名工人紧密合作，运模块、吊管段、拧螺丝，仅 47.38h 就组装完成该综合装配式机房，打造了机电工程装配化施工领域的典范，产生了良好的综合效益。

“DPMA”是几个英文词语首字母的组合，其中：D 为 Deepened design，深化设计；P 为 Platform management，平台化管理；M 为 Mobile prefabrication，移动式预制；A 为 Assembly，装配实施。

该动力站模块化装配式施工技术，运用 BIM 模型建立高精度机电模型和深化设计装配图，按照机械零件标准，对构配件进行设计优化，精度提高到毫米级。动力站设备模块与运转设备采用减震断桥连接设计；精确控制基础，预埋件误差在 3mm 以内；设计的专用模块（图 9-31）长 5.9m、宽 5.5m、高 3m，是目前国内最大的装配式泵组模块。该机房共有 12 个模块，集成了水泵、管道、阀门、设备基础、支架和仪器仪表，检修通道由传统施工模式的 3m 多宽扩大到 5.2m。

图 9-31　动力站模块的 BIM 模型

该动力站模块化装配式施工技术，利用施工现场空余场地搭建移动式管道预制加工站，采用标准化流水线加工，预制件加工精度更高，边角料大幅减少，许多弯曲或异形管道、构件可直接加工成型。由于使用焊接机器人完成氩弧焊打底、混合气体保护焊填充及盖面，焊接速度快，焊缝质量高，外部成型好，无损检测通过率达 100%。此外，就近加工减少二次搬运，大大降低了成品预制件的运输成本。

该动力站模块化装配式施工技术，首次应用了 DN1200 大口径管道整体提升技术及站内模块化板台运输技术。

该动力站模块化装配式施工技术，通过企业共享 BIM 平台，在模型轻量化、工程量统计等方面进行项目全过程 BIM 管控。通过应用 BIM-5D 平台对项目模型数据整合、提取、分析、应用，设备管道数据以二维码的形式集成于云端，手机“扫一扫”就能查询，方便后期设备运营维护和智能化管理。

就该机房而言，如采用传统施工，土建主体结构耗时45天，机电安装再耗时62天，施工总周期长达107天；模块式机电安装，土建主体结构耗时45天，土建主体结构施工的同时机电预制用时25天，现场装配47.38h，施工总周期仅为47天，节省建造费用总额高达120余万元。

10 机电消防施工新技术

10.1 消防系统概述

10.1.1 概述

建筑消防设施的主要作用是及时发现和扑救火灾，限制火灾蔓延范围，为有效扑救火灾和人员安全疏散创造有利条件，从而减少火灾造成的财产损失和人员伤亡。施工质量的优劣直接关系到消防设施发挥作用的实际效果。目前，建筑消防设施种类繁多，功能齐全，使用普遍，作为机电施工人员了解较为常见的消防灭火系统的灭火机理、系统组成、系统工作原理，可以从系统工程的角度去管理涉及施工质量的各方面，对于施工质量的控制更为全面和实用。

自动喷水灭火系统和消火栓灭火系统，已经为广大的施工技术人员熟知，就不在本书中涉及。本书主要聚焦在目前在建筑施工中已经得到了较为广泛设置，但具有特定使用范围的灭火系统，如，水喷雾灭火系统、细水雾灭火系统、气体灭火系统（七氟丙烷和IG541灭火系统）、自动寻址水炮灭火系统和火探管灭火系统。

10.1.2 消防系统的施工质量控制

为确保消防系统的施工安装质量，消防设施的安装调试、技术检测应由具有相应技术能力的施工单位和消防技术服务结构承担。

1. 施工前准备

消防系统施工前，施工单位应按照设计文件编写施工方案和作业指导书，用以指导施工安装和施工质量控制，并应具备下列条件：

（1）技术资料齐全，按规定需要审查或批准的技术文件已经得到审查或批准；

（2）设计单位向施工、建设、监理单位进行技术交底，设计要求得到明确；

（3）各系统设备、组件及材料齐全，规格型号符合设计要求；

（4）施工现场及施工中使用的水、电、气应满足施工要求。

2. 消防设施的进场检查

消防设施在进场安装前，应按规定要求进行现场检查，现场检查包括文件检查和进场产品质量检查；对于消防产品，文件检查的目的有两个方面：一是产品合法性文件检查，二是产品质量保证文件查验；产品质量检查也主要从两个方面进行查验，一是进场设备的一致性查验，二是进场设备的产品质量检验；具体要求分述如下：

（1）消防产品合法性文件检查

对于已经纳入强制性产品认证目录的消防产品，如火灾自动报警系统产品，灭火器、消防疏散、应急照明等设备均应查验其依法获得的强制性认证证书；尚未纳入强制性产品认证目录的非新产品类的消防产品，应查验其经国家法定消防产品检验机构检验合格的型式检验报告。对于新研制的，且尚未制定国家或者行业标准的消防产品，应查验技术鉴定证书。消防产品认证证书可以在“应急管理部消防产品合格评定中心”网站（www.CCCF.cn）的“消防产品质量信息查询”系统（图10-1）中进行查证。

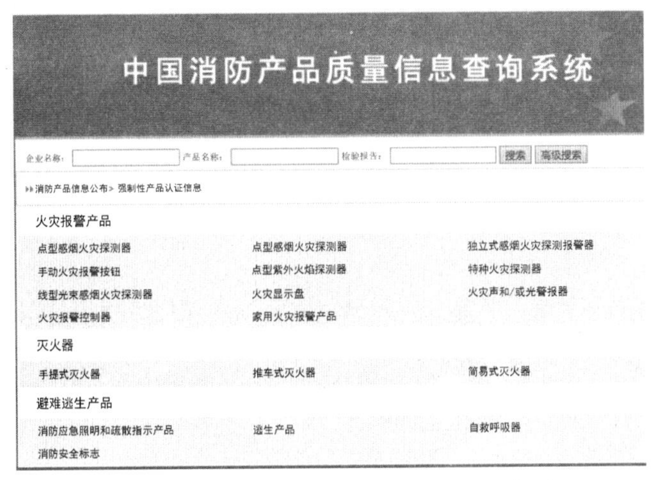

图10-1 中国消防产品质量信息查询系统图

（2）消防产品质量保证文件的查验

1）查验所有消防产品的型式检验报告。

2）查验所有消防产品、管材管件、电缆电线及其他设备、材料的出厂检验报告或者出厂合格证。

（3）消防产品进场后一致性检查

消防产品一致性检查是防止在工程中使用假冒伪劣的消防产品。消防产品到场后，应查验到场消防产品的铭牌标志、产品关键组件和材料、产品特性等与消防设计文件、产品型式检验报告的一致性程度。消防产品一致性检查按照下列步骤和要求实施：

1）查验进场消防设施的设备及其组件与已批准或者备案的消防设计文件中的设备清单的一致性，保证进场设备及其规格型号与设计文件一致。

2）查验进场消防设施的设备及其组件与经国家消防产品法定检验机构检验合格的型式检验报告的一致性，保证进场设备的规格型号与其取得的法定文件一致。

（4）消防产品进场质量检查

消防产品的质量检查主要包括外观检查、组件装配及其结构检查、基本功能试验及灭火剂质量检测等内容。

1）水系灭火系统（如消防给水及消火栓系统、自动喷水灭火系统、水喷雾灭火系统、细水雾灭火系统等）的现场产品质量检查，重点对其设备、组件以及管件、管材的外观（尺寸）、组件结构及其操作性能进行检查，并对规定组件、管件、阀门等进行强度和严密性试验；详见各系统施工验收规范的规定。

2）气体灭火系统除参照水系灭火系统的检查要求进行现场产品质量检查外，还要对灭火剂储存容器的充装量、充装压力等进行检查。

3. 施工过程质量控制

为确保施工质量，施工中要建立健全施工质量管理体系和工程质量检验制度，施工现场配备必要的施工技术标准。消防设施施工过程质量应按照下列要求组织实施：

（1）对到场的各类消防设施的设备、组件及材料进行现场检查，经检查合格后方可用于施工。

（2）各工序按照施工技术标准进行质量控制，每道工序完成后进行检查，经检查合格后方可进入下一道工序。

（3）相关各专业工种之间交接时，应进行检验认可，经监理工程师签证后，方可进行下一道工序。

（4）消防设施安装完毕，施工单位按照相关专业调试规定进行调试。

（5）调试结束后，施工单位向建设单位提供质量控制资料和各类消防设施施工过程质量检查记录。

（6）监理工程师组织施工单位人员对消防设施施工过程进行质量检查；施工过程质量检查记录按照各消防设施施工及验收规范的要求填写。

（7）施工过程质量控制资料按照相关消防设施施工及验收规范的要求填写、整理。

10.2 水喷雾灭火系统

水喷雾灭火系统是利用水雾喷头在一定水压下将水流分解成细小水雾滴进行灭火或防护冷却的一种固定式灭火系统。该系统具有安全可靠、经济实用、适用范围广和灭火效率高的优点，在我国已经得到了广泛的应用，水喷雾灭火系统的设计、施工及验收应符合国家标准《水喷雾灭火系统技术规范》GB 50219 的相关规定。

10.2.1 灭火机理及适用范围

1. 灭火机理

根据国内外多年来对水喷雾灭火机理的研究，一致的结论是当水以细小的水雾滴喷射到正在燃烧的物质表面时会产生以下作用：

（1）表面冷却：相同体积的水以水雾滴形态喷出时比直射流形态喷出时的表面积要大几百倍，当水雾滴喷射到燃烧表面时，因换热面积大而会吸收大量的热迅速汽化，使燃烧物质表面温度迅速降到物质热分解所需要的温度以下，使热分解中断，燃烧即终止。

（2）窒息：水雾滴受热后汽化形成原体积 1680 倍的水蒸气，可使燃烧物质周围空气中的氧含量降低，燃烧将会因缺氧而受抑或中断，实现窒息灭火的效果取决于能否在瞬间生成足够的水蒸气并完全覆盖整个着火面。

（3）乳化：乳化只适用于不溶于水的可燃液体，当水雾滴喷射到正在燃烧的液体表面时，由于水雾滴的冲击，在液体表层造成搅拌作用，从而造成液体表层的乳化，由于乳化层的不燃性使燃烧中断。

（4）稀释：对于水溶性液体火灾，可利用稀释液体，使液体的燃烧速度降低而较易扑灭，灭火的效果取决于水雾的冷却、窒息和稀释的综合效应。

以上四种作用在水雾喷射到燃烧物质表面时通常以几种作用同时发生并实现灭火。

2. 灭火适用的火灾危险场所

水喷雾灭火系统根据设计的目的不同，可以实现灭火和防护冷却两类用途。

（1）对于扑救火灾

适用于固体火灾危险场所，如纸张、木材、纺织品等的表面和深位火灾以及橡胶等危险的可燃固体火灾；

适用于闪点高于60°的可燃液体火灾的危险场所，如燃油锅炉、发电机油箱、油浸变压器等；

适用于电气火灾危险场所：由于水喷雾系统的喷头喷水的不连续性，使得水雾具有良好的电气绝缘性。可以用于扑救电缆隧道、电缆井、电缆夹层等电气火灾危险场所。

（2）防护冷却，也是水喷雾系统的重要用途，对于发生火灾时不宜灭火的保护对象或采用水喷雾不能灭火的场所，水喷雾系统可以向保护对象提供安全的保护措施，使保护对象在火灾时或在受到火灾威胁时免遭破坏，为采取其他灭火手段和事故处理措施争取时间。

水喷雾适用于以下几类场所的防护冷却：可燃气体、可燃液体的生产、储存、装卸和使用设施；可燃液体、气体储罐；火灾危险性大的化工装置及管道，如加热器、反应器、蒸馏塔等。

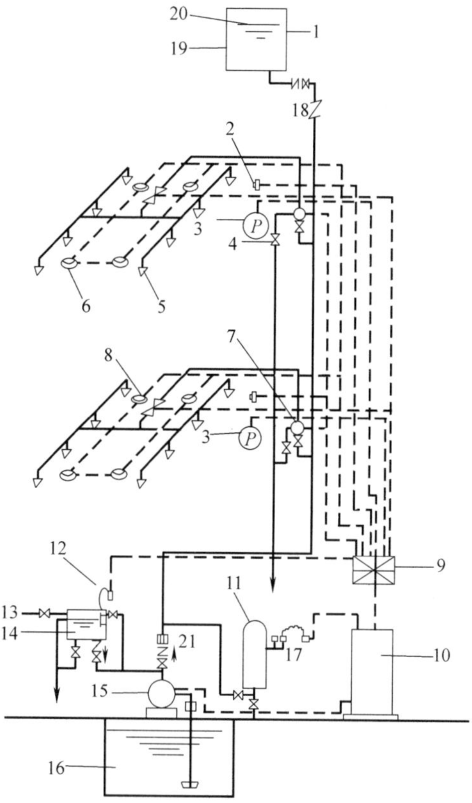

图 10-2　水喷雾灭火系统

1—消防水箱；2—警铃；3—手动启动装置；4—试验阀；5—喷雾喷头；6—火灾探测器；7—控制阀；8—自动阀门；9—报警装置；10—控制箱；11—压力罐；12—水位报警装置；13—补充水源；14—水泵充水水箱；15—消防泵；16—消防水池；17—压力开关；18—单向阀；19—生产、生活出水管；20—水箱进水管；21—过滤器

10.2.2　系统组成

水喷雾灭火系统由水源、供水设备、管道、雨淋阀组、过滤器和水雾喷头等组成。水喷雾灭火系统与雨淋喷水系统、水幕喷水系统的区别主要在于喷头的结构和性能不同。如图 10-2 所示。

1. 系统工作原理

水喷雾灭火系统的工作原理如图 10-3 所示，系统具有自动、消防控制室手动、现场紧急手动等多种启动方式。火灾发生后，火灾探测器动作，消防控制站点得到报警，向消防控制中心主站发请求灭火信息，在得到控制中心命令或启动信息后，联动防火门、防火阀通风等设备并启动雨淋阀，当监控站点接收到雨淋阀启动反馈信号后，随即启动消防水泵。消防水泵开始供水，大约在 30s 内可充满支管管网且最不利点处水雾喷头的进口水压达到 0.35MPa，水雾包络保护对象实施灭火。当消防自动控制系统被置于手动启动方式时，人工确认火灾后按下消防控制中心操作台上或控制站点的手动操作盘的手动灭火按钮启动灭火系统。值班人员在现场巡检时，如发现火灾，可通过设在变压器现场的手动紧急启动装置，现场紧急启动灭火系统。当灭火系统的主要设备雨淋阀因事故断电时，可以在设备现场或较远的安全区内通过现场启动装置手动启动控水阀灭火。

2. 系统分类

水喷雾灭火系统可根据设计规定采取不同的应用方式，全淹没式应用系统：向整个封闭空间内喷射细水雾，并持续一定时间，以实现对所有危险物进行保护的水喷雾灭火系统。分区保护式应用系统：设计系统用于封闭空间内预先划定的区域内所有危险物进行保护的一种水喷雾灭火系统。局部应用式系统：向封闭、敞开或半敞开空间内的某一个被保护物或危险点直接喷射水喷雾，并持续一定时间的灭火系统。

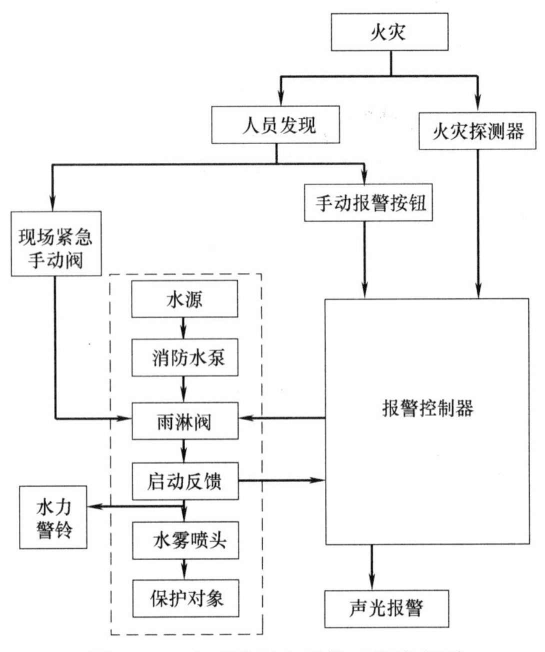

图 10-3　水喷雾灭火系统工艺流程图

10.2.3　施工要点

1. 一般规定

系统施工安装前应具备下列条件：

（1）设计图纸和产品说明书、合格证齐全；雨淋阀、喷头等系统组件应具有国家消防产品质量监督检验中心的型式检验报告。

（2）系统组件与主要材料齐全，其品种、规格、型号符合设计要求；对系统组件、材料等进行详细的检查，各项技术参数应符合制造商设计手册的要求。

（3）系统的施工应按设计施工图、制造商提供的设计手册和产品说明进行。

（4）系统组件应安装在不易受机械、化学或其他因素影响而造成组件损坏的位置。

（5）系统的施工单位应由具有相应资质，经专业培训。安装单位应在安装前提供详细的安装和试验程序与方法以保证系统的正确安装。

2. 设备安装

（1）喷头的安装

1）喷头的型号、规格应符合设计要求。

2）喷头的外观应无加工缺陷和机械损伤。

3）喷头螺纹密封面应无伤痕、毛刺、缺口和断丝的现象。

4）喷头的安装必须在管网试压、冲洗和空气吹扫完毕后才能安装。

5）喷头的安装应适用专用扳手，不得利用喷头框架旋拧。

6）喷头安装时不得对喷头进行拆装、改动，并严禁给喷头附加任何装饰性涂层。

7）安装在易受机械损伤处的喷头，应加设喷头保护罩。

8）喷头与喷头之间的距离以设计图纸为准。

9）喷头安装高度、间距、距墙的距离、喷头与障碍物的相对位置、喷头距屋顶的距离应符合施工图和制造商技术资料的要求。

10）当喷头安装在出口三通时，喷头的滤网不应伸入支干管内。

（2）雨淋阀组

雨淋阀组的安装位置和方式应符合设计和制造商技术资料的要求；当设计无要求时，应安装在建筑物内，且不存在腐蚀性物质的场所，环境温度应不低于 4℃。如图 10-4 所示。

雨淋阀组的安装高度距室内地面宜为 1.2m；两侧与墙或其他设备的距离不应小于 0.5m；正面与墙或其他设备的距离不宜小于 0.8m；试水和泄水管道应引入排水设施内。

雨淋阀组开启控制装置的安装应安全可靠。雨淋阀组的观测仪表和操作阀门的安装应便于观测和操作。雨淋阀组远程紧急手动装置的安装应符合设计要求，且发生火灾时，应能安全开启和便于操作。

装置安装前，管道必须彻底清洗干净，不得有任何杂物，严禁安装时将铁屑、焊渣、砂粒等杂物带入管网内。

雨淋阀组前后管道、瓶组支撑架、电控箱必须固定牢固，不得晃动。

雨淋阀的配管连接和仪表安装应严格按照厂家说明书进行组装和调试，如图 10-5 所示。

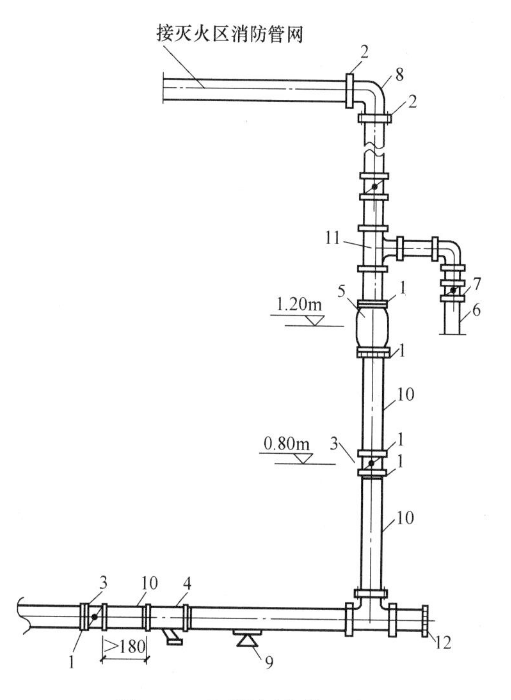

图 10-4 雨淋阀安装示意图

1—法兰；2—接头；3—信号蝶阀；4—过滤器；5—雨淋阀；6—排水管；7—试水蝶阀；8—弯头；9—支架；10—短管；11—沟槽三通；12—法兰盲板

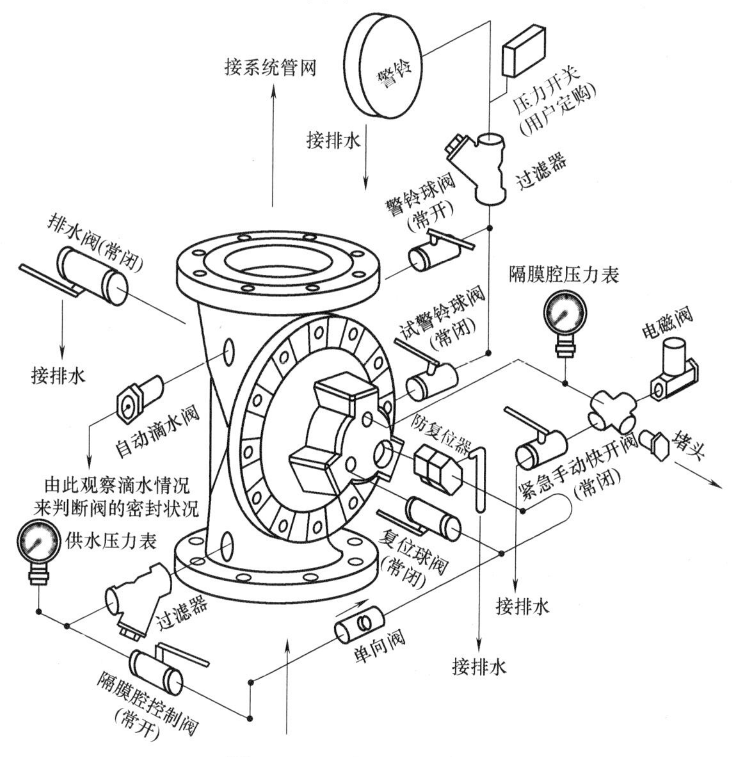

图 10-5 雨淋阀配置示意图

（3）系统的冲洗和试压

系统管网安装完毕后进行的冲洗、强度试验、严密性试验与其他自动喷水灭火系统相同。

（4）系统调试

系统调试应在系统施工完成后进行，系统调试时消防水池、消防水箱已储存设计要求的水量。系统供电正常。系统阀门均无泄漏。与系统配套的火灾自动报警系统处于工作状态。系统调试方法：

1）报警阀调试宜利用检测、试验管道进行。自动和手动方式启动的雨淋阀应在15s之内启动；公称直径大于200mm的报警阀调试时，应在60s之内启动；报警阀调试时，当报警水压为0.05MPa，水力警铃应发出报警铃声。

2）水喷雾系统的联动试验，可采用专用测试仪表或其他方式。对火灾自动报警系统的各种探测器输入模拟火灾信号，火灾自动报警控制器应发出声光报警信号并启动水喷雾灭火系统。采用传动管启动的水喷雾系统联动试验时，启动一只喷头或试水装置，雨淋阀打开，压力开关动作，水泵启动。

3）调试过程中，系统排出的水应通过排水设施全部排走。

10.3 细水雾灭火系统

细水雾灭火系统的应用开始于20世纪初，1920年前后被用于可燃液体火灾扑救等，但由于水喷淋灭火技术的发展使细水雾灭火系统的研究搁置不前。随着科学技术的进步和人们防火、灭火观念的转变，特别是发现卤代烷灭火剂对大气臭氧层有破坏作用以及1987年蒙特利尔议定书签署之后，细水雾灭火技术作为替代哈龙的主要技术重新得到各界的关注和青睐。

细水雾对人体无害，对环境无影响，不会在高温下产生有害的分解物质；不会造成温室效应和破坏臭氧层；而且由于它具有高效的冷却作用和明显的吸收烟尘作用，更加有利于火灾现场人员的逃离和进行火灾扑救，是一种真正“绿色”的灭火系统。而且水源方便、廉价、更容易获取，灭火的可持续能力强；由于细水雾的滴粒径更小，喷雾时水呈不连续性，电气绝缘性能更好，可以用于电气火灾的扑救。

细水雾的灭火机理和系统特性决定了系统应用的广泛适用性，目前细水雾灭火系统已经广泛用于电缆隧道，液压、润滑油站（房），机器设备间等工业场所，图书馆、档案库、居民区等民用场所及轮船、地铁等交通运输工具，地下隧道、航天飞行器以及潜艇等军用设备。细水雾灭火系统的设计、施工和验收应遵循国家标准《细水雾灭火系统技术规范》GB 50898的有关规定。

10.3.1 灭火机理及适用范围

1. 灭火机理

由于细水雾具有颗粒直径极小、空间分布密集而均匀、在空中停留时间长的特点，进入火场后发生如下作用：

（1）冷却：细小水滴在受热后易于汽化，在气、液相态变化过程中从燃烧物质表面或火灾区域吸收大量的热量。物质表面温度迅速下降后，会使热分解中断，燃烧随即终止。对于相同的水量，细水雾雾滴所形成的表面积至少比传统水喷淋喷头（包括水喷雾喷头）喷出的水滴大100倍，因此细水雾灭火系统的冷却作用是非常明显的（图10-6）。

（2）窒息：雾滴在受热后汽化形成原体积1680倍的水蒸气，最大限度地排斥火场的空气，使燃烧物质周围的氧含量降低，燃烧即会因缺氧而受抑制或中断。系统启动后形成水蒸气在完全覆盖整个着火面的情况下，时间越短，窒息作用越明显（图10-7）。

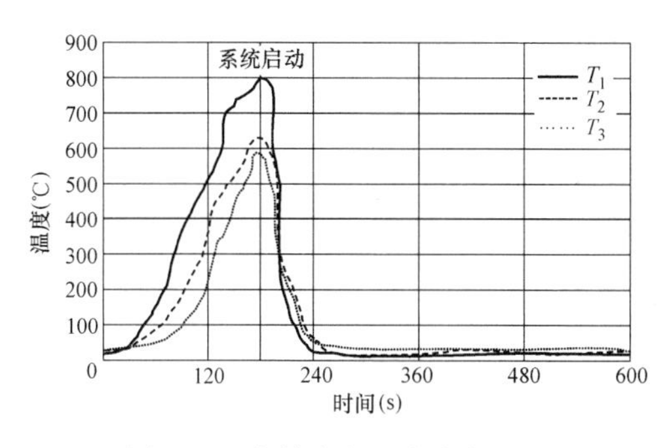

图10-6 实体火灾温度变化过程

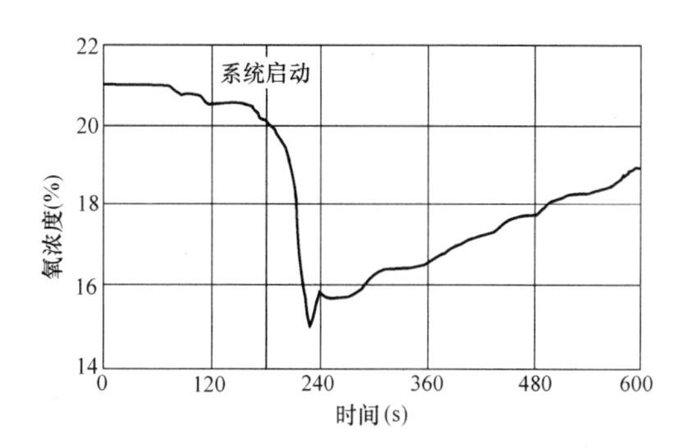

图10-7 实体火灾氧浓度变化过程

（3）辐射热阻隔：细水雾喷入火场后，形成的水蒸气迅速将燃烧物、火焰和烟羽笼罩，对火焰的辐射热具有极佳的阻隔能力，能够有效抑制辐射热引燃周围其他物品，达到防止火焰蔓延的效果。

（4）浸湿作用：细水雾灭火系统的冷却和穿透能力较强，颗粒大、冲量大的雾滴会冲击到燃烧物表面，从而使燃烧物得到浸湿，阻止固体挥发可燃气体的进一步产生。另外，系统还可以充分将火灾位置以外的燃烧物浸湿，从而抑制火灾的蔓延和发展，有效地扑灭固体的深位火灾。

除以上四种作用外，细水雾还具有乳化作用，加上其他机理的共同作用可以有效扑救包括低闪点在内的可燃液体火灾；具有明显的降尘等作用，雾滴受热蒸发，体积膨胀而充满整个火场，易与燃烧形成的游离碳结合，从而对火场环境起到很强的洗涤、降尘、净化效果，可以有效消除烟雾中的腐蚀性及有毒物质，利于着火区内人员疏散和消防员的灭火救援工作。

2. 适用范围

（1）可燃固体（A类）火灾：可以有效扑灭一般的A类燃烧物，包括纸张、木头和纺织品的深层火灾和塑料泡沫、橡胶等危险固体火灾等。

（2）可燃液体（B类）火灾：可以有效扑灭可燃液体火灾，适用范围包括如正庚烷或汽油等低闪点可燃液体到润滑油和液压油等中、高闪点可燃液体。

（3）电气（E类）火灾：可以有效扑灭电气火灾，包括电缆火灾、控制柜等电子电气设备火灾、变压器火灾等。适用于电缆隧（廊）道、大型电缆室、油浸式电力变压器、油开关、配电室、开关柜室、计算机房、通信机房、中央控制室等电气火灾危险场所。

（4）厨房（K类）火灾：厨房内的烹饪油料火灾十分难以扑灭，因为它们燃烧温度高且易于复燃。研究结果表明细水雾灭火系统可以很好地用于这类场所的火灾扑救，并能冷却烹饪油，防止重新点燃，具有低成本、高效、清洁等优点。

3. 不适用范围

细水雾灭火系统不能直接用于遇水发生剧烈反应或产生大量危险产物的物体，也不能直接应用于液化天然气等低温液化气体的场合，以及遇水造成剧烈沸溢的可燃液体或液化气体火灾。

10.3.2 系统分类

根据系统工作压力的不同，细水雾灭火系统可以分为高压细水雾灭火系统（工作压力≥3.5MPa）、中压系统（1.2MPa＜工作压力＜3.5MPa）和低压细水雾（工作压力≤1.2MPa）灭火系统。

根据细水雾喷头的不同，系统可以分为开式系统或闭式系统；采用开式喷头的系统是开式细水雾灭火系统，采用闭式喷头的系统是闭式细水雾灭火系统；目前工程应用的多是采用开式系统，所以本书主要以开式系统进行讲解。

根据应用方式的不同，可以分为全淹没应用系统、区域应用细水雾系统和局部应用细水雾系统。

根据供水方式的不同，可以分为泵组式（以水泵作为供水装置）系统和瓶组式（以储水容器进行加压供水）系统。

10.3.3 系统组成

细水雾灭火系统由水源（储水池、储水箱、储水瓶）、供水装置（泵组推动或瓶组推动）、系统管网、控水阀组、细水雾喷头以及火灾自动报警及联动控制系统组成。

系统采用开式细水雾喷头，由配套的火灾自动报警系统自动连锁或远控、手动启动后，控制一组喷头同时喷水的自动喷水灭火系统。中、低压系统的控水阀门可以采用雨淋阀组或雨淋报警阀，高压系统的控水阀门可以采用分配阀。

由于供水装置的不同，其构成略有不同。泵组式系统由细水雾喷头、控水阀组、系统管网、泵组（消防水泵和稳压装置）、水源（储水池或储水箱）以及火灾自动报警及联动控制系统组成，如图 10-8 所示。图 10-8（*a*）为中、低压泵组式细水雾灭火系统，图 10-8（*b*）为高压泵组式细水雾灭火系统。瓶组式系统由细水雾喷头、控制阀、启动瓶、储水瓶组、瓶架、系统管网以及火灾自动报警及联动控制系统组成，如图 10-9 所示。

10.3.4 工作原理

火灾发生后，火灾探测器动作，报警控制器得到报警，向消防控制中心发请求灭火信息，在得到控制中心命令或启动信息后，联动防火门、防火阀通风及空调等设备并启动控水阀组和消防水泵，消防水泵开始供水，细水雾喷出，实施灭火。

当消防联动控制系统被置于手动启动方式时，人工确认火灾后按下消防值班室操作台上或控制器的手动操作盘的手动灭火按钮启动灭火系统。值班人员在现场巡检时，如发现火灾，可通过设在现场的手动紧急启动装置，紧急启动灭火系统。当灭火系统的主要设备雨淋阀因事故断电时，可以在设备现场或较远的安全区内通过现场启动装置手动启动控水阀灭火。图 10-10 为开式细水雾灭火系统工作原理图。

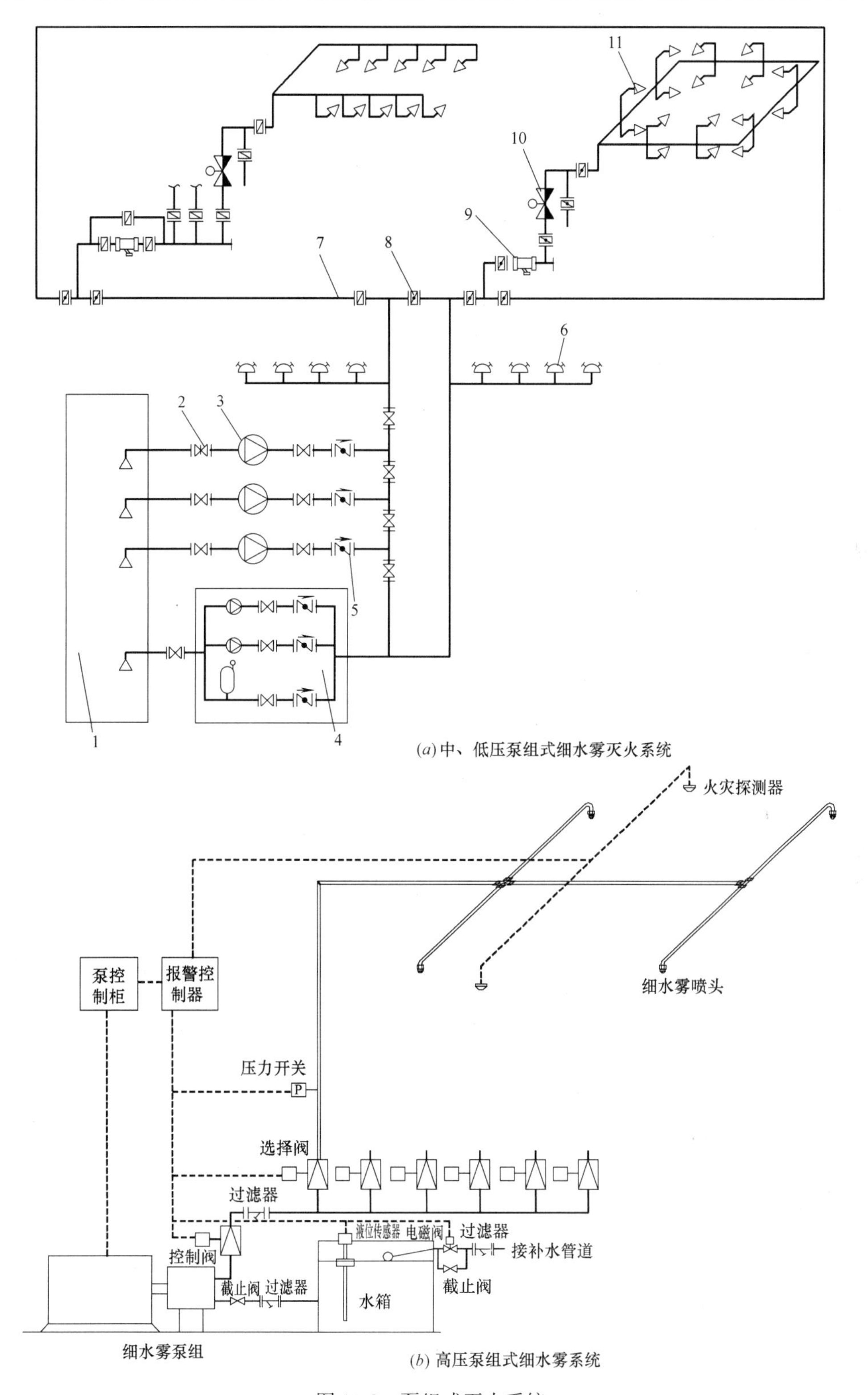

(*a*) 中、低压泵组式细水雾灭火系统

(*b*) 高压泵组式细水雾系统

图 10-8　泵组式灭火系统

1—消防水池；2—闸阀；3—水泵；4—稳压装置；5—止回阀；6—水泵结合器；7—消防主管道；8—蝶阀；9—过滤器；10—雨淋阀组；11—喷头

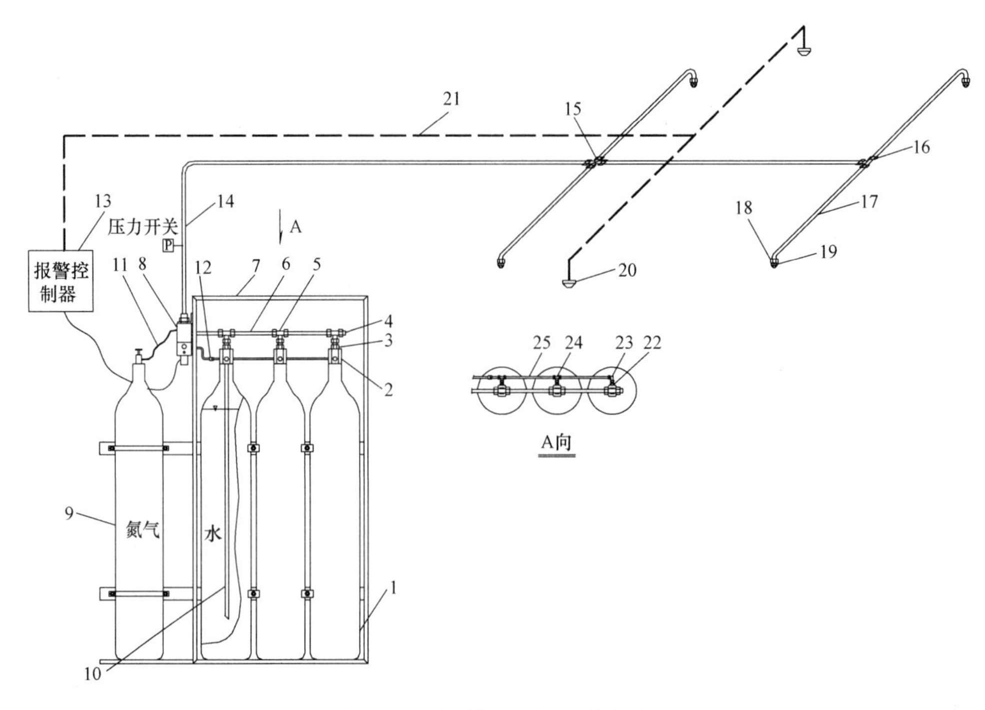

图 10-9　高压瓶组式细水雾系统

1—储水瓶；2—瓶接头体；3，22—管接头；4—管堵；5，16，24—三通；6，14，17，25—不锈钢管；7—瓶组支架；8—分配阀；9—氮气瓶；10—虹吸管；11—软连接管；12—气体单向阀；13—报警控制器；15—四通；18—短管；19—喷头；20—探测器；21—探测线路；23—弯头

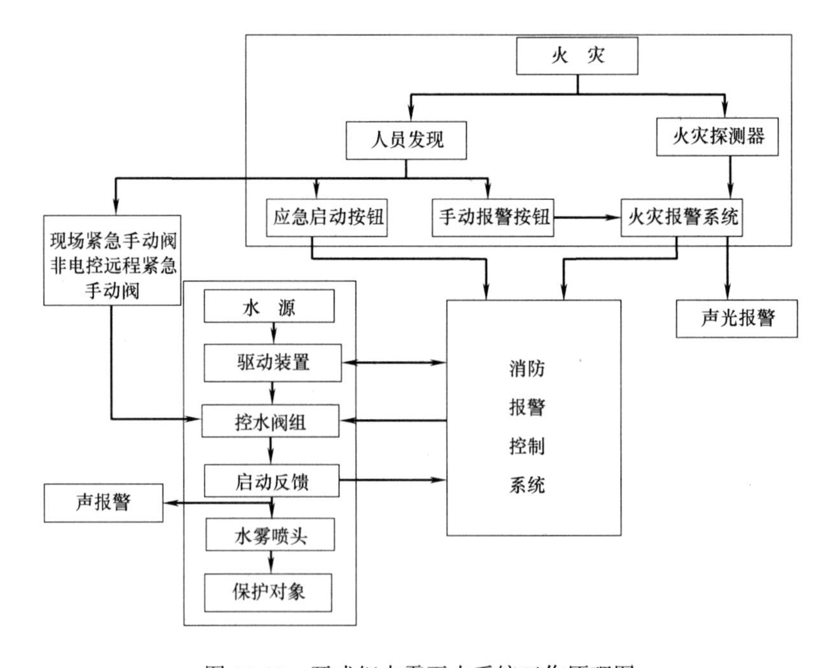

图 10-10　开式细水雾灭火系统工作原理图

10.3.5 施工要点

细水雾灭火系统的安装应严格按照厂家的技术要求进行，对于泵组式中低压系统，其施工要求与水喷雾灭火系统相似。

10.4 自动跟踪定位射流灭火系统

自动跟踪定位射流灭火系统是指利用红外线\数字图像及其他火灾探测器组件对火、温度等参数探测进行早期火灾自动跟踪定位，并运用自动控制方式来实现灭火的各种室内外固定射流灭火系统的总称。

设计和施工中应遵循的国标有《固定消防炮灭火系统设计规范》GB 50338、《自动喷水灭火系统设计规范》GB 50084、《自动喷水灭火系统施工及验收规范》GB 50261 和协会标准《大空间智能型主动喷水灭火系统技术规程》CECS 263、《自动消防炮灭火系统技术规程》CECS 245。

10.4.1 适用范围

1. 型号规则

自动跟踪定位射流灭火系统从应用的角度来看，实际上是一种利用灭火介质对早期火灾进行自动探测、主动灭火的智能灭火系统应用方式，灭火介质可以根据保护对象的不同，选择使用不同的适用的灭火介质，如水或泡沫等，探测系统可以根据保护对象的燃烧特点选择火焰探测（红外和/或紫外）、图像探测等，灭火装置可以选择射流型（S 型）或喷洒型（P 型）。经过多年的实际发展和工程应用，形成了非常多样和灵活的系统应用方式，市场上也研制了众多的系列产品。为了更好地方便大家了解，将产品的型号编号规则介绍如下。根据国标《自动跟踪定位射流灭火系统》GB 25204 第 4.2 条规定，灭火装置的型号组成如下：

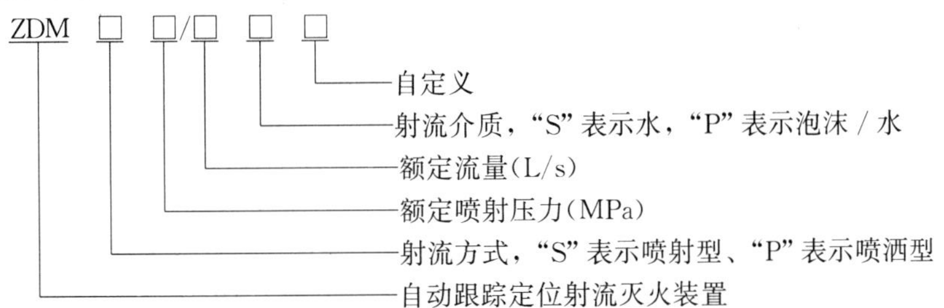

示例 1：额定喷射压力为 0.25MPa，额定流量为 5L/s，射流方式为喷洒型，射流介质为水的自动射流灭火装置其型号为 ZDMP0.25/5S。

示例 2：额定喷射压力为 1.0MPa，额定流量为 30L/s，射流方式为喷射型，射流介质为泡沫/水的自动消防炮灭火装置其型号为 ZDMS1.0/30P。

2. 系统适用场所

自动跟踪定位射流灭火系统广泛地应用于室内大空间场所的消防防护。也就是民用和工业建筑物内净空高度大于 8m，仓库建筑物内净空大于 12m 的场所。

根据高大空间的建筑结构特点，普通消防灭火系统无法快速准确地实施灭火，运用自动射流灭火系统能够有效地解决这类场所的灭火难题，也能对早期火灾起到良好的抑制作用。典型应用场所：会展中心、展览馆、大型商场、机场、火车站、汽车站大厅、文化中心、艺术馆、歌剧院、礼堂、体育场馆、高架厂房、物流仓库等。

3. 自动跟踪定位灭火系统工作原理

当发生火灾时，先由红紫外火灾探测器（或图像火灾探测器）对火灾进行快速探测分析，分析确认火灾后将火灾报警信号直接传输给灭火装置的现场控制器（或通过网络通信系统传输给控制中心），然后启动自动射流灭火装置水平定位系统，进行水平扫面，确定火源的水平 X 坐标，随后进入垂直定位系统，确定火源的垂直 Y 坐标，从而实现对火灾的精确定位，并启动电磁阀喷水灭火，火被扑灭后，灭火装置自动关闭电磁阀，停止灭火，并自动重复巡视一周，确认无火点后，待机监视，如火复燃，自动射流灭火装置将重新启动，循环灭火。

10.4.2 系统组成

系统由带探测组件及自动控制部分的灭火装置（图 10-11）和消防供液部分组成。灭火装置分为自动跟踪定位消防炮灭火装置和自动跟踪定位射流灭火装置（图 10-12）。

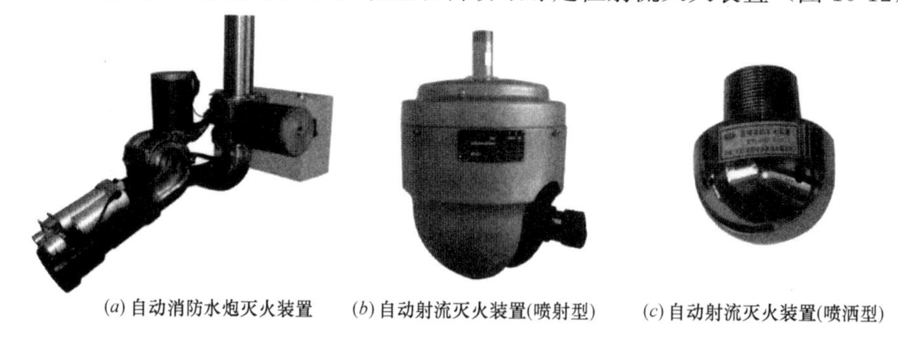

(*a*) 自动消防水炮灭火装置　(*b*) 自动射流灭火装置(喷射型)　(*c*) 自动射流灭火装置(喷洒型)

图 10-11　自动跟踪定位射流灭火系统的灭火装置

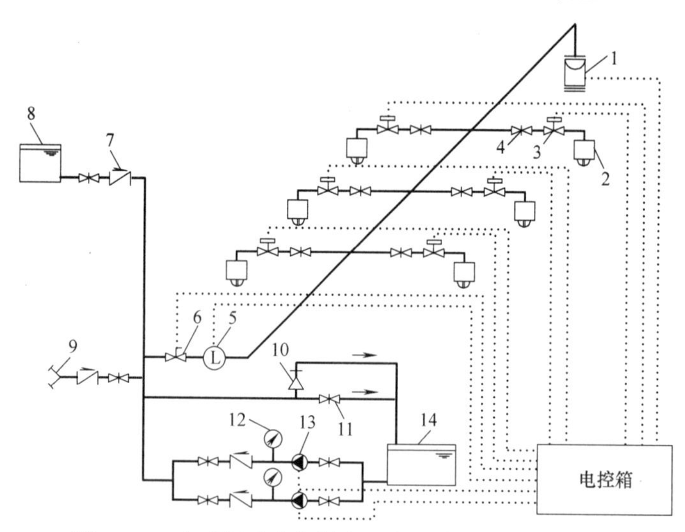

图 10-12　自动跟踪定位射流灭火系统基本组成示意图

1—模拟末端试水装置；2—扫描射水喷头（水炮）+智能型探测组件；3—电磁阀；4—手动闸阀；5—水流指示器；6—信号阀；7—单向阀；8—高位水箱；9—水泵接合器；10—安全泄压阀；11—试水放水阀；12—压力表；13—加压水泵；14—消防水池

10.4.3 施工要点

自动跟踪定位射流灭火系统的施工由水系统施工与电控系统施工两部分组成，分述如下。

1. 水系统施工

主要包括：供水系统安装（水泵、水池等）、管道、阀门及水流指示器等安装、仪表安装及灭火装置安装等内容，管道和阀门的施工方法与自喷、消火栓系统类似，不再赘述。自动跟踪定位射流装置的安装示意如图 10-13～图 10-15 所示。

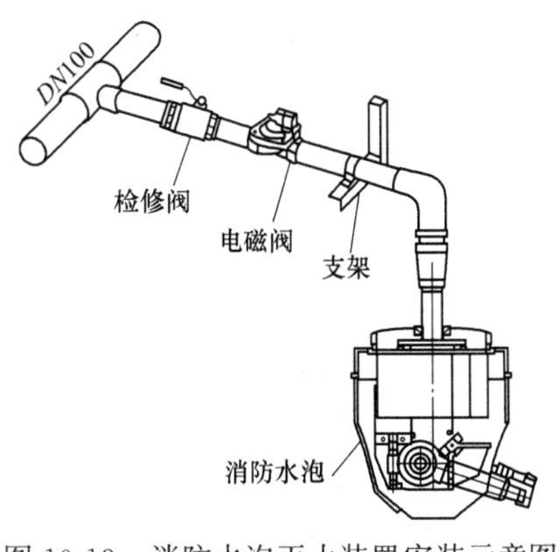

图 10-13 消防水泡灭火装置安装示意图

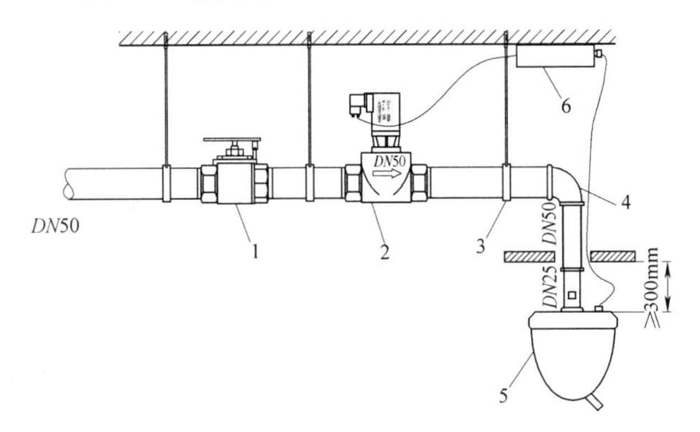

图 10-14 自动射流灭火装置安装示意图

1—检修阀 DN50；2—电磁阀 DN50；3—固定支架；4—直角弯头；5—自动射流灭火装置（ZDMS0.6/5S-CX）；6—现场控制箱

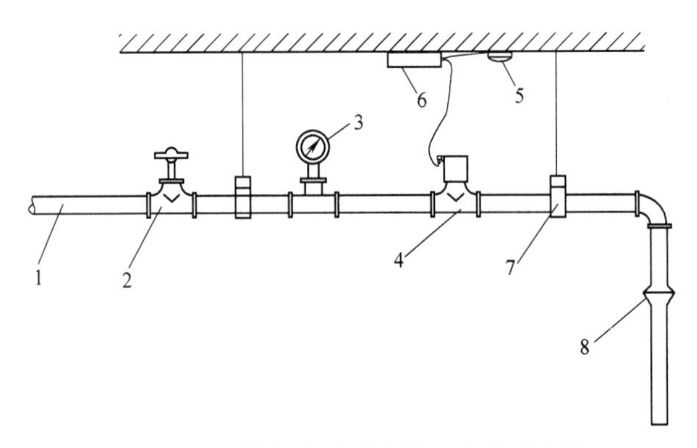

图 10-15 模拟末端试水装置安装示意图

1—最不利点水管；2—检修阀；3—压力表；4—电磁阀；5—探测组件；6—现场控制箱；7—固定支架；8—排水口

2. 电控系统施工

主要包括：线缆及防火套管的敷设、自动寻的灭火装置接线、集中控制装置安装、电源装置及接地装置安装等部分。具体施工方法见电气专业施工。

3. 总体联机调试

在水系统施工和电控系统施工完成后，需进行总体联机调试。

（1）单体调试，给系统加电，对系统通信进行调试，应使每台区域控制装置跟集中控制装置通信畅通；对每台灭火装置进行编码，通信调试完成集中控制装置应能对所有灭火装置进行手动操作控制。

（2）在管网不充水情况下，在灭火装置保护范围内模拟火灾发生对每台灭火装置进行测试，灭火装置应能完成对火源扫描和定位，并发出报警、启动水泵、打开电磁阀等信号，集中控制装置应能对灭火装置射水信号进行显示，同时集中控制装置应能输出启动水泵信号。火源熄灭后，灭火装置应能自动复位重新处于监视状态，也可人工复位使其重新处于监视状态。对灭火装置调试应逐个进行。

（3）在管网充水情况下，按各个灭火区域，采用明火试验方式检查模拟末端试水装置的动作情况、管网水压力和流量；在此阶段也可以根据现场情况随机选择某处采用明火试验方式检查自动寻的灭火装置的工作状况。

10.5 气体灭火系统

以气体作为灭火介质的灭火系统称为气体灭火系统。目前，工程应用最为广泛的是七氟丙烷灭火系统和IG541气体灭火系统，本书也以这两种系统为主进行讲解。

七氟丙烷（HFC-227ea、FM-200）是无色、无味、不导电、无二次污染的气体，具有清洁、低毒、电绝缘性好及灭火效率高的特点，特别是它对臭氧层无破坏，在大气中的残留时间比较短，其环保性能明显优于卤代烷，是目前为止研究开发比较成功的一种洁净气体灭火剂，被认为是替代卤代烷1301、1211的最理想产品之一。七氟丙烷的灭火机理主要是中断燃烧链。

IG-541混合气体灭火系统是近年来发展起来的一种新型气体灭火系统，其成分由52％氮气、40％氩气、8％二氧化碳三种气体组成，均为大气基本成分。使用后以其原有成分回归自然，且无色无味，不导电、无腐蚀、无环保限制、不破坏臭氧层，在灭火过程中无任何分解物，是一种绿色环保灭火剂。IG-541的灭火机理降低封闭空间中的氧气浓度，窒息灭火。

气体灭火系统设计和施工应符合国家标准《气体灭火系统设计规范》GB 50370和《气体灭火系统施工及验收规范》GB 50263的相关规定。

10.5.1 气体灭火产品的分类

按照不同的分类方法，气体灭火产品主要由以下分类：

（1）按照应用方式可分为：全淹没系统，局部应用系统。

（2）按装配形式可分为：有管网灭火系统和无管网系统（又称预制式灭火装置或柜式灭火装置）。

（3）按照保护的防护区的数量分为：组合分配灭火系统，单元独立灭火系统。

10.5.2 气体灭火产品组成

1. 柜式七氟丙烷灭火装置

根据柜体内灭火剂瓶组的数量可分为单瓶组柜式七氟丙烷灭火装置和双瓶组柜式七氟

丙烷灭火装置。

柜式七氟丙烷灭火装置主要由以下部件组成：灭火剂瓶组（灭火剂、灭火剂储瓶及容器阀）、高压软管、喷嘴、信号反馈装置、压力表、电磁驱动装置、气动阀（仅双瓶组有）（图 10-16、图 10-17）。

图 10-16 单瓶组柜式七氟丙烷

图 10-17 双瓶组柜式七氟丙烷

2. 七氟丙烷灭火设备

根据灭火剂瓶组充装压力的不同，七氟丙烷气体灭火设备可分为 4.2MPa 七氟丙烷灭火设备和 5.6MPa 七氟丙烷灭火设备。相较于 4.2MPa 七氟丙烷灭火设备，5.6MPa 七氟丙烷灭火设备因其充装压力更高，故其输送距离更远。

七氟丙烷灭火设备由灭火剂瓶组（包括灭火剂、储存容器及容器阀）、启动瓶组（包括启动气体及贮存容器和容器阀）、高压软管、液体单向阀、选择阀、信号反馈装置、安全阀、集流管、瓶组架、检漏部件、管网及喷头、启动气体管路、气体单向阀、低泄高封阀等组成（图 10-18）。

3. IG541 气体灭火设备

IG541 气体灭火设备由灭火剂瓶组（包括灭火剂、储存容器及容器阀）、启动瓶组（包括启动气体及贮存容器和容器阀）、高压软管、液体单向阀、选择阀、减压装置、信号反馈装置、安全阀、集流管、瓶组架、检漏部件、管网及喷头、启动气体管路、气体单向阀、低泄高封阀等组成（图 10-19）。

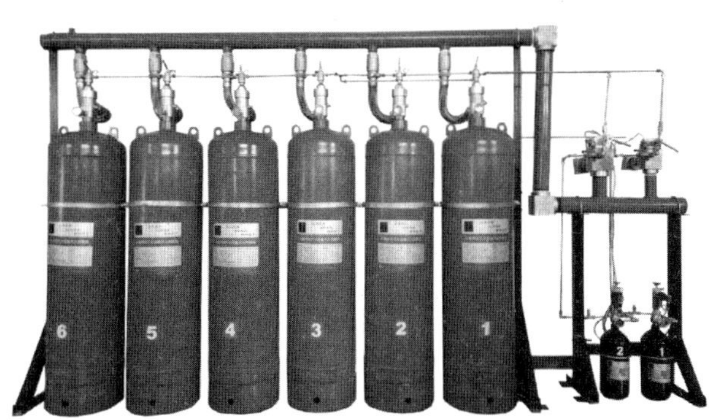

图 10-18 4.2MPa 七氟丙烷灭火设备

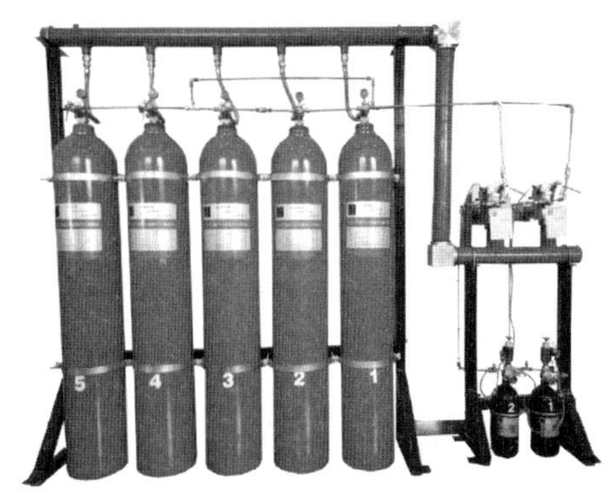

图 10-19 IG541 气体灭火设备

10.5.3 气体系统的工作原理及适用范围

系统工作原理：当防护区发生火灾时，产生烟雾、高温和光辐射使感烟、感温等探测器探测到火灾信号，探测器将火灾信号转变为电信号传送到控制器，控制器自动发出声光报警并经逻辑判断后，启动联动装置，经过 30s 延时后，发出系统启动信号，启动驱动气瓶上的容器阀释放驱动气体，打开通向发生火灾的防护区的选择阀，同时打开灭火剂瓶组的容器阀，各瓶组的灭火剂经高压软管汇集到集流管，通过选择阀到达安装在防护区内的喷头进行喷放，灭火剂在 10s 内喷射完毕并灭火，同时安装在管道上的信号反馈装置动作，将信号传至控制器，由控制器启动保护区外的气体释放指示灯。当保护区内压力超过 1000Pa 时，机械式泄压装置自动开启进行泄压。

10.5.4 气体灭火系统的适用范围

目前实际工程应用中，气体灭火系统主要用于扑救电气火灾：如计算机房、通信机房、测试中心、变配电室、精密仪器室、理化实验室、电器老化室等。

气体灭火系统也可以用于扑救水渍造成二次损害的固体火灾场所：如图书库、资料库、档案库、软件库、金库、文件珍藏室及重要医疗器械室等。

10.5.5 施工要点

1. 施工前的准备

气体灭火系统施工前应具备如下的技术资料。

（1）经图纸审查机构审查后的施工图，设计说明书，系统及组件的使用、维护保养说明书。

（2）成套装置与灭火剂储存容器及容器阀、选择阀、单向阀、连接管、集流管、阀驱动装置、喷嘴、安全泄放装置、信号反馈装置、检漏装置、减压装置等系统组件，灭火剂输送管道及管道连接件应有出厂合格证和市场准入制度要求的有效证明文件。

（3）系统中采用的不能复验复检的组配件，如膜片等必须具有生产厂出具的同批产品检验报告和产品合格证。

2. 材料要求

（1）气体灭火设备、管材、管件、各类阀门及附属制品配件等，出厂质量合格证明文件及检测报告齐全、有效。进入现场后，安装使用前应进行检查、验证工作。必须符合国家有关规范、标准及监督部门的规定要求。对于有特殊要求的材料宜抽样送试验室检测。

（2）输送气体灭火剂的管道应采用无缝钢管。其质量应符合现行国家标准《输送流体用无缝钢管》GB/T 8163、《高压锅炉用无缝钢管》GB/T 5310 等的规定。无缝钢管内外应进行防腐处理，防腐处理宜采用符合环保要求的方式。输送气体灭火剂的管道安装在腐蚀性较大的环境里，宜采用不锈钢管。其质量应符合现行国家标准《流体输送用不锈钢无缝钢管》GB/T 14976 的规定。

（3）输送启动气体的管道，宜采用铜管。其质量应符合现行国家标准《铜及铜合金拉制管》GB/T 1527 的规定。

（4）管件：管件宜采用锻压钢件内外镀锌。镀锌层表面均匀、无锈蚀、无偏扣、乱扣、方扣、丝扣不全、角度不准等现象。特别是法兰盘要内外镀锌，镀锌层完整，水线均匀，不得有断裂、粘着污物等现象。

（5）有色金属管道及管件：管壁厚度内外均匀，管皮内表面光滑平整，管件不得有角度不准等现象。

（6）施工前系统组件的外观检查：

1）系统组件无碰撞变形及机械性损伤。

2）组件外露非机械加工表面保护涂层完好。

3）组件所有外露接口设有防护装置且封闭良好，接口螺纹和法兰密封面无损伤。

4）铭牌清晰，其内容应符合国家要求且必须有效。

5）同一规格的灭火剂储存容器，其高度差不宜超过 20mm。

6）同一规格的驱动气体储存容器，其高度差不宜超过 10mm。

7）施工前应检查灭火剂贮存容器内的充装量与充装压力。

① 灭火剂储存容器的充装量、充装压力应符合设计要求。

② 不同温度下灭火剂的储存压力应符合标准要求。

（7）气体钢瓶、启动装置箱及箱内附属设备及零配件的规格、型号、尺寸、质量必须符合设计要求。设备的零配件应齐全，表面外观规整，无损伤。搬运时带上瓶盖，不能倒置、冲击，慎重操作，不允许放在日光直射及高温、附近有危险物等场所。

3. 作业条件

（1）保护区和灭火剂储存室（点）土建工程施工全部完成，设置安装条件与设计要求符合。

（2）系统组件及主要材料齐全，品种、规格、型号和质量符合设计要求。

（3）系统所需的预埋件和孔洞符合设计要求。

（4）管网安装所需基准线应测定并标明，吊顶内管道应在封吊顶前完成。

（5）设备安装应在设备间完成粗装修，灭火剂储存室（点）的地面应平整、干燥。

（6）干管安装：位于各段顶层干管，在各段结构封顶后安装；位于楼板下的干管，应在结构进入上一层且模板已经拆除并清理干净后进行；位于吊顶内的干管，必须在吊顶安装前安装完毕。

（7）立管安装：应在抹好地面后进行，如需在抹地面前安装时，必须保证水平线和地表面标高准确。

（8）支管安装：必须在抹完墙面后进行安装。墙面不做抹灰时，支管应在刮腻子后再进行安装。

10.5.6 气体灭火系统安装要点

1. 灭火剂输送管道的安装

（1）灭火剂输送管道连接应符合下列规定

1）采用螺纹连接时，管材宜采用机械切割；螺纹不得有缺纹、断纹等现象；螺纹连接的密封材料应均匀附着在管道的螺纹部分，拧紧螺纹时，不得将填料挤入管道内；安装后的螺纹根部应有 2～3 条外露螺纹；连接后，应将连接处外部清理干净并做防腐处理。

2）采用法兰连接时，衬垫不得突入管内，其外边缘宜接近螺栓，不得放双垫或偏垫。

连接法兰的螺栓，直径和长度应符合标准，拧紧后，突出螺母的长度不应大于螺杆直径的1/2且保证有不少于2条外露螺纹。

3）已经防腐处理的无缝钢管不宜采用焊接连接，与选择阀等个别连接部位需采用法兰焊接连接时，应对被焊接损坏的防腐层进行二次防腐处理。

4）焊接后的管道应进行二次防腐处理。

5）铜管道连接采用扩口接头，把扩口螺母带入铜管，然后用胀管工具扩管，应用指定的胀管工具扩管，不能用其他方法扩管。使用专用扳手把扩口螺母拧紧，不能采用活动扳手等。

6）三通的水平分流，由于灭火剂喷放时，在管网中呈气液两相流动，且压力越低流体中含气率越大，为较准确地控制流量分配，管道三通管接头分流出口应水平安装。

（2）管道穿过墙壁、楼板处应安装套管。套管公称直径比管道公称直径至少应大2级，穿墙套管长度应与墙厚相等，穿楼板套管长度应高出地板50mm。管道与套管间的空隙应采用防火封堵材料填塞密实。当管道穿越建筑物的变形缝时，应设置柔性管段。

（3）管道支、吊架的安装应符合下列规定：

1）管道应固定牢靠，管道支、吊架的最大间距应符合表10-1的规定。

支、吊架之间最大间距 **表10-1**

DN(mm)	15	20	25	32	40	50	65	80	100	150
最大间距(m)	1.5	1.8	2.1	2.4	2.7	3.0	3.4	3.7	4.3	5.2

2）管道末端应采用防晃支架固定，支架与末端喷嘴间的距离不应大于500mm。

3）公称直径大于或等于50mm的主干管道，垂直方向和水平方向至少应各安装1个防晃支架，当穿过建筑物楼层时，每层应设1个防晃支架。当水平管道改变方向时，应增设防晃支架。

（4）灭火剂输送管道安装完毕后，应进行强度试验和气压严密性试验，并合格。

（5）灭火剂输送管道的外表面宜涂红色油漆，并宜标注灭火剂流动方向。在吊顶内、活动地板下等隐蔽场所内的管道，可涂红色油漆色环，色环宽度不应小于50mm。每个防护区或保护对象的色环宽度应一致，间距应均匀。

（6）当管道、管道连接件及支吊架采用不同材质时，应采取防止发生电化学腐蚀的措施。

2. 灭火剂储存装置的安装

（1）储存装置的安装位置应符合设计文件的要求。

（2）灭火剂储存装置安装后，泄压装置的泄压方向不应朝向操作面。低压二氧化碳灭火系统的安全阀应通过专用的泄压管接到室外。

（3）储存装置上压力计、液位计的安装位置应便于人员观察和操作。

（4）储存容器的支、框架应固定牢靠，并应做防腐处理。

（5）储存容器宜涂红色油漆，正面应标明设计规定的灭火剂名称和储存容器的编号。

（6）安装集流管前应检查内腔，确保清洁。

（7）集流管上的泄压装置的泄压方向不应朝向操作面。

（8）连接储存容器与集流管间的单向阀的流向指示箭头应指向介质流动方向。

（9）集流管应固定在支、框架上，支、框架应固定牢靠，并做防腐处理。

（10）集流管外表面宜涂红色油漆。

3. 选择阀及信号反馈装置的安装

（1）选择阀操作手柄应安装在操作面一侧，当安装高度超过 1.7m 时应采取便于操作的措施。

（2）采用螺纹连接的选择阀，其与管网连接处宜采用活接。

（3）选择阀的流向指示箭头应指向介质流动方向。

（4）选择阀上应设置标明防护区或保护对象名称或编号的永久性标志牌，并应便于观察（图 10-20）。

图 10-20　选择阀

（5）信号反馈装置的安装应符合设计要求。

4. 阀驱动装置的安装

（1）电磁驱动装置的安装要求（图 10-21）

1）安装前检查：电磁驱动装置的电源电压应符合系统设计要求。通过检查电磁铁芯，其行程应能满足系统启动要求，且动作灵活，无卡阻现象；气动驱动装置储存容器内气体压力不应低于设计压力，且不得超过设计压力的 5%；气体驱动管道上的单向阀应启闭灵活，无卡阻现象。

2）安装过程：电磁驱动装置驱动器的电气连接线应沿固定灭火剂储存容器的支、框架或墙面固定。

（2）气动驱动装置的安装应符合下列规定（图 10-22）：气动驱动装置的气瓶支、框架或箱体应固定牢靠，且应做防腐处理，并标明驱动介质的名称和对应防护区名称编号。气动驱动装置的管道安装应符合下列要求：管道布置应符合设计要求；竖直管道应在其始端和终端设防晃支架或采用管卡固定；水平管道应采用管卡固定，管卡的间距不宜大于 0.6m，转弯处应增设 1 个管卡。

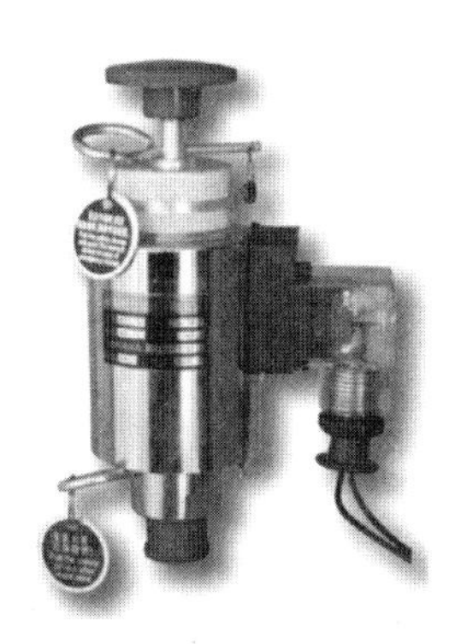

图 10-21　电磁驱动装置

图 10-22　气动驱动装置

气动驱动装置的管道安装后应做气压严密性试验，并合格。

5. 喷嘴的安装

（1）喷嘴与连接管的连接，采用聚四氟乙烯缠绕丝牙部分或密封胶密封，安装时不得将密封材料挤入管内和喷嘴内。

（2）安装在吊顶下的不带装饰罩的喷嘴，其连接管管端螺纹不应露出吊顶，安装在吊顶下的带装饰罩的喷嘴时，其装饰罩应紧贴吊顶。

（3）喷嘴安装位置应根据设计图安装，并逐个核对其型号、规格、喷孔方向，使之符合设计要求（图 10-23）。

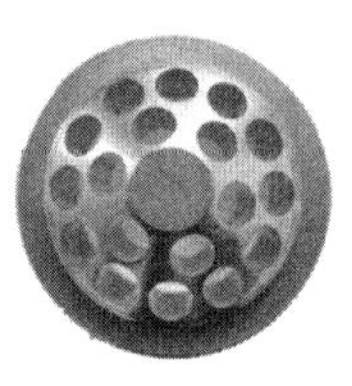
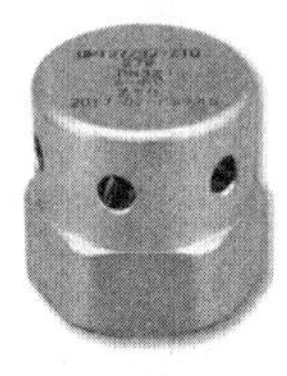
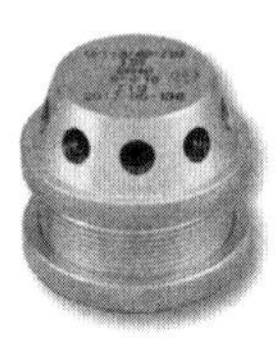

图 10-23　气体喷嘴

6. 控制组件的安装

（1）灭火控制装置的安装应符合设计要求，防护区内火灾探测器的安装应符合现行国家标准《火灾自动报警系统施工及验收标准》GB 50166 的规定。

（2）设置在防护区处的手动、自动转换开关应安装在防护区入口便于操作的部位，安装高度为中心点距地（楼）面 1.5m。

（3）手动启动、停止按钮应安装在防护区入口便于操作的部位，安装高度为中心点距地（楼）面 1.5m；防护区的声光报警装置安装应符合设计要求，并应安装牢固，不得倾斜。

（4）气体喷放指示灯宜安装在防护区入口的正上方。

7. 泄压口的安装

七氟丙烷灭火系统的泄压装置应位于防护区净高的 2/3 以上。防护区设置的泄压装置，宜设在外墙上。对机械式自动泄压装置，可手动模拟开启泄压装置，针对电动式泄压装置，宜电动模拟打开泄压装置。泄压装置的启闭应灵活，无卡阻。

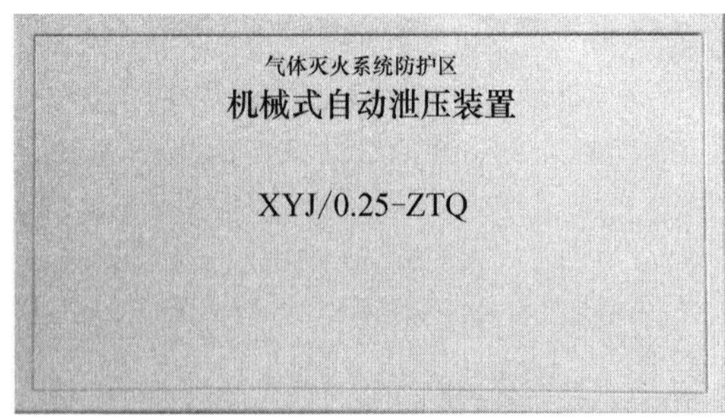

图 10-24　泄压口

10.5.7　气体灭火系统的试验

1. 水压试验

（1）水压强度试验压力应按下列数值取值。

1）IG541 混合气体灭火系统应取 13.0MPa。

2）七氟丙烷灭火系统，应取 1.5 倍系统工作最大压力。系统最大工作压力见表 10-2。

系统储存压力、最大工作压力　　表 10-2

系统类别	最大充装密度（kg/m³）	储压压力（MPa）	最大工作压力（MPa）（50℃）
混合气体（IG541）灭火系统	—	15.0	17.2
	—	20.0	23.2
七氟丙烷灭火系统	1150	2.5	4.2
	950	4.2	5.3
	1120	4.2	6.7
	1000	5.6	7.2

（2）进行水压试验时，以不大于 0.5MPa/s 的升压速率缓慢升压至试验压力，保压 5min，检查管道各处无渗漏、无变形为合格。

（3）当水压强度试验条件不具备时，可采用气压强度试验代替。气压强度试验压力取值：IG541 混合气体灭火系统取 10.5MPa；七氟丙烷灭火系统取 1.15 倍最大工作压力。

气压强度试验应遵守下列要求：试验前，必须用加压介质进行预实验，预实验压力为 0.2MPa；试验时应逐步缓慢增加压力，当压力升至试验压力的 50%时，如未发现异状或泄漏，继续按试验压力的 10%逐级升压，每级稳压 3min，直至试验压力。保压检查管道各处无变形，无渗漏为合格。

（4）灭火剂输送管道经水压强度试验合格后，还应进行气密性试验，经气压强度试验合格且在试验后未拆卸过的管道可不进行气密性试验。

气密试验压力应按下列规定取值。对灭火剂输送管道，应取水压强度试验压力的 2/3，对气动管道，应取驱动气体储存压力。

进行气密试验时，应以不大于 0.5MPa/s 的升压速率缓慢升压至试验压力，关断试验气源 3min 内压力降不超过试验压力的 10%为合格。

气压试验必须采取有效的安全措施，加压介质可采用空气或氮气。气动管道试验时应采取防止误喷射的措施。

（5）灭火剂输送管道在水压强度试验合格后，或气密性试验前，应进行吹扫。吹扫管道可采用压缩空气或氮气，吹扫时，管道末端的气体流速不应小于 20m/s，采用白布检查，直至无铁锈、尘土、水渍及其他异物。

2. 系统调试

（1）一般规定

1）气体灭火系统的调试应在系统安装完毕，并宜在相关的火灾报警系统和开口自动关闭装置、通风机械和防火阀等联动设备的调试完成后进行。

2）调试前应检查系统组件和材料的型号、规格、数量以及系统安装质量，并应及时处理所发现的问题。

3）进行调试试验时，应采取可靠措施，确保人员和财产安全。

4）调试项目应包括模拟启动试验、模拟喷气试验和模拟切换操作试验。调试完成后应将系统各部件及联动设备恢复正常状态。

（2）系统调试

1）模拟启动试验方法

系统调试采用手动和自动两种操作的模拟试验，因此调试工作不仅在自身系统安装完毕，而且有关的火灾自动报警系统和开口自动关闭装置、通风机械和防火阀等联动设备安装完毕并经调试后才能进行。进行调试试验时，应采取可靠的安全措施，确保人员安全和避免灭火剂的误喷射。试验要求见表10-3。

模拟启动试验方法 **表10-3**

试验内容	试验要求
手动模拟试验	按下手动启动按钮，观察相关动作信号及联动设备动作是否正常（如发出声、光报警，启动输出端的负载响应，关闭通风空调、防火阀等）。人工使压力信号反馈装置动作，观察相关防护区门外的气体喷放指示灯是否正常
自动模拟启动试验	将灭火控制器的启动输出端与灭火系统相应防护区驱动装置连接，驱动装置应与阀门的动作机构脱离，也可以用一个启动电压、电流与驱动装置的启动电压、电流相同的负载代替。 人工模拟火警使该防护区内任意一个火灾探测器动作，观察单一火警信号输出后，相关报警设备动作是否正常（如警铃、蜂鸣器发出报警声等）。 人工模拟火警使该防护区内另一个火灾探测器动作，观察复合火警信号输出后，相关动作信号及联动设备动作是否正常（如发出声、光报警，启动输出端负载，关闭通风空调、防火阀等）
模拟启动试验结果	延迟时间与设定时间相符，响应时间满足要求。 有关声、光报警信号正确。 联动设备动作正确。 驱动装置动作可靠

2）模拟喷气试验方法

① IG541混合气体灭火系统应采用其充装的灭火剂进行喷气模拟试验。试验采用的储存容器数应为选定试验的防护区域或保护对象设计用量所需容器总数的5%，且不少于1个。

② 卤代烷灭火系统模拟喷气试验不应采用卤代烷灭火剂，宜采用氮气，也可采用压缩空气。氮气或压缩空气储存容器与被试验的防护区或保护对象用的灭火剂储存容器的结构、型号、规格应相同。连接与控制方式应一致，氮气或压缩空气的充装压力按设计要求执行。氮气或压缩空气储存容器数不少于灭火剂储存容器的20%，且不得少于一个。

③ 模拟喷气试验宜采用自动启动方式。

模拟喷气试验结果应符合下列规定：

a. 延迟时间与设定时间相符，响应时间满足要求。

b. 有关声、光报警信号正确。

c. 有关控制阀门工作正常。

d. 信号反馈装置动作后，气体防护区门外的气体喷放指示灯应正常工作。

e. 储存容器间内设备和对应防护区域或保护对象的灭火剂输送管道无明显晃动和机械损坏。

f. 试验气体能喷入被试防护区内或保护对象上，且应能从每个喷嘴喷出。

3）模拟切换试验

按使用说明书的操作方法，将系统使用状态从主用量灭火剂储存容器切换为备用量灭火剂储存容器的使用状态。

10.6　探火管自动灭火系统

火探管即探火管，可自动探测火灾、传递火灾信息，启动灭火装置并能输送灭火剂的充压非金属软管。火探管灭火系统是国内外刚发展起来的一种新的灭火装置，将火探管置于靠近或在火源最可能发生处的上方，同时，依靠沿火探管的诸多探测点（线型）进行探测。一旦着火时，火探管在受热温度最高处被软化并爆破，将灭火介质通过火探管本身（直接系统）或喷嘴（间接系统）释放到被保护区域。其中，火探管可以在一定温度范围内爆破，喷射灭火介质或传递火灾信号。在不需电源的情况下，火探装置通过自身储压压力的变化可以输送信号至消防报警控制盘发挥报警的功能。探火管灭火装置的设计和施工应符合《探火管灭火装置技术规程》CECS 345 的有关规定。

根据探火管所起的作用，可以分为：直接式探火管灭火装置和间接式探火管灭火装置。直接式探火管灭火装置是以探火管作为火灾探测、装置启动、灭火剂释放部件的探火管灭火装置。火探管通过容器阀连接到灭火剂容器上，进行火源探测，遇火时火探管爆破，利用火探管中的压力下降，启动容器阀，将灭火剂输送到原火探管，并通过火探管上的爆破孔释放。

间接式探火管灭火装置是将探火管作为火灾探测及启动部件，释放管、喷头作为灭火剂释放部件的探火管灭火装置。

探火管灭火装置主要应用于密闭小空间以及固定式消防系统不适宜保护的区域。直接式探火管灭火装置特别适用于带有外壳的小型设备，如：高、低压配电柜、大型计算机主机、大型电子显示屏、通信设备、银行 ATM 机、大型空调主机、档案柜等。

探火管灭火装置根据需要可以采取不同的灭火介质，如七氟丙烷、二氧化碳、干粉等。

10.6.1　系统组成

探火管灭火装置是由装有灭火剂的压力容器、容器阀及能释放灭火剂的火探管和/或释放管、喷头等组成，如图 10-25 所示。

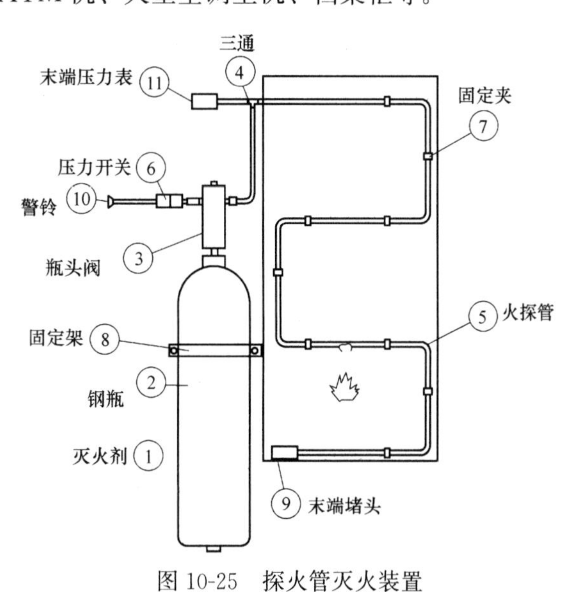

图 10-25　探火管灭火装置

10.6.2　安装要点

（1）探火管灭火装置安装前，应对容器阀、探火管、释放管、喷头等进行外观质量检查，并应符合下列规定：

1）组件无碰撞变形及其他机械性损伤；

2）组件外露非机械加工表面保护涂层完好；

3）组件所有外露接口均设有防护堵、盖，且封闭良好，接口螺纹无损伤；

4）铭牌清晰，其内容应符合国家有关标识的规定。

（2）探火管灭火装置安装前应检查灭火剂储存容器内的充装量和充装压力，并应符合设计要求。

（3）灭火剂储存容器的安装应符合下列要求：

1）安装位置应符合设计要求；

2）安装已充装好的灭火剂储存容器之前，不应将探火管连接至灭火剂储存容器阀上；

3）灭火剂储存容器应直立安装，固定储存容器支架、框架应牢固、可靠，且采取防腐处理措施；

4）灭火剂储存容器安全泄放装置的泄压方向不应朝向操作面，且不应对人身和设备造成危害；

5）容器阀上设有压力表的，其安装位置应正确，示值灵敏、准确。

（4）探火管及释放管的安装应符合下列要求：

1）探火管连接部件应采用专用连接件；

2）探火管应按设计要求敷设，并应采用专用管夹固定，固定措施应保证探火管牢固、工作可靠；当被保护对象为电线电缆时，宜将探火管随电线电缆敷设，并应用专用的管夹固定；

3）释放管的三通分流参数应均衡；

4）探火管穿过墙壁或设备壳体时，应采用专用保护件或连接件，防止探火管磨损；

5）探火管不应布置在温度大于 80℃的物体表面；

6）探火管压力表的安装位置应便于观察；

7）释放管的安装应符合现行国家标准《二氧化碳灭火系统设计规范》GB 50193、《气体灭火系统施工及验收规范》GB 50263 和《干粉灭火系统设计规范》GB 50347 的规定。

（5）喷头的安装应符合现行国家标准《气体灭火系统施工及验收规范》GB 50263 和《干粉灭火系统设计规范》GB 50347 的规定。

11 变风量（VAV）空调应用技术

随着人类发展以及对生活品质意识的提升，空调系统在给人类带来舒适生活的同时，也存在着能耗高、舒适度不理想、区域温控灵敏度不高等问题。人们在满足舒适度需求的同时运用技术手段降低能耗，大力开发节能型空调系统，于是变风量空调系统出现了。这种系统不但满足了人们日常生活舒适度的要求，而且比传统空调系统节能效果更加显著。

《变风量空调系统工程技术规程》JGJ 343 给出了变风量空调系统（Variable Air Volume Air Conditioning System）的定义，即：通过保持空气处理机组的送风温度稳定、改变空气处理机组或空调末端装置的送风量，实现室内空气温度参数控制的全空气空调系统，简称 VAV 空调系统。

变风量空调系统通过改变进入空调区域内的送风量，来适应区域内负荷的变化，调节空调区域内温、湿度，满足设定（使用）要求。主要用于适合采用全空气系统、需要区域温度控制且室内空气品质要求比较高的办公、商业、医院、工业建筑等场所。

变风量空调系统运行成功与否，取决于系统设计的合理性、设备及自控性能的优劣、施工质量的好坏以及整个系统的整定和调试。其中合理的系统设计是基础，末端装置的性能是关键，施工安装的质量是重点，控制系统是核心，调试则是重点、难点。

11.1 变风量系统的基本构成

全空气变风量空调系统是全空气空调系统的一种，可以分为区域变风量空调系统、带末端装置的变风量空调系统。

区域变风量空调系统是指空调系统服务于单个空调区，通常由三个基本部分构成，即：空气处理及输送设备、风管系统、自动控制系统。

带末端装置的变风量空调系统是指空调系统服务于多个空调区，通常由四个基本部分构成，即：变风量末端装置、空气处理及输送设备、风管系统、自动控制系统，如图 11-1 所示。可以用一个比较形象的比喻来描述各部分的功能：空气处理及输送设备好

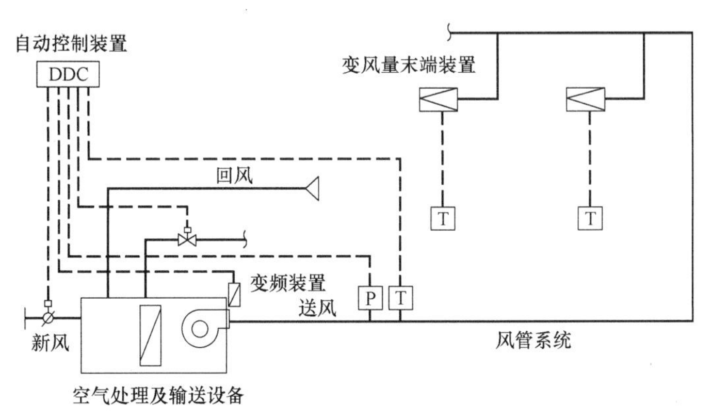

图 11-1　变风量空调的基本构成示意图

比我们的心脏和肺；风管系统好比我们的血管；而自动控制系统就好比我们的大脑和神经系统；变风量末端装置好比我们的四肢以及眼睛、口、鼻等器官。当空调区负荷变化时，系统通过改变空调机组内风机转速以及各末端装置的送风量，实现各个空调区内风量的独立调节，维持该空调区空气参数，同时达到节省风机能耗的目的。

11.1.1 变风量末端装置

变风量末端装置是指能根据空调房间的温度变化情况，通过自动调节出口处的送风量或送风温度，实现室内空气温度参数控制的装置。它是变风量空调系统最关键的设备之一，是调节房间送风量以维持室温的重要设备，用以补偿室内负荷变动，使室温达到设定要求。主要由箱体、控制器、风速传感器、室温传感器、电动调节风阀、风机、一次风入口、二次风入口、出风口、加热盘管等部件组成，如图 11-2、图 11-3 所示。

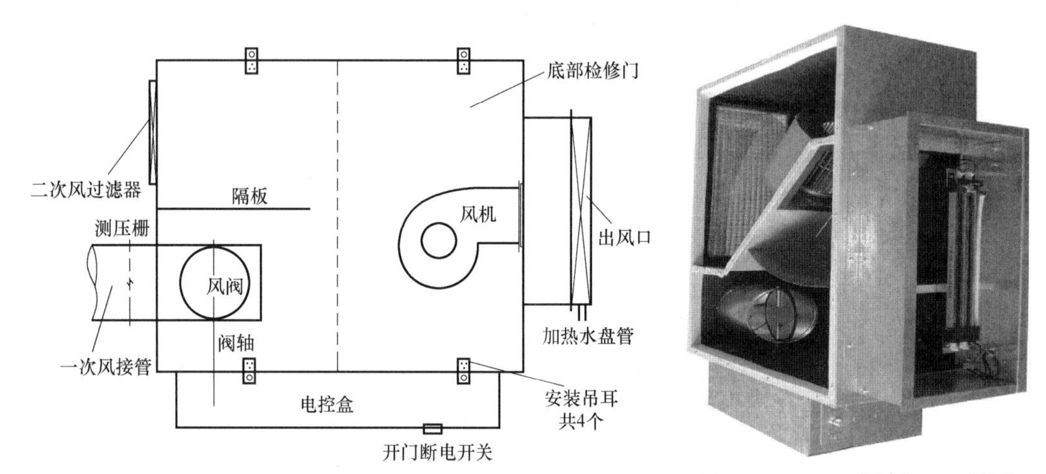

图 11-2　VAV 末端装置基本构成图　　图 11-3　VAV 末端装置实物图

变风量末端装置在多年的发展过程中逐渐形成了两个流派。以欧美为代表的高速变风量末端装置，以及以日本为代表的低速变风量末端装置。两者不同的是欧美的压力无关型变风量末端装置均采用皮托管式风速传感器，而日本的压力无关型变风量末端装置采用卡尔曼涡流超声波风速传感器、霍耳效应电磁风速传感器、螺旋桨电磁风速传感器这三类传感器。在我国使用的末端装置多为欧美流派的。欧美厂家生产的变风量末端装置几乎都采用圆形进风口，而日本厂家生产的大都采用矩形进风口。

1. 变风量末端装置分类

（1）按使用功能，可分为单风道型、双风道型、风机动力型、旁通型、诱导型以及变风量风口等。

（2）按末端装置风管接口形状，可分为矩形和圆形。

（3）按补偿系统压力变化的方式，可分为压力相关型和压力无关型。

（4）按驱动执行器的方式，可分为气动型和电动型。

（5）按控制方式，可分为电气模拟控制、电子模拟控制、直接数字式控制（DDC）。

（6）按末端装置送风量的变化，可分为定风量型和变风量型。

（7）按再热方式，可分为无再热型、热水再热型、电热再热型。

2. 变风量末端装置主要形式

变风量末端装置形式多样，并且各自有不同的工作方式及性能，下面就一些常见的几种形式的末端装置做一下简要的介绍和说明。

（1）单风道（节流式）

节流型变风量末端是变风量空调系统的最基本形式，是通过改变流通截面积而改变风量的末端装置。这是目前使用最多、最广泛的一种变风量末端装置。控制非常简单，透过温度控制器及风阀调节机构的作用，达到调节室温的目的。当室温升高时，表示需冷量增大，将风阀由小开大，增加空调区域内冷风送风量；当室温降低时，需冷量降低，将风阀关小，减少空调区域内冷风送风量。

（2）风机驱动式，有串联式和并联式两种形式

串联式的风机与变风量阀串联布置，一次风既通过变风量阀又通过风机加压。常用于内区，也可以用于外区。风机风量约为一次风最大风量的1～1.3倍连续运行，末端送风量恒定不随一次风量而改变；供热时可大幅度提高加热风量；供冷时通过一、二次风混合提高末端送风温度。

并联式的风机与变风量阀并联布置，一次风仅通过变风量阀，不需要风机加压。主要用于带辅助加热的周边区；制冷时，末端装置风机停止运转。内置风机风量约为一次风最大风量的60%；供热时可增加加热风量；供冷时通过一、二次风混合提高末端送风温度和风量。

（3）再热式

再热装置作为可选附件可用于各类末端装置，是目前外区常用的一种末端装置。再热方式有电加热和水加热两种方式。先变风量调节，不足时再加热，每个末端装置可以就地、独立加热空气而不受风系统的影响。

（4）压力无关型

压力无关型的风量调节阀由室内温控器进行主控制，使用风量控制器调节末端阀位执行机构，控制风阀执行元件的启动和关闭，由速度控制器（或流量测量装置）进行辅控制，控制送入室内的风量，使送风量与室内负荷相匹配。风量控制器的设定值则通过房间温度控制器进行重设定。即末端入口压力变化时，通过末端的风量发生变化，通过风速传感器计算出实际的空气流量，风量调节回路可以根据风量的偏差快速地补偿压力的变化，维持原有风量。

3. 常用变风量末端装置对比分析

在国内，变风量末端装置一般常用串联式风机动力型、并联式风机动力型和单风道型等形式。其结构和性能都有各自的特点，表11-1对这三种形式进行了对比。

国内常用变风量末端装置对比表　　　　表11-1

名称	串联风机型	并联风机型	单风道末端
风机运行模式	连续运行	间歇运行。只有采暖、低制冷负荷和夜间才运行	无风机
送入空调房间的风量	供热及制冷均定风量	在中、高冷负荷制冷时变风量，在低冷负荷制冷、采暖时定风量	根据空调区负荷变风量调节送风量

续表

名称	串联风机型	并联风机型	单风道末端
送风温度	变化，有制冷时，一次冷风和回风混合，采暖时，再热器逐级加热	在中、高冷负荷制冷时不变，在低冷负荷制冷和采暖时，再热器逐级加热	恒定
末端装置风机大小	按制冷设计负荷设计，风机需克服风阀、风管和风口的阻力损失，静压较高	按采暖负荷设计（一般是制冷负荷的60%）风机需克服风管和风口的阻力损失，因风量减小，末端装置风机静压相应减少	无风机
噪声	末端装置风机连续运转，噪声连续发生；噪声较大	在设计冷负荷时，末端装置风机不运转，采暖时，风机间歇运转，噪声间歇发生；噪声较小	噪声最小
风机能耗	风机连续运转，能耗大；入口静压较低，节约了集中空气处理装置的能量	风机间歇运行，风机风量按采暖负荷确定，耗能低	无
风机控制	为防止压力过高，与中央空气处理机组连锁	由温控器信号控制，与中央空气处理机组无连锁	无
集中空气处理机组风机	只需克服末端装置风阀阻力损失及末端上游风道、配件，所需功率低	需要克服末端风阀、风管和风口阻力损失及末端上游风道、配件，所需功率高	同并联风机型
一次风最小送风静压	静压值较低，只需克服一次风阀的压降，约25～100Pa	静压值较高，需克服一次风阀、一次风阀后风管和风口的压降，约100～175Pa	同并联风机型

11.1.2 空气处理及输送设备

空气处理设备及输送设备也可称为集中空气处理机组，简称“空调机组”，放置在专用空调机房内，对送入各个区域的空气进行集中处理的设备。基本功能是对空气进行热、湿处理，过滤和通风换气，并为空调通风系统的空气循环提供动力。根据需求，对系统总送风量进行调节。最常见和最节能的调节方法是采用变频装置调节风机的转速，即带有变频器的可调风量的空气处理机组。

11.1.3 风管系统

变风量空调系统风管系统主要由送风管、回风管、新风管、排风管、末端装置上游及下游支风管及各种静压箱、各类阀部件和送、回风口等组成，此外还有消音器、余压系统（排风阀）等。其基本功能是对系统空气进行输送和分布。

11.1.4 自动控制系统

自动控制系统包括风道静压测量装置、智能变风量控制器、数字控制器、房间温控器、控制线路、各类传感器、自动执行部件等设施。基本功能是对各房间或各区域的温度、湿度、风量、压力以及排风量等进行有效监测，并自动反馈信号对相应的设备或部件进行控制操作。变风量空调自动控制系统实现全面自动化监控，具有机电一体化和监控网络化的特点。各项被控参数如温度、风量、压力和阀位等相互关联，由自控系统进行优化并加以控制。

11.2 变风量系统工作原理及技术特点

11.2.1 变风量空调系统的工作原理

VAV 变风量空调系统的基本原理是通过改变送入各房间的风量（改变风量调节温度）来满足室内人员对房间不同温湿度的要求，确保室内温度保持在设计范围内，从而使得空气处理机组在低负荷时的送风量下降，空气处理机组的送风机转速也随之而降低，并自动适应室外环境对建筑物内温湿度的影响，真正达到所需即所供。

因而，相对于定风量空调系统，所谓变风量空调系统有两层含义：空调系统总风量可变；空调区域内末端装置的一次风送风量可变（图 11-4）。

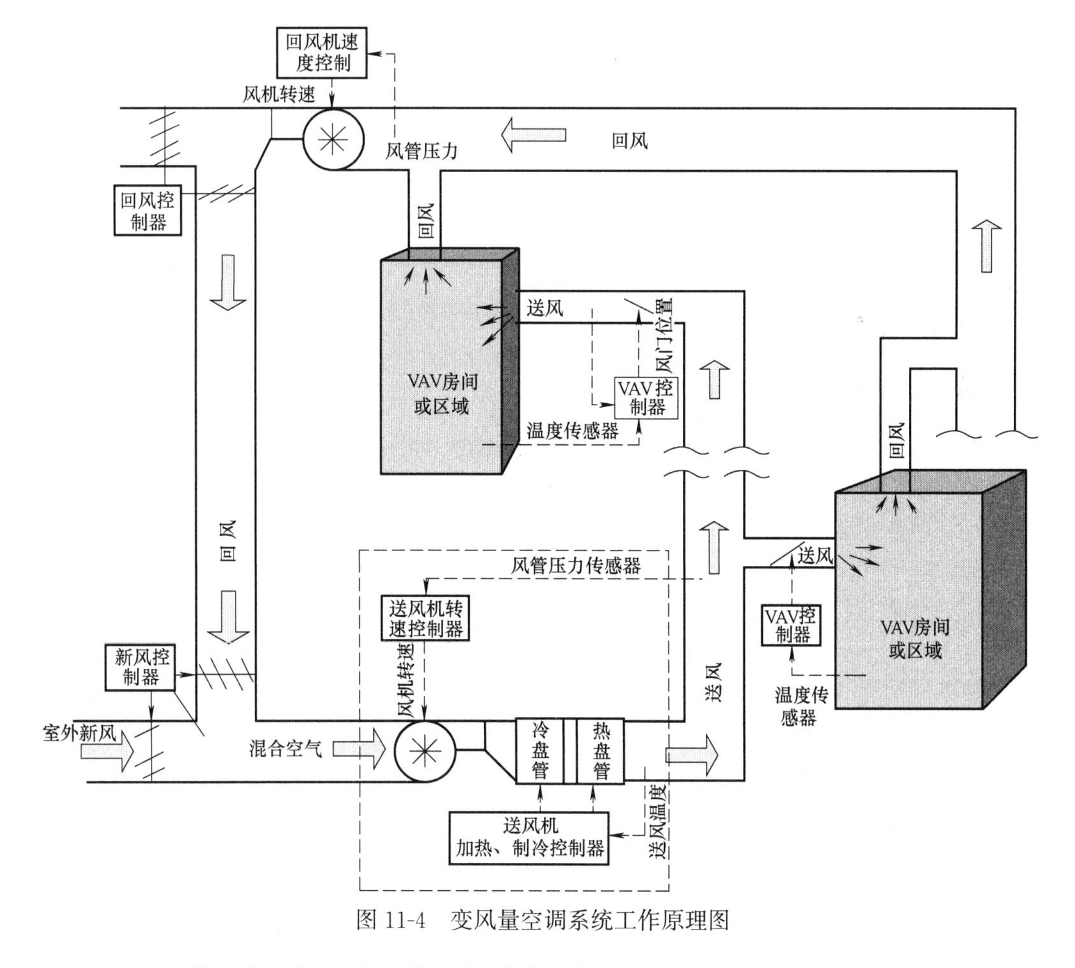

图 11-4 变风量空调系统工作原理图

表 11-2 列举了定风量与变风量空调系统的主要区别，显现出变风量空调系统的基本原理。通常变风量末端装置安装在房间内，通过控制一次风的流量维持房间内温度恒定。

空气处理机安装在机房内，对新（回）风进行冷（热）处理后向变风量末端装置提供一次风，并根据负荷调整送风量。

定风量与变风量空调方式的主要区别 **表 11-2**

	定风量空调系统	变风量空调系统
原理图式	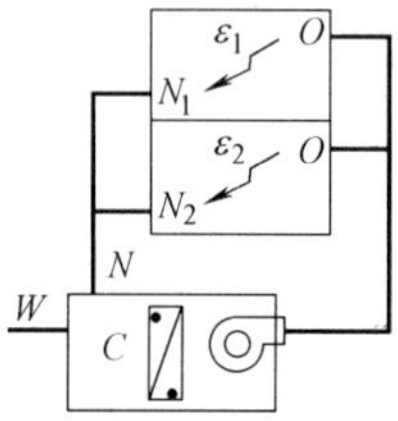	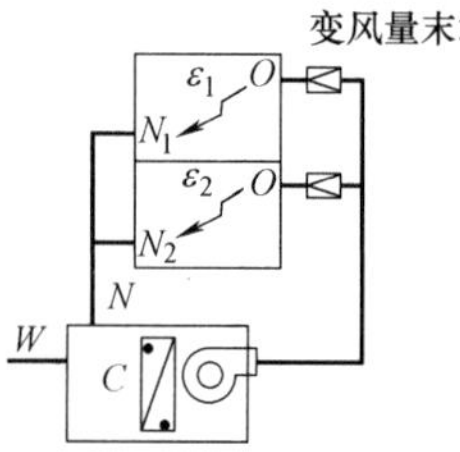 变风量末端
焓湿图分析	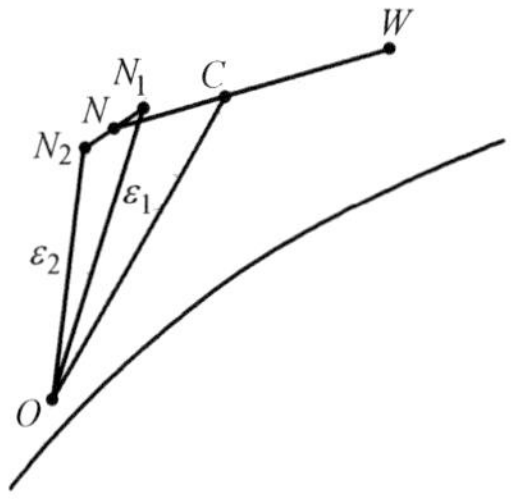	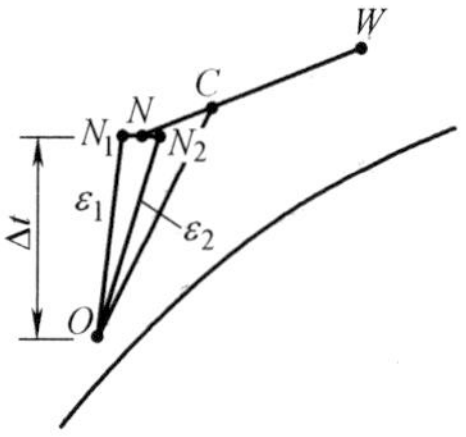
系统显热平衡式	$Q_S=1.01G\cdot(t_N-T_O)$	
区域显热平衡式	$q_{si}=1.01g_i\times(t_N-t_O)$	$q_j=1.0g_i\times(t_N-t_O)$

11.2.2 变风量空调系统控制原理

变风量空调系统控制由变风量控制器和房间温控器共同构成，室内温度为主控制量，空气流量为辅助控制量。控制器按房间温度传感器检测到的实际温度与设定温度的差值，作为输出所需风量的调整信号，调节末端风阀改变送风量，使室内温度保持在设定范围。同时，一次风入口处压力传感器检测风道内压力的变化，发出反馈信号，通过变频器控制空气处理设备的送风机转速，消除压力波动的影响，维持送风量。常用控制方式主要有定静压控制、变静压控制、总风量控制三种方式。

1. 定静压控制

保证系统风道内某一点（或几点平均）静压一定的前提下，室内所需风量由末端装置内风阀调节；系统送风量由风道内静压与该点所设定值的差值控制变频器工作调节风机转速确定。同时，可以改变送风温度来满足室内舒适性要求。

2. 变静压控制

末端风阀尽可能处于全开位置（85%～100%），系统送风量由风道内所需静压来控制变频器工作调节风机转速，还可以改变送风温度来满足室内舒适性要求。

3. 总风量控制

通过改变送风量调整室内温度，并使送风与回风的差值保持恒定，以满足构筑物排风的需求（图 11-5）。

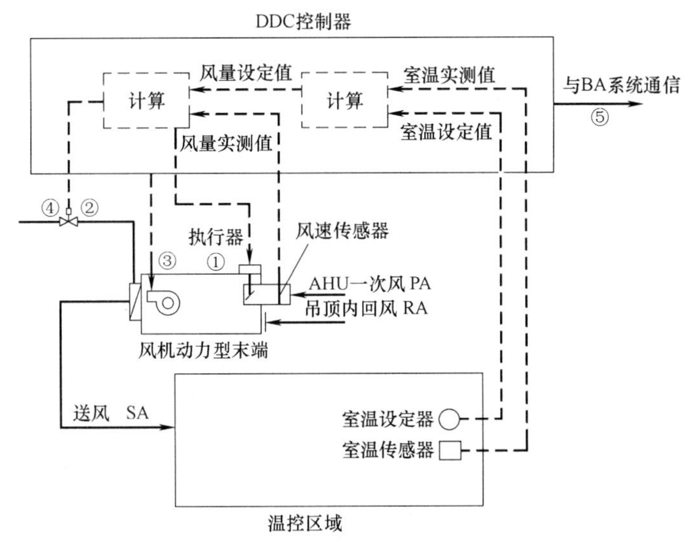

图 11-5　变风量空调系统控制原理图

11.2.3　变风量系统分类及技术特点

变风量空调系统是一种全空气空调系统，送风集中处理。末端部位没有冷媒水系统，末端加热采用电或者热水加热的方式。采用 DDC 控制，精度高，温度控制准确、快速。可以和多种冷源供应形式相结合（过渡季节新风、各类冷水机组、冰蓄冷系统、热泵机组等），为绿色能源的使用带来了便利。

变风量空调系统按照送风温度以及送回风方式的不同，可分为常温送风变风量空调系统（送风温度 12～15℃，顶送顶回）、低温送风变风量空调系统（送风温度 7～12℃，顶送顶回）、地板送风变风量空调系统（送风温度 6～18℃，底送顶回）。根据节流型末端装置的差异，大致可分为单风道系统、风机动力型系统、组合型单风道系统、地板送风系统等。

变风量空调系统融合了定风量系统与风机盘管系统的优点，又克服了它们各自的不足，形成自有的技术特点。同时，由于技术发展的限制以及自身的技术要求，该系统存在着自有的优点和缺点。

1. 在设计、施工及系统调试运行良好的情况下，变风量空调系统的主要优点

卓越的节能性能，显著降低建筑物运行能耗。系统长期在部分负荷状态下运行，系统送风量大部分时间低于最大设计风量，风机耗电、冷机耗电、水泵耗电均减少，节能运行。对于负荷变化较大或同时使用系数较低的建筑物，节能效果尤其显著。

较大程度地避免空调水的危害。空调区域内没有冷水系统管路，运行水污染隐患少。

区域温度控制灵活，每个空调区域（房间）温度能够单独控制。

楼宇智能化程度提高，自动化智能要求程度高，风量自动变化，系统自动平衡，运行管理方便、可靠。

高品质的空调体验。系统可提供高品质的空气进入空调区域，并可实现低温送风，造就了更清洁卫生的室内环境，做到真正符合世界高级建筑 IAQ 标准，大大提高了环境的

舒适性。

系统结构简单，易损设备少，维修工作量小，使用寿命长。

系统灵活性好，易于改建、扩建，尤其适用于格局多变的场所。

2. 变风量空调系统的缺点

（1）使用维护方面

风量调节时，除了采用末端新风量恒定的方式以外，各区域内新风量分配可能会产生不均匀现象，造成部分时段新风送风量少，室内人员感到不舒适；末端装置通过风量较小时，室内气流分布状况差；房间内正压或负压过大，造成房门启闭困难；对系统维护人员的专业水平要求高。

（2）系统运行管理方面

由于系统的自动化程度比较高，对运行管理要求比较高。当系统运行管理不满足技术要求时就会出现系统运行不稳定，系统控制调节反应不灵活，节能效果不明显，达不到预期效果等现象。

（3）技术实现方面

大量使用变风量末端装置及自控系统，设备的初投资比较大；对于室内湿负荷变化较大的场合，如果采用室温控制，又没有末端再热装置，往往很难保证室内湿度要求。设计、施工、调试、管理较复杂，控制技术要求程度较高。对设备安装与控制系统以及控制系统与楼宇智能控制系统间联合调试要求高，不同的设备厂商控制系统模块及接口的兼容性存在差异。末端内置风机和风量调节阀会产生噪声。空调区域符合小时，末端风量小易造成室内气流组织差。比新风加风机盘管系统占用空间大。

总之，对于变风量空调系统来说，设计、施工、产品质量以及调试等对系统的运营都会产生很大的影响。很多问题并不是经常出现的，很可能在某个工况发生，在另一个工况又消失了。正是因为增加了末端装置和风量调节功能，使得变风量空调系统从方案设计到设备选择，直到施工和调试都具有不同于定风量空调系统的特殊性。变风量空调系统存在的这些问题和缺陷，其产生的原因是多方面的，有的需要一定的技术支持和产品研发才能解决，而有的则可通过设计人员、施工安装技术人员、运维人员的努力就可以避免、消除的。

11.3 变风量空调系统设计要点

系统类型应根据建筑物特性、冷热源状况，并经技术经济比较后确定，空调区新风量需要恒定时采用独立新风系统。有低温冷源可利用时，采用低温送风空调系统；空调区已设有架空地板体系且需要个人或岗位送风时，采用地板送风空调系统。当设有集中排风系统，且经技术经济比较合理时，设置能量回收装置，新风和排风应设有旁通措施。严寒地区应对新风进行预热，新风入口处应设空气过滤器装置。

采用带末端装置的变风量空调系统的场所的内、外区空调负荷常常会表现出不同的特点，外区夏季一般为冷负荷，冬季一般为热负荷；外区全年仅有内热冷负荷。进行系统布置时，当内区全年供冷时，外区可采用风机盘管、定风量空调系统等；内外区合用空气处理机组时，外区末端装置宜采用带热水盘管的末端装置；内外区分别设置空气处理机组时，外区空气处理机组宜按朝向分别设置。外区进深一般可取 2～5m，房间进深小于 8m 时可不分内外区，当外围护结构冷热负荷很小时均可作为内区。

变风量空调系统宜采用单风管系统，一次回风、大送风温差系统。同一个空气处理系统中，应避免再热过程。回风系统阻力较大或排风措施不能适应新风量的变化要求时，宜设置回风机。

系统选择时应充分并综合考虑其节能性、可调节性、气流组织状况、供热能力、噪声等因素。外区宜采用冷热型末端单风道系统，并按照朝向分别计算设置，内区采用单冷型末端单风道系统；当外围护结构冷热负荷很小，形成无外区空调区域时，采用单冷型末端的单风道系统；外窗侧如有条件设置风机盘管机组，且空调机房空间受限，可采用风机盘管加单冷型末端的单风道系统，或多联机加单冷型单风道系统；外窗侧如有条件设置散热器，且外围护结构单位长度热负荷不大时，可采用周边散热器加单冷型单风道系统；外窗无条件设置空调或采暖设施，且热负荷较大时，外区宜采用再热型并联式风机动力型系统；如采用低温送风空调方式时，可采用串联式风机动力型系统；吊顶空间受限时可采用地板送风变风量空调系统。

11.4　变风量空调系统发展及现状

11.4.1　变风量空调系统发展

变风量空调系统于 20 世纪 60 年代在美国诞生，当时并没有得到迅速推广。一直到 20 世纪 70 年代，石油危机的出现使得人们的观念有了改变，节能成为行业的关注点，而变风量空调技术作为空调节能策略得到了迅速发展。80 年代在欧美日等国得到广泛应用，经过多年的普及和发展，已经成为世界发达国家和地区空调系统的主流。

在我国，20 世纪 80 年代初曾经引进过变风量空调系统，但未能得到有效应用。直到 20 世纪 90 年代中期，随着我国国民经济发展，城市工作与生活环境理念的提升，绿色建筑与低碳生活、智慧城市与智能建筑的提出，使得许多先进、成熟的空调技术得到高度重视，被逐步熟悉和掌握，并推广到工程中。变风量空调系统因其舒适、节能、区域控制灵活等特点，开始逐步得到认可，并应用于一些智能化办公楼等高档建设项目中。特别是自控技术的快速发展使得该系统日趋成熟，得到了高速的发展和快速推广。可以说目前超高层建筑物中的办公部分基本上都采用了变风量空调技术，用以满足其室内空气品质的要求。

目前变风量空调系统正是凭借着高舒适性、良好的节能效果成为主流通风空调系统，被更多的人所认识。业内人士对变风量空调系统的研究则比较侧重于稳定的运行、控制动作的灵敏准确以及节能研究方面。变风量空调系统的形式有很多，根据送风不同，目前国内经常选用的有三种：常温送风变风量空调系统、低温送风变风量空调系统、地板送风变风量空调系统。

11.4.2　几种常见的空调系统对比

目前常见的舒适性空调系统形式有很多，根据工作原理不同主要有变风量 VAV 空调系统、定风量 CAV 空调系统、变流量 VRV 空调系统、风机盘管加新风 FCU 空调系统、水环热泵空调系统等。其性能对比如表 11-3 所示。

几种常见空调系统性能对比表　　表 11-3

比较内容	VAV 系统	CAV 系统	FCU 系统	VRV 系统	水环热泵
内外分区	好	一般	一般	一般	好
节能性	好	较差	一般	差	好
区域温度控制	优	差	一般	优	优
运行可靠性	高	高	高	一般	高
控制及适应负荷变化的灵活性	好	差	一般	差	好
室内空气品质	好	一般	差	差	一般
热舒适性	好	存在区域温差	相对湿度偏高	好	好
凝结水水害	无	无	有	有	有
震动与噪声	一般	一般	差	差	较差
安装空间要求	低	一般	一般	低	一般
系统富余量	大	小	小	小	一般
初投资	120%	100%	80%	140%	120%
运行费用	70%	100%	90%	80%	70%
维护管理	复杂	简单	简单	简单	较复杂
维护费用	60%	100%	120%	120%	110%
寿命成本	低	高	一般	一般	一般

以上比较是针对大型办公建筑而提出的，对于不同类型的建筑进行比较，会有不同的结论。具体状况，应该结合项目具体情况来确定。在实际工程中各种舒适性空调系统常“因地制宜”地组合使用，以达到控制投资、舒适节能的目的。

11.4.3　变风量空调系统的应用场合及适用范围

通常变风量空调系统以高层建筑和大空间建筑为主，适用于负荷变化较大、舒适性要求较高的建筑物，多区域控制的建筑物及公用回风通道的建筑物。此类建筑物主要有：局部二次装修、改造的建筑物；办公楼及所有商用建筑；学校、教育机构；展厅、商场、购物中心；医院（除病房、手术室等）、政府大楼；宾馆、酒店除客房外，负荷和人流变化都比较大的大空间场所，如康乐中心、餐厅、多功能厅等。

负荷变化较小的建筑、采用多回风通道的建筑、室外气候对室内影响较小的建筑物以及有特殊要求的建筑物，不适宜采用变风量空调系统。主要有：酒店客房、工业厂房、制造加工用途的房间、手术室、有传染风险的医院病房、计算机房、洁净空调房间等。

另外，噪声标准要求较高的空调区，不宜采用带风机动力型末端装置的变风量空调系统；温湿度要求严格的空调区，不宜采用变风量空调系统。有低温冷源时可采用低温送风系统。需要个人或岗位送风且架设有架空地板体系时应采用地板送风系统。

11.5 施工与安装要点

变风量空调系统在施工时应依据设备技术手册并结合建筑物、系统、设备等特点，通风空调系统应严格执行《通风与空调工程施工质量验收规范》GB 50243、《建筑节能工程施工质量验收标准》GB 50411、《通风与空调工程施工规范》GB 50738、《变风量空调系统工程技术规程》JGJ 343、《通风管道技术规程》JGJ 141、《变风量空调设计与施工图集》13K513 等规范标准；电气及自控系统施工应严格执行《建筑电气工程施工质量验收规范》GB 50303 和《智能建筑工程质量验收规范》GB 50339 的相关要求。

变风量空调系统的施工与安装过程是整个项目最终得以实现的重要环节，也是系统是否能达到节能、智能控制、舒适卫生，符合使用要求的控制阶段。因此，施工中要求注意进行细致的技术分析，做好施工组织、精心施工，加强全过程质量监督控制。

从前期准备工作开始，加强风管系统制作安装、变风量末端装置安装、末端装置及其连接风管的安装、空调处理设备及连接风管安装、水系统管路安装、消声控制、自动控制系统等各个环节的施工管理、技术措施的落实以及安装质量的控制。

11.5.1 施工及技术准备工作

工程施工前应认真熟悉图纸及相关设计、技术文件，了解设计意图。对设计采用的变风量空调系统形式有充分的了解和认识，熟悉末端设备的结构性能特点，明了控制系统的控制方式，认真做好图纸会审工作。

在充分熟悉本工程采用的空调系统、把握设计意图的基础上，分析工程施工的难点、重点以及控制要点，编制完善、可行的施工组织设计。在每个分项工程施工前，认真向操作者进行细致的技术交底工作，明确每项工艺操作过程及质量控制点。施工时应及时按检验批的划分要求进行质量检查验收。

施工前参建各方进行充分沟通，做好二次深化设计工作。确保在施工前，将最终的吊顶布置图等经各方确认，然后依据排布图确定主管道位置，并将所有支风管一次排布到位，避免装修后期支风管无施工空间，产生来回返弯，以确保系统严密，避免系统阻力过大。

所有设备在安装前必须按照设计要求检验其型号、规格，应有质量合格证和安装使用说明书，核对无误后方可安装。安装应按照说明书要求或者供货商的指导进行施工。

11.5.2 风管系统制作安装

变风量空调风管系统包括送风管、回风管、新风管、排风管、末端装置及连接风管、各种送风静压箱和送、回风口的总称，主要作用是有效输送气流。

变风量空调系统的风管系统施工看似简单，与一般空调风管施工相同，其实，施工要求颇高。风管系统的施工质量对风量平衡及空调区域达到的效果、变风量空调系统各末端装置的入口压力平衡、风速检测精度与风量调节有直接的影响。

运行稳定的变风量空调系统，应能保持相对稳定的静压，且送风管内在运行过程中应保持风速、风压的稳定。因此，要求送风管的强度和密封性能要好，以防止风管漏风量大，引起风管系统静压波动，使自控系统产生错误信息，引起误操作以及由于风速较高而要防止风管振动产生有害的噪声。为此，送风管的制作安装除符合风管制作安装的一般要求外，还必须注意和强调因系统运行特点而决定的施工要点和要求。

1. 风管及部件制作

变风量空调系统的风管应采用镀锌钢板制作，钢板厚度及允许漏风量应符合《通风与空调工程施工质量验收规范》GB 50243 中关于中压系统的规定。风管大批量制作生产前应对风管加工进行工艺性验证，即对样板风管进行强度和严密性工艺测试，确认满足要求后，方可进行大面积制作。

在变风量系统中，由于三通两侧的风量在不同工况下会发生变化，而隔板或导流片会严重限制风量的分配，因此不能加装导流板或中间加固隔断。风管弯头位置应按规范要求设置导流片，并注意导流片位置及片数的合理性。

支管开孔应平滑整齐，不得有卷边及毛刺。弯头、三通位置不得直接开分支管。

2. 风管安装

风管内输送空调风温差大（7～30℃），且变化迅速（可能上午供热，下午即供冷），故对密封胶的弹性及粘结性提出较高的要求。

风管内风速较高，管道容易产生共振，应在适当的部位（约每 6～8m）安装一个减振支架，并按《通风管道技术规程》JGJ 141 要求对风管进行加固，以免振动产生噪声。施工中应尽量减少尖口和突出物的连接，这是减少压力损失和噪声的重要方法。

如果没有预留分支管，主风管上开孔尺寸必须与支管的连接口相同，并采用规范所允许的连接方式，确保分支管与主管连接合理。两个分支管道配件间的距离应大于风管长边或直径的 4～6 倍。避免在靠近风机的主风管起始管段上接一支风管并连接一台变风量末端装置。

系统能否达到设计效果，回风也同样是一个很重要的原因。系统回风多采用吊顶回风的形式，但是也存在弊端。吊顶回风适合大空间、空调区域广阔的系统，而间隔较多的区域内，应增设回风管道。回风管安装时要注意其保温性和密闭性。特别要注意的是吊顶内必须清理干净，保持清洁，避免回风过滤网堵塞影响空调效果。

系统主、干风管的转弯处、与空调设备连接处均应设防晃支架。非保温材料制作的送回风管道及经过处理的新风管道均应进行保温处理。低温送风的风管保温严密、无缝隙，厚度及材质必须满足防结露及管道绝热要求。支吊架的安装不得破坏保温层。

3. 风管漏风量的控制

变风量空调系统对系统的漏风要求极为严格，各系统支路送风量必须达到设计值，否则末端装置无法在设计工况下运行。风管系统安装完毕，应按部位分系统对安装完毕的风管进行漏风量测试。

减小风管漏风的处理办法很多，风管制作和安装时必须严格按照工艺操作，并应注意风管咬口密封处、法兰风管连接处、法兰密封垫料、主管道与支管的连接处、金属软风管与金属风管的连接处等连接部位的加工制作以及连接安装。风管不应采用 C 形插条风管，若采用时必须在风管正压侧用密封胶全部进行密封。

11.5.3 变风量末端装置安装及配管

1. 安装基本要求

变风量末端装置的安装位置应符合风量测量准确度的需求；选择正确的保温安装方式，不得影响风阀的动作；并联风机的变风量末端和风机的出口处应设置止回流风门；变风量末端箱体距其他管线的距离应为5～10cm；接线箱距其他管线及墙体应有充足的检修空间，且宜大于60cm；变风量末端装置应预留调试检修口（图11-6）。

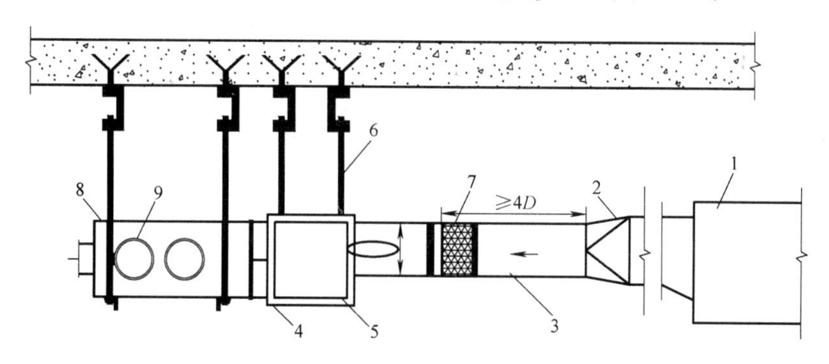

图11-6 变风量末端装置安装示意图

1—风管；2—变径管；3—进口直管段；4—VAV变风量箱；5—控制箱
6—吊杆；7—软接管；8—静压箱；9—出风接口

2. 变风量末端装置采购、搬运、储存

（1）变风量末端装置订货、采购

末端装置订货时必须结合设计参数和产品参数选用产品。所选设备的最大风量应等于或略大于设计最大风量，以保证在设计负荷状态下送风量满足要求。最小风量应不小于设计风量的40%，以免在低负荷运行时一次风阀开度过小，产生阀门节流噪声。

为避免出现通信协议和相关接口的问题，在实际工程中应将末端设备的控制器纳入BAS承包商的合同内。由BAS承包商将控制器寄往末端设备厂家，由厂家在工厂完成所有的组合测试、调整程序、组装成品的工作，切忌将末端和控制器在现场组装。

（2）变风量末端装置进场、搬运、存放

末端装置进场时应进行开箱验收，检查包装及设备是否完好。拆箱后应先查看风阀能否灵活转动，再查看风速传感器是否有松动或脱落的现象，检查无误后方可安装。

末端装置应存放在通风良好、干燥的库房内，并做好防雨、防潮等措施。设备进场开箱验收合格并做好通电和水压试验后，分类码放在干燥清洁的地方。一次风入口、送风口、风机末端的回风口和电控元件应密封保护，防止损坏和异物、灰尘、液体等进入箱体。

搬运和安装时应对末端装置传感器采取保护措施。

3. 变风量末端装置安装

末端装置应在空气处理设备及主支风管安装完毕后安装，安装前必须将空气处理设备开启到最大工作风量对风管进行吹污。

按照标识的方向安装，并注意安装位置。电气控制箱应便于接线、检修（吊顶需留有检修口），水平方向留有不小于450mm的自由操作空间。风机动力型末端装置的过滤网应便于拆卸、清洗，下方留有不小于150mm的垂直高度，以便拆卸检修底板。

安装变风量末端装置时，应设单独支、吊架，但不得采用内胀式吊装杆。设备应设橡胶减振隔垫或采用弹簧减振器，加装减振器有利于设备的运行稳定。对噪声要求比较高的房间宜采用弹簧减振器（图 11-7）。

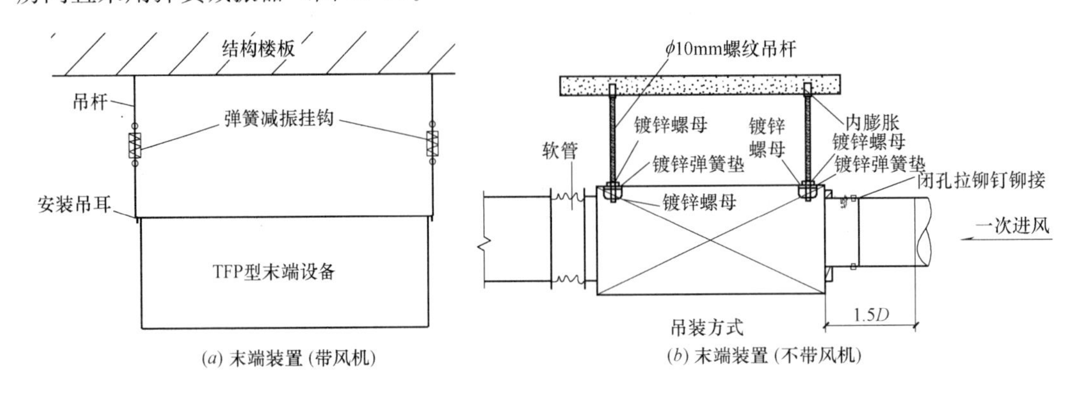

图 11-7　末端装置吊装图

变风量末端装置应配置控制器，并应对末端和控制器的组合进行测试。变风量控制器应具有风量、阀位、运行模式、运行状态等反馈功能，并宜具备计量功能。压力无关型末端装置风量控制器精度不应低于 5%，风量调节范围宜在 20%～100%之间。温控器应具备手动和远程调节温度功能，温度显示分辨率不宜低于 0.5℃，且具备就地开关机功能。室内温控器应安装在能代表房间温度的部位，并不受其他热源的影响。

末端装置安装完成后应加强成品保护工作。首先将回风口过滤器进行有效遮挡，然后将一次风入口进行有效遮挡，最后将送风口进行有效遮挡防止尘土进入风箱。

4. 末端装置与风管的连接

风管按与末端装置的位置关系分为进风支管（上游）和出风支管（下游）（图 11-8）。

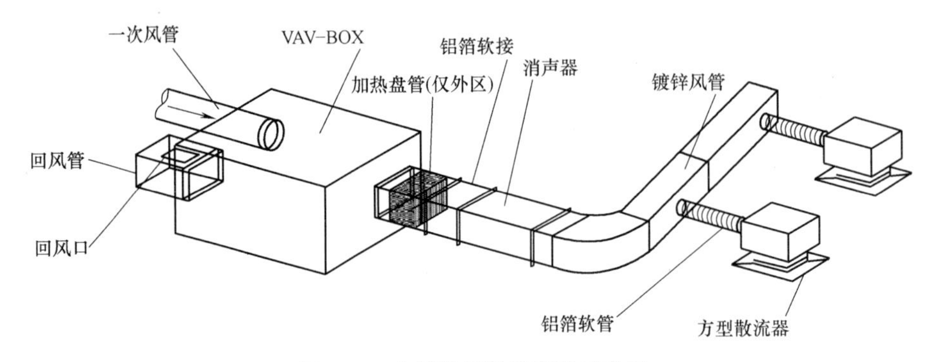

图 11-8　末端装置风管安装示意图

变风量末端装置的进、出风口和风管应采用带保温的软管连接，进风管与设备进风口应同径，以保证进风口处的风量传感器要求的被测气流稳定。柔性软管应具有消声和保温功能，采用防火、防腐、防潮、不透气、不易霉变的材料制成，宜采用带有钢丝撑筋的玻璃棉纤维复合铝箔柔性风管，长度不宜超过 2m，并不应有死弯或者凹陷，当有个别风口离设备较远时，应先用带保温的金属风管或复合风管进行过渡。柔性软管安装时，要有独立的、适当的承托。

（1）末端装置进风支管安装

风道与末端装置连接前，应确认上游风道内部清洁、无杂物。

进风支管平直光滑、不设变径管以提高风速检测装置的准确性。按末端装置一次风入口尺寸确定进风支管管径，一次风接管应包在末端进风口外以套入方式与末端连接（末端装置预留接口长度 80mm），进风接管直径应比末端装置一次风入口大 3mm，以便末端一次风入口插入到一次送风道内。

为减小支风管与主风管连接处的局部阻力，圆形或矩形均需扩大接驳口（圆形风管应设置 90°圆锥形接管，矩形风管应设置 45°弧形接管）。避免进风口处的缩接口，如果实在无法避免，缩接口应安装在变风量机组上游至少 3 倍管径处。

不宜采用分流调节风阀或固定挡风板，以免增加风管阻力以及涡流和噪声产生。

采用毕托管式风速传感器的变风量末端装置，末端圆形进风口需接驳与其等径且长度≥4D 的直管，通常应大于 1200mm。采用超声波、热线型、小风车等风速传感器的变风量末端装置，在其矩形进风口上接驳等尺寸且长度为 2 倍长边的直管。

（2）末端装置出风支管安装

出风管到送风口一般采用消声软管连接，出风口与软管的连接宜采用套接。应尽量避免软管长度过长，水平位移过大，控制在 2m 范围内且平直弯曲程度小。

铝箔保温软管的安装可参照小管径圆形风管的安装方式，吊卡箍用 40×4 扁钢制作，可直接安装在保温层上。支吊架的间距应小于 1.5m。保温软管的连接插接长度应大于 50mm。当连接套管直径大于 300mm 时，应在套管端面 10～15mm 处压制环形凸槽，安装时卡箍应在套管的环形凸槽后面。

为了降低风机动力型末端装置内置风机的出口噪声，可以在靠近末端装置出风口处采用一段由“离心玻璃棉板加防霉涂层”作内衬的金属风管，以便消声、隔声。

5. 带热水的加热末端装置与水管的连接

带热水盘管的变风量末端再热热水盘管与水管的连接应采用金属软接头，软接头长度不应大于 300mm，并应进行调节保证末端设备的水平度。

11.5.4 空气处理机组安装

空气处理机组及安装应符合现行《组合式空调机组》GB/T 14294、《通风与空调工程施工质量验收规范》GB 50243 的有关规定。离心风机应能在 30%～100%的风量调节范围内稳定运行。采用低温送风变风量空调机组时，通过空调机组冷却盘管的迎风面风速宜为 1.5～2.3m/s，且箱体应满足防结露要求。

11.5.5 风口安装

1. 回风口安装

回风口安装位置要与送风口（散流器）保持一定的距离，以免气流发生“短路”。

回风口还应与设置在吊平顶静压箱内的变风量末端装置保持一定距离，避免末端装置箱体的辐射噪声通过回风口传到人员活动区。经现场反复测试，回风口开在风箱后部、下部或侧部，回风噪声无法得到有效降低，将回风口开在回风管上方，能最大限度地降低气流噪声对空调区域的影响，同时气流组织能得到有效的保证。

2. 送风口安装

选用的送风散流器的主要类型有条型或线型散流器、灯具散流器、方型散流器。根据有关的气流组织试验结果表明，在变风量送风的情况下，条缝型散流器和灯具散流器在较大的风量变化范围内，空气分布特性指标 ADPI 均保持在 80% 以上。条形风口能够更好地利用附壁效应，冬季效果更好，但在选择条型风口时，必须依据风口风速、静压、扩散区域、到底距离、噪声情况，参照厂家样本进行仔细选择，绝不盲目订货，否则极易对空调效果产生影响。

条型或线型散流器属于扁平贴附射流，一般情况下，布置在空调房间较窄一边，以增加射流流程和回程流程。方型散流器应比较均匀地布置在吊顶上。

当所选的送风散流器的综合噪声指标大于空调区域允许的噪声标准值时，应重新进行送风散流器的选型。可选择比原有风口喉部尺寸大一点的，直至满足要求为止。

采用低温送风时，为了防止风口结露，必须采用低温送风口。低温风口应满足低温送风条件下的防结露要求。低温风口的性能应综合考虑诱导比和阻力的因素，在最小风量下应具备较好的空气分布特性。

对于不带风机的末端装置，从末端装置出口至散流器出口的阻力应小于 50Pa，而对于带风机的末端装置，为保证末端正常运行，从末端装置出口至散流器出口的阻力应在 50～100Pa 之间。

安装变风量风口时注意安装位置，不得破坏风口射流和诱导的气流流形。尽量加大风口与其他突出物的距离，使其大于风口的射程。变风量风口的安装方法同普通风口一样，可以直接安装在管道上，亦可以安装在吊顶上，简单方便。变风量风口设有旁通风口时，在连接管道时，安装后不得影响旁通风口的使用。末端带多个送风口时，要配置多出风口噪声衰减装置，并设置独立的支吊架，与末端连接要保持水平。

变风量风口温度的设定值在出厂时已经设定好，安装时不能随意改变。如果根据要求的不同需加以调整的话，也必须在系统调试完毕，稳定运行一段时间后进行。

11.6 变风量空调系统调试

变风量空调系统的调试是一项严谨的、非常复杂而又极其重要的系统工作，是项目实施中最重要的环节之一。调试中一个环节或细节把控不好都将严重影响系统的正式运行效果，甚至使得其节能优势变得荡然无存。

11.6.1 调试内容

变风量空调系统的调试分水系统和通风系统两部分。水系统的调试过程较简单，与风机盘管系统的调试过程类似。通风系统的调试相较其他系统有其特殊性。

变风量空调系统控制技术复杂，环节较多，和 BAS 密切相关，应进行全年空调工况分析，并制定相应的运行控制策略。调试的过程中除划分清楚合同的实施界面、处理好与 BAS 的通信协议、取得设计人员和厂家的技术支持外，施工人员对系统的认识，避免管理人员机、电分离是变风量空调系统成功实施的关键。

简单地讲，变风量系统的调试工作按大的方面可以分为设备测试、参数调整、系统整体平衡联调，具体包含了许多方面的工作。

设备的测试包括变风量系统中所有设备包括空气处理设备（包括风机）、变风量末端设备以及各种相关的自控设备的测试。

参数调整是指在系统中对各个设备的各种参数进行重新验证和精调，以便所有设备均能在系统整体运行时保证其最基本的正确的工作状态。

系统整体平衡联调即系统调试让系统整体运行起来，使其运行在各种工作模式之下，在这些工作模式中来测试、确定以及修正各种设备的参数和工作状态，从而使系统在各种运行模式下，都能按照设计的逻辑和运行模式良好运行。

11.6.2 调试准备

1. 调试必备条件

（1）根据系统形式及末端装置、自控系统的特点编制合理、可行的调试方案。

（2）所有设备、管道（风管、水管）、电气按设计文件要求施工完毕，经检查施工质量符合施工及验收规范要求。

（3）阀门及其调节装置安装正确，调节方便灵活。

2. 调试准备工作

（1）根据工作量的大小合理组建调试小组，工程量较大的可组建若干个小组。明确调试小组的责任和分工，制定调试计划进度安排。调试小组应设置调试负责人，全面负责调试的开展和工种间协调工作。主要成员应涵盖空调、电气、自动控制等各相关专业，熟悉一个或某几个子分部，在调试负责人的指导下，完成所负责的系统调试工作。

（2）熟悉空调系统施工图纸、设计更改通知等设计文件，领会设计人员的设计意图。熟悉经过审批核准的系统调试方案，在调试方案中应包括切实可行的安全技术措施。并由调试技术负责人向参与调试工作的所有人员进行安全及技术交底。

（3）了解空调系统的形成、原理、流程、管道走向布局、阀门的设置及作用。依据设计单位提供的设计计算书，理顺各个系统主、支管风量，绘制相关表格。

（4）详细阅读设备说明书。了解设备的各项技术参数、各项性能以及注意事项。

（5）根据厂家提供变风量末端的最大、最小风量，现场对所有变风量末端最大风量、最小风量进行校正，一般最小风量应设置为最大风量的30%～40%。也可通过设计单位给出的数值在出厂时由厂家进行一次性设定和校准，现场再进行局部调整。

（6）检查空调系统上的全部阀门，保证阀门灵活开启；清理机组及风管内的杂物，保证风管的通畅性；检查皮带的松紧度以及风机的风量是否与机组铭牌相匹配；检查末端装置的各控制线是否到位，以及末端装置与风口的软管连接是否严密。

（7）根据工程量的大小可配备适当的工具及仪器，编制测试工具、仪器配置计划表，检查相关的测试仪表是否在合格期内。常用的测试工具和仪器有：多功能式声级计、数字式温湿度仪、风速仪、笔记本电脑、转换接口、数据传输线、转速表、毕托管、数字式微压计等。

11.6.3 设备单机试运转与调试

进行设备测试即设备单机试运转、调试是为了保证设备的性能完好；保证设备不会因为接线错误而烧毁或者运行不正常；保证了设备的通信和控制正常。设备测试的重点是空气处理机组、变风量末端以及相关的自控设备。变风量空调系统中的水泵、冷却塔、冷水机组等设备单机试验方法和要求与其他空调系统基本相同。安装在吊顶内的设备应在吊顶板封闭前进行。

1. 变风量末端装置测试

设备调试第一步便是变风量末端的调试。变风量末端装置调试前先做单机试运转，待设备运转稳定后，开启组合式空调机组，根据变风量末端装置的设计风量调整风机转速，配合一次风和回风重新将风机转速调整为最大值，确保一次风不送入回风口中；然后在自控专业的配合下再启动变风量末端装置供应商专业控制软件对整个变风量空调设备做自控调试。

（1）单机调试前提条件

末端设备与空调系统管线、电气及控制系统连接正确。严格按照图纸检查末端设备的风管与末端进口、末端与出口静压箱（或风管）、再热盘管和热水管的连接是否紧密无遗漏，检查各控制器、执行器和电路的接线是否正确。

设有再热水盘管的末端装置的盘管水压试验按照规范要求试验合格。

末端控制器单元的工作程序已经确定。自控厂家对该部分程序均应有详细的介绍和严格的定义，如未采用已有固化程序的工作模式需要进行二次开发。

系统分支管路的送风静压必须保证在50Pa以上，如果静压过小则风机运转噪声很大，不利于变风量末端装置调试。

（2）单机调试基本步骤

1）相关各方在空调平面图上标出，各自提供的设备的安装位置、设备编号等。收集进行单机调试的设备数量、类型和风量设计值等技术设计参数资料，并制作成表格。

2）现场检查设备是否按照设计要求和规范进行安装，安装位置是否正确，设备是否有变形和碰撞的情况。

3）严格检查设备的电气连接情况。对空调自控系统敏感元件、调节阀及执行机构等进行安装检查。检查一、二次仪表接线和配管正确，自动调节系统单机模拟动作试验准确。

4）检查设备的机械连接部分。检查设备管道接口是否严密，有无断裂或破损。

5）设备上下游风道连接安装是否正确，是否满足设备运行要求。

6）检查接线无误后进行通电测试。检测电源输入电压和变压器输出电压，应在额定电压的±10％之内。

7）核对控制器风量设定值和配置应该与设计要求相一致。检测显示风量值，应该在最大和最小设定风量之间。

8）调节温控器，检测风阀阀门和电机运行逻辑动作情况，应满足产品配置要求。

9）填写调试情况，如实记录设备运行参数。

2. 空气处理机组（风机）测试

试运行之前要核对空气处理机组（风机）的型号、规格，同时应该润滑良好，具备试运行条件，试运行之前厂家应该已经做过的单机调试，满足试运行条件。

风管系统的回风阀、新风阀和消防阀、干支管风量调节阀全部开启，三通阀门在中间的位置，末端装置全部开启。

根据送风机运行特性曲线图，确定系统在最大风量的工作点。启动风机，再次确认风机转向正确，同时测量单机电流，确保运行在额定电流范围内，防止电机过流。

风机运行稳定后测量风机转速，应满足技术文件要求。

11.6.4　变风量空调系统风量的测试与调整

1. 风系统的风量、风压、风机转速的测定

风系统风量测定主要包括送风量、回风量、新风量和各分支管送至末端设备风量的测定，分别在送风管、回风管、新风管以及各分支管上气流平稳的地方设置测点。

根据系统的实际安装情况，绘制出系统单线草图。在草图上标明风管尺寸、测定断面位置、风阀的位置、风口的位置等，在测定截面处注明该截面的设计风量、面积。

风管内的风量通常采用毕托管和数字式微压计测定。根据风管测点的断面面积和该断面上的平均风速，按公式 $L=3600\cdot VF$ 计算得到。式中，F 为风管测定断面面积（m^2）；V 为风管测定断面上的平均风速（m/s）。

测定断面须选在气流均匀且稳定的直管段上，即按气流方向在局部阻力之后大于或等于 4 倍管径（矩形风管大边尺寸），以及在局部阻力之前大于或等于 1.5 倍管径（矩形风管长边长度）的直管段上。将测点断面划分为若干个面积相等的小断面，其面积不大于 $0.05m^2$，测点位于各个断面的中心。如图 11-9、图 11-10 所示。

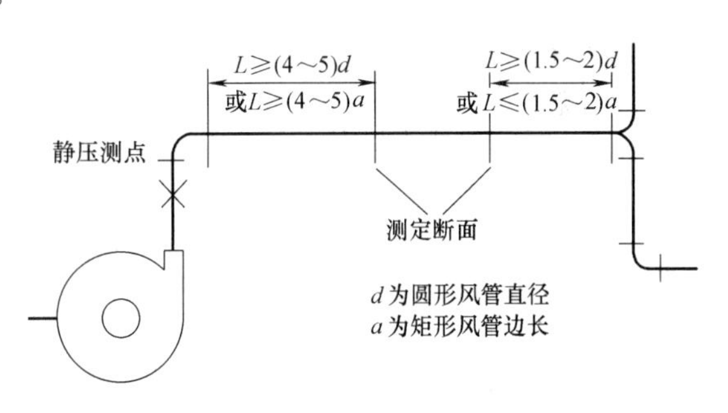

图 11-9　测定断面位置示意图

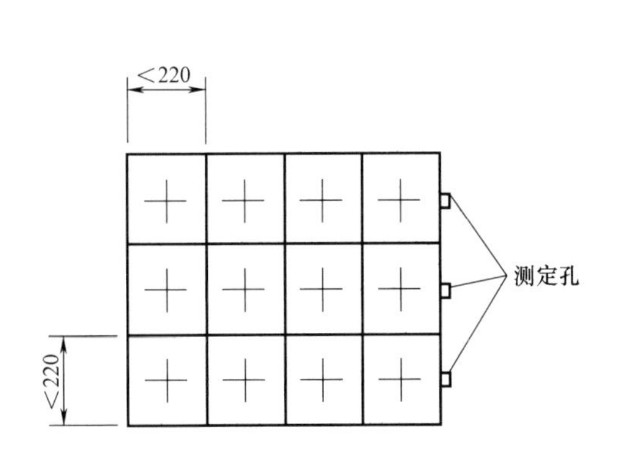

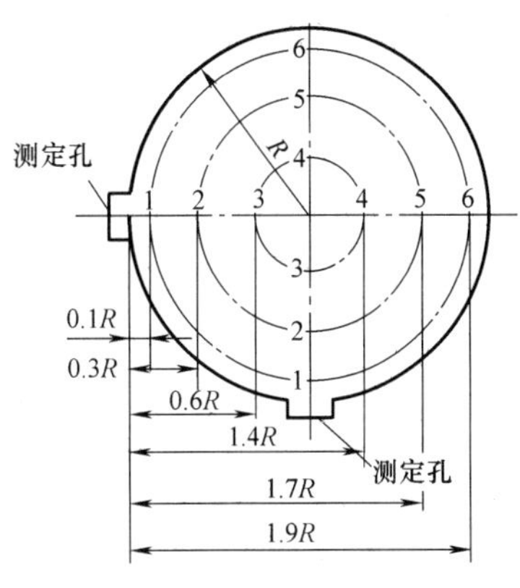

图 11-10　风管测点布置

对于全新风机组可采用热球风速仪，直接在新风入口处测得新风量。排风机的排风量可采用上述方法测量，也可在排风出口用风速仪测量。

实际测出的系统的总风量、新风量、排风量均不得超过设计风量的±10%，不符合要求时必须通过阀门进行调整，直到所有的风量均符合要求为止。

测定压力时，风机吸入端的测点截面应尽可能靠近风机吸入口处。风机压力通常以全压表示。分别测出风机压出端和吸入端测点截面上的全压平均值，通风机的风压为风机

进、出口处的全压差。

采用转速表直接测量风机主轮转数，应反复测量三次取其平均值。

2. 风口风量的测定

对于散流器风口测试时可采用风量罩测量风口风量。回风口、排风口可用风速仪贴近格栅或网格处测量风口风速计算得出风口风量，也可用风量罩测量。

风口风量的调节应与系统风量平衡与调整相互配合、共同完成。应分别在最大和最小风量下，用系统主、支管之间，风口前手动风阀调整使每个风口风量达到平衡。虽然系统有着优良的自动调节功能，但单纯靠变风量末端进行调节是不可取的。调整后实测风口风量不得超过设计风量的15%。

3. 一次送风系统风量的平衡和二次送风系统的风量测定与平衡

对于风系统来说，通常情况下风系统主管道与末端装置进风口之间的管段称之为一次风风管，末端装置与送风口之间的管段称之为二次风风管。一次风由变频空调机组根据一次风管内的静压调节转速提供，二次风量由末端装置送风。通过变风量空调系统的工作原理及系统示意图（图 11-11）可以看出，对于变风量空调系统，其风量的测定和调整，可以分为一次风风量的平衡和二次风风量的平衡和调整。一次风量和二次风量的平衡应在自动控制系统工作站建立完成后进行。

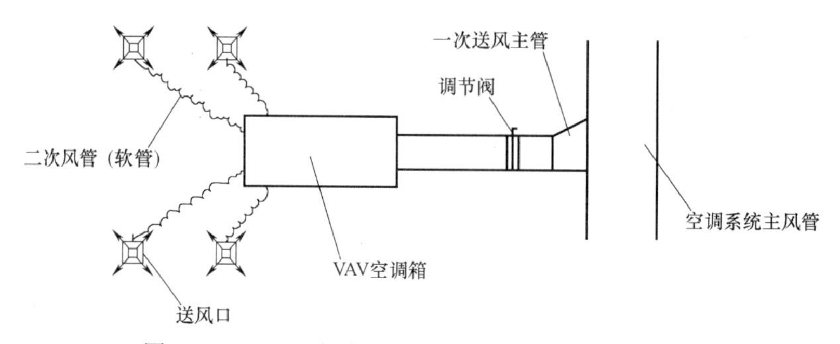

图 11-11　VAV 末端装置一次及二次送风系统示意图

（1）一次送风系统风量的平衡

一次送风系统风量的平衡方法有两种。

1）系统送风量、回风量和新风量均可通过调节各风管上的调节阀来调整。在各支风管上开测量孔，测得管内的风速，根据风量计算公式求出一次风量与设计值相比较后，对支风管上的手动调节阀门进行调节，借以控制风量达到一定的数值，直至满足规范和设计要求，且与设计风量的偏差不应大于10%。

在确定空调系统送风量符合设计要求的基础上，按设计要求计算新风量和回风量；根据系统特点及管路布置情况，可选取回风、新风管段确定测试断面测试回风、新风量；根据测试数据的大小调整新风阀、回风阀的开度使之符合设计要求，以达到风量平衡。

系统风量的平衡一般应采取基准风口法和流量等比分配法、逐段分支调整法。先以最不利环路（风口）开始，使下游环路实测风量与上游环路实测风量、设计风量分配比例相一致。然后，逐个上移环路进行调整，使各个环路间的实测风量与设计风量分配比例相一致。最后调整风机处的风阀，使系统风量符合设计要求。

2）由于空调箱本身带有压力传感器，因此平衡时，可以通过传输线将手提电脑的串口与所调试系统的变风量末端装置控制器相连接，并将变风量末端装置的一次风阀挡板固定在全开状态。利用一次风阀上的风压传感器，测得此系统中送至每一台变风量末端装置的压力平均值，并从电脑中读出求得一次风量。将求得的风量与设计风量相比较，根据需要进一步对各支风管上的调节阀进行粗略调整，使电脑读出的一次风量与设计值相接近。

当所有的阀门调整完毕后，使用同样的方法，对每一台变风量末端装置读出一次风量与设计值相比较，同时微调该支管上的调节阀，使其满足设计和规范要求。

最后一次读出每一台变风量末端装置调整后的风量，如还有部分支管的一次风量不能满足设计和规范要求，则再次使用上述方法进行调整，确认一次风量满足设计和规范要求后，将支管上的调节阀进行固定，并做好记号。

（2）二次送风系统的风量测定与平衡

变风量末端装置二次送风系统风量测试，可以使用热球风速仪在其送风口测得风速平均值，通过测得的平均风速与所测风口的有效使用面积求出二次风量，由于变风量末端装置的选型通常是基于中速挡位，而现场各变风量末端装置送风软管的阻力不同，所以实际风量会有所变化，此时可根据具体情况对其风机的高、中、低三速挡位进行调节，使变风量末端装置的出口二次风量符合设计要求。如果风速达到要求，应尽可能使风机靠近或置于低速挡运行，从而最大限度满足降低噪声的要求。

此时变风量末端装置内的一次风阀应处于自动位置，待整个空调系统的水、电等专业都调试完成后，运行 AHU 和变风量末端装置，根据具体要求合理设定房间所需温度。当室内温度达到设定值时，变风量末端装置自动调整一次风阀的开度，减少一次风量，同时变频 AHU 根据各个变风量末端装置的实际一次风量自动调整其总的一次送风量，从而能够利用最少的能源，充分保证室内的空气清新度和舒适性温度，为用户提供性能价格比较高的服务，从而满足设计意图。

4. 系统总风量的调整与平衡

在测量管内风量的同时，按照需要及时调节变频器的大小来控制总风量以达到设计的数值。风量平衡后系统总风量调试实测结果与设计风量的偏差应在－5％～10％范围内，各风口的风量与设计风量的偏差不应大于15％。

11.6.5　系统无生产负荷下的联合试运行与调试

在此阶段，需要各个专业密切配合，各自监察关键的设备和系统。如监视运行状态、压力、噪声、电流等。如期间出现故障应及时通过对讲机沟通，采取应急措施。由于空调系统涉及面广，一旦出现质量事故影响较大，因此，每个设备、系统启动运行时应先观察一段时间，稳定后才进行下一步工作。空调设备调试人员对室内的空调效果进行检测，如温度、湿度、噪声等。自控系统调试人员对所有设备进行监控，针对报警信息检查系统及设备，及时发现问题快速解决。同时对一个高智能化建筑物来说，可以与楼宇智能控制系统进行联合调试。

（1）绘制风管压力分布曲线图。计算出离风机 2/3 处的最大、最小静压值。

（2）调整频率（转速），分别将系统以最大风量、最小风量运行，检查每个变风量末端装置的开度以及送风口送风量。

（3）将变风量末端设定在最小开度，调节变频器使静压控制点到设计最小值。调整送风机的频率（转速），得到正确的设计风量与静压值。

（4）用调试软件进行变风量末端装置的设置，通过调节 AHU 的送风静压，检测和确定每个变风量末端装置的最小工作入口静压值。对于不能满足设计要求的必须进行问题的查找和处理，否则，不能保证每个变风量末端装置控制的区域的温度要求。

（5）用调试软件进行模拟设计逐时负荷分区。按照设计者的设计要求进行逐时负荷分区的模拟设置，确定每个分区的最不利的变风量末端装置和最低的送风静压值。根据每个分区的最低送风静压值确定系统的送风静压值。

（6）将系统自动运行在确定的系统送风静压值上，通过调试软件观察变风量末端装置的工作情况，判断变风量空调系统在该静压点上是否都能满足设计要求。如果不能满足，则需要重复以上步骤重新进行调整，直至全部都能满足设计要求。

（7）以设计风量运行，调整系统回风量、最小新风量的比例。

（8）检查新风量是否正常。在全新风下运行系统，检查送风机的功率与系统的静压。

（9）按照设计参数，把调试时确定的参数（如：AHU 出风温度、AHU 送风静压值、新风阀最小开度等）设定在自控系统控制编程软件中。

（10）房间温控器设定在房间设计温度，让 AHU 运行在自动状态，连续运行 2h。确保 AHU 供水温度和水流量。观察房间温度和变风量空调系统运行情况，房间温度应与房间温控器设定的温度值相同。房间在部分负荷下，AHU 的送风机频率不得为最大频率，同时进水阀不得为全开状态。调节部分房间温控器设定值，运行稳定后，AHU 的频率与调节前相比应该有变化，同时每个末端装置运行风量应该在最大设计风量和最小设计风量之间，阀门不应处于全开状态。

系统联动调试成功后，则需要进行连续试运行，以检查系统稳定性。这阶段仍需要施工和调试人员进行巡检，以防设备出现故障。

11.7 变风量空调系统调试常见问题和对策

变风量空调系统投入运行后，或多或少可能会遇到一些问题，在此举例分析一些常见的问题，希望能对系统调试有所帮助。

11.7.1 最末端房间温度偏低

1. 主要表现

经测量发现其他房间送风量基本满足要求，但最末端房间送风量明显不足。

2. 原因分析

系统阻力增大，导致系统风量减少；风系统管道严密性差，有漏风的地方，导致系统风量减少。

3. 处理建议

（1）检查空调机组，若空调机组内过滤器有飞尘堵塞严重，最末端房间温度偏低的问题可能是由于过滤器堵塞引起系统阻力增大，导致系统风量减少造成的，需清洗过滤网。

（2）若机组过滤网没有问题或清洗后，通过系统每个 VAV 变风量箱的风量与机组出口处主风道的风量偏差仍超标，就需检查系统风管是否存在漏风现象。应对风管咬合处和连接处进行检查，并对漏风部位进行加固或密封处理。

11.7.2　控制滞后

1. 主要表现

控制送风温度时间延迟。

2. 原因分析

风、水系统产品选型与控制系统不匹配。

3. 处理建议

缩小房间温差设定。在选择空调水管道上的动态流量平衡阀时，尽量采用能完全关闭的动态流量平衡阀。风、水系统电控阀门选型时，要注意与控制系统产品相匹配。

11.7.3　房间温度波动较大

1. 主要表现

在太阳照射强的天气，房间温度波动太大，特别是在午间高温时段，控制效果不明显。

2. 原因分析

系统送、回、排风设置有失考虑，导致气流组织不好；局部风口偏大。

3. 处理建议

独立小房间较多、吊顶高度大于3m的VAV系统尽量采用有回风管道的可调节的回风系统。尽量维持同一区域的新风量与排风量相等，在保证房间最小新风量的同时保证房间处于合理的微正压状态。局部更换较小的风口。

11.7.4　室内噪声偏大

1. 主要表现

风口和设备噪声较大。

2. 原因分析

设备二次风出风量过大、风口与设备距离较近，风速过大；未安装风口静压箱。

3. 处理建议

联系厂家调节二次风阀的开启度，减小二次风的出风量；通过后台设置调整设备风阀开启度减小出风量；噪声大的局部改为带静压箱的温控型风口。

12 热泵系统设计与安装技术

12.1 热泵简介

12.1.1 热泵技术

热泵是一种利用高位能使热量从低位热源流向高位热源的节能装置，把不能直接利用的低位热能（如空气、土壤、水中所含的热能、太阳能、生活和生产废热等）转换为可以利用的高位热能，从而达到可以节省部分高位能（如煤、燃气、油、电能等）的目的。

热泵在科学用能中的作用主要有：

（1）热泵技术是应用低位再生能的重要技术措施之一。在科学使用能源中很重要的一点就是利用一切可以利用的能源来有效降低资源的耗散速度，而热泵技术就是将贮存在土壤、地下水、地表水、空气中的太阳能之类的自然能源，以及生产和生活中排出的废热，用于建筑物的采暖和热水供应，从而有效降低高位能的耗散速度。

（2）热泵是合理利用高位能的典范。热泵利用高位能作为驱动能源，推动动力机（如电机、燃气机、燃油机、汽轮机等），然后再由动力机驱动工作机（如制冷机、喷射器等）运转，把低位的热能输送至高位以向用户供热，实现了科学配置能源。

12.1.2 热泵的分类

热泵的分类方法很多，按照供冷/供热方式可以分为：地源热泵、空气源热泵、水环热泵；按照采用压缩机的类型可以分为往复式热泵、螺杆式热泵、涡旋式热泵。

12.1.3 热泵在国内外的发展

（1）地源热泵作为一门新技术，于20世纪80年代中期开始获得应用和发展，但是地源热泵的概念最早出现在1912年瑞士佐伊利（H. Zoelly）的一份专利文献中，之后的几十年，地源热泵基本处于研究和试验阶段，并开始先后有地表水源热泵系统、地下水源热泵系统、土壤耦合热泵系统的问世与发展。

（2）20世纪30年代，地表水源热泵系统问世，是地源热泵中最早使用的热泵系统形式之一。20世纪四五十年代，瑞士、英国早期使用的热泵装置中大部分是地表水源热泵。这个时期的地表水源热泵系统虽然处于起步阶段，但由于它在运行中充分显示节能性，对以后的地表水源热泵的发展起到了示范作用。同时在美国、英国开始了土壤耦合热泵技术的研究和应用。

（3）20世纪70年代末至20世纪80年代初，在瑞典、苏联等区域供热比较发达的国家，开始应用以地表水、地下水、城市污水和工业废水为低位热源的大型热泵站，随后大型热泵站在美国、日本、罗马尼亚、丹麦、德国等也得到了迅速的发展，大型的地表水源、地下水源热泵在欧洲各国开始兴建。特别是20世纪70年代发达国家的“能源危机”，使土壤源热泵研究进入了一个新高潮。

(4) 我国热泵技术的研究起步于20世纪50年代，天津大学热能研究所开始了我国热泵的最早研究。20世纪60年代我国开始在暖通空调中应用热泵，并取得一批成果。其中，1965年由原哈尔滨建筑工程学院徐邦裕教授、吴元炜教授领导的科研小组，根据热泵理论首次提出应用辅助冷凝器作为恒温恒湿空调机组的二次加热器的新流程，这是世界首创的新流程。

(5) 1978～1988年，我国热泵应用与发展进入全面复苏阶段。这期间，充分了解国外热泵发展的现状和进展，大量出版有关著作，在国内刊物上大量发表国外有关热泵的译文，对国外产品进行有关性能的测试和分析，积极参加国际热泵技术交流。一些国外知名热泵厂家也开始来中国投资建厂。1987年国际知名的热泵生产厂家率先在我国上海成立合资企业。

(6) 1989～1999年，我国热泵发展迎来了新的发展阶段。热泵形式多样，有空气/空气热泵、空气/水热泵、水/空气热泵、水/水热泵等；热泵厂家众多，有国营、民营、独资、合资等不少于300家热泵生产厂家，形成了我国热泵空调器的完整的工业体系。20世纪90年代初开始大量生产空气源热泵机组；20世纪90年代中期开发出井水源热泵机组；20世纪90年代末期开发出污水源热泵系统；同时土壤耦合热泵已经成为国内空调界热门的研究课题，国内的研究方向和内容主要集中在地埋管换热器，在国外技术的基础上不断创新。

(7) 进入21世纪，热泵在我国发展十分迅速。在国家自然科学基金的资助下，地源热泵研究更加深入，热泵的应用、研究硕果累累，论文和专利数量剧增，创新性成果层出不穷，大量应用于全国各地。

12.2 地源热泵

12.2.1 地源热泵的组成及工作原理

(1) 地源热泵系统主要由四部分组成：浅层地能采集系统、水源热泵机组（水/水热泵或水/空气热泵）、室内末端采暖空调系统和控制系统。所谓浅层地能采集系统是指通过水或防冻剂的水溶液将岩土体或地下水、地表水中的热量采集出来并输送到水源热泵系统，通常有地埋管换热系统、地下水换热系统和地表水换热系统。水源热泵主要有水/水热泵和水/空气热泵两种。室内采暖空调系统主要有风机盘管系统、地板辐射采暖系统、水环热泵空调系统等。

(2) 地源热泵的工作原理：

夏季：地埋管内的传热介质通过水泵送入冷凝器，将热泵机组排放的热量带走并释放给地层；蒸发器中产生的冷水，通过循环水泵送至空调末端对房间进行供冷。在特定条件下，夏季也可利用地下换热器直接进行供冷。

冬季：热泵机组通过地下埋管吸收地层热量，冷凝器中产生的热水，通过循环水泵送至空调末端对房间进行供暖。

12.2.2 地源热泵的优势及特点

(1) 可再生性：地源热泵利用地球地层作冷热源，夏季蓄热，冬季蓄冷，属可再生能源。

（2）节能性好：地层温度稳定，夏季地温比大气温度低，冬季地温比大气温度高，供冷供热成本低，在寒冷地区和严寒地区供热优势更明显；末端如采用辐射供暖/冷系统，夏天较高的供水温度和冬季较低的供水温度，可提高系统的COP值。

（3）环保美观：地源热泵机组运行时，不消耗水，不污染水源，低碳环保效益显著；地源热泵机组可隐蔽放置，在实现建筑节能减排的同时，不影响建筑物外观。

（4）系统寿命长：地埋管寿命可达50年以上。

（5）占地面积大：无论采用何种形式，地源热泵系统均需要有可利用的埋设地下换热器的空间，如道路、绿化带、基础下位置等。

（6）初投资较高：土方开挖、钻孔以及地下埋设的管材管件、专用回填料等费用较高。

12.2.3 地源热泵系统的分类

地源热泵系统分为地表水源热泵系统、地下水源热泵系统和土壤源热泵系统。

1. 地表水源热泵系统

（1）地表水的温度变化比地下水的水温、地埋管换热器出水水温的变化大，其变化主要体现在：

1）地表水的水温随着全年各个季节的不同而变化；

2）地表水的水温随着湖泊、池塘等的水深度的不同而变化。因此，地表水源热泵的特点与空气源热泵的特点相似。如，冬季要求热负荷最大时，对应的蒸发温度最低；而夏季要求供冷负荷最大时，对应的冷凝温度最高。同时，地表水源热泵空调系统应设置辅助热源（如锅炉）。

（2）地表水是一种很容易采用的低位能源。

（3）闭式地表水源热泵系统相对于开式地表水源热泵系统，有如下特点：

1）闭式环路内的循环介质（水或防冻液）清洁，避免了系统内的堵塞现象；

2）闭式循环系统中的循环水泵只需克服系统的流动阻力；

3）由于闭式循环内的循环介质与地表水之间的换热要求，循环介质的温度一般要比地表水的水温度低2～7℃，由此将会引起水源热泵机组的性能降低，COP有所下降。

（4）要注意和防止地表水源热泵系统的腐蚀、生长藻类等问题，以避免频繁地清洗而造成系统运行的中断和较高的清洗费用。

（5）地表水源热泵系统的性能系数较高。河水温度在6℃时其性能系数可达到3.1。

（6）冬季地表水的温度会显著下降，因此地表水源热泵系统在冬季可考虑增加地表水的水量。

2. 地下水源热泵系统

相对于传统的供暖（冷）方式及空气源热泵具有如下特点：

（1）地下水源热泵具有较好的节能性。地下水的温度相当稳定，一般等于当地全年平均气温或高1～2℃。冬暖夏凉使机组的供热季节性能系数和能效比高。国内地下水源热泵的制热性能系数可达3.5～4.4，比空气源热泵的制热系数要高约40%。

（2）地下水源热泵具有显著的环保效益。地下水源热泵的驱动能源是电，电能是一种清洁能源。因此在地下水源热泵的应用现场不会发生污染。

(3) 地下水源热泵具有良好的经济性。统计表明，地源热泵相对于传统的供暖空调，运行费用节约 18%～54%，使用地下水源热泵技术投资增量回收期约为 4～10 年。

(4) 地下水源热泵能减少高峰需电量，这对于减少峰谷差有积极意义。当室外气温处于极端状态时，用户对能源的需求量亦处于高峰期，而此时的空气源热泵、地表水源热泵的效率最低，地下水源热泵则不受室外气温的影响，因此在室外气温最低时，地下水源热泵能减少高峰需电量。

(5) 回灌是地下水源热泵的关键技术。地下水资源日益短缺，如果不保证抽水 100%回灌，将会带来一系列的环境生态问题，如地下水位下降、地面下沉、河道断流等。

目前，国内地下水源热泵系统有两种类型：同井回灌系统和异井回灌系统。同井回灌系统是我国自主知识产权的新技术，它与传统的地下水源热泵相比有如下特点：

1) 在相同供热量情况下，虽然所需的井水量相同，但水井数量最少减少了一半，故所占现场更少，节省初投资。

2) 采用压力回水改善回灌条件。国外近 60 年地下水源热泵发展的经验：回灌堵塞、腐蚀与水质、水泵耗功过高等问题是地下水源热泵运行成败的关键。因此同井回灌系统采用井中加装隔板的技术措施来提高回灌压力，即使抽水区和回灌区之间的压差大约是 0.1MPa，也可以使回灌水通畅返回地下。

3) 同井回灌热泵系统不仅采集了地下水中的热能，而且采集了含水层固体骨架、岩土层中的热量和土壤的季节蓄能。

3. 土壤源热泵系统

21 世纪开始，土壤源热泵系统有了飞速的发展，与空气源热泵相比，土壤源热泵系统有如下优点：

(1) 土壤温度全年波动较小且数值相对稳定，热泵机组的季节性能系数具有恒温热源热泵的特性，这种温度特性使土壤耦合热泵比传统空调运行效率高 40%～60%，节能效果明显。

(2) 土壤具有良好的蓄热性能，冬季从土壤中取出的能量可以在夏季得到补偿。

(3) 当室外气温处于极端状态时，用户对能源的需求量一般也处于高峰期，由于土壤温度相对地面空气温度的延迟和衰减效应，和空气源热泵相比，它可以提供较低的冷凝温度和较高的蒸发温度，因而在耗电相同的条件下，可以提高夏季的供冷量和冬季的供热量。

(4) 地埋管换热器无需除霜，没有结霜和融霜的能耗，与空气源热泵相比节省了 10%～30%的能耗。

(5) 地埋管换热器在地下吸热和放热，减少了空调系统对地面空气的热、噪声污染。

(6) 运行费用低。据世界环境保护组织估计，节省运行费用约 30%～40%。

12.2.4 污水源热泵系统

采取城市地下污水管渠内、以生活污水为主的原生污水或城市江水湖水、污水处理厂排放水作为热泵低位热源的热泵系统。

12.2.5 地源热泵系统的设计

（1）设计要求与适用条件

1）地埋管地源热泵系统设计前，必须对工程现场进行详细的调查，并对岩土体地质条件进行勘察，取得以下资料：岩土层的结构；岩土体的热物性；岩土体的温度；地下水静水位、水温、水质、分布；地下水径流方向、速度；冻土层厚度等。

2）建筑物周围有可供埋设地下换热器的较大面积的绿地或其他空地。

3）建筑物全年有供冷和供热需求，且冬、夏季的负荷相差不大。

4）如建筑物冷热负荷相差较大，应有其他辅助补热或排热措施，保证地下热平衡。

（2）地埋管换热器或水源井设计

1）专用软件设计：在获得地质结构特性、土壤的热物性参数等资料后，需要进行地埋管或水源井的设计。地埋管换热器设计计算宜根据现场实测岩土体及回填料热物性参数，采用专用软件进行。

2）竖直地埋管换热器的设计也可以按《地源热泵系统工程技术规范》GB 50366 中附录B的方法进行计算。

3）利用概算指标进行方案设计

① 概算指标是指单位负荷所需要的地埋管量，或单位地埋管量的热交换能力，一般都是根据大量同类工程数据的统计值，通过统计回归求得，具有一定的代表性。华北地区地源热泵空调系统方案设计时的概算指标详见表12-1，仅作参考。

地源热泵空调系统方案设计时的概算指标　　表12-1

项目与数值		每米孔深换热量(W/m)		
		土层	岩土层	岩石层
竖直埋管	单U形管	30～40	40～50	50～60
	双U形管	36～48	48～60	60～72

② 单位孔深换热量是地热换热器设计中最重要的数据，是确定地热换热器容量、确定热泵参数、选择循环泵流量与扬程、计算地埋管数量与尺寸等的依据。表中数值为一般情况下的估算值，在地下水丰富地区可适当增加每米孔深换热量。

（3）在设计过程中，既要满足冬季工况的要求，也要考虑满足夏季工况的要求；另外，埋管形式、埋管或竖井的间距、埋深、管径、循环介质的流量等是系统设计和施工中应该重点考虑的因素。注意，地埋管换热器设计计算时，环路集管不应包括在地埋管换热器长度内。

在某些地区，由于供热负荷和供冷负荷差异很大，这时候，在设计地埋管系统时，必须要考虑土壤的热平衡问题，以免系统投入运行几年后，出现地下温度场过度升高或过度降低，从而导致系统失效。

（4）热泵机组选择

1）热泵机组是整个热泵系统的核心部件之一，当地下换热系统一旦选定是地埋管或者水源井后，要合理匹配热泵机组。由于地埋管和水源井的运行工况差异较大，同样的热泵机组，在这两种工况间运行时，供热量有时相差20％～30％。因此，必须选择合适的机型，以免出现大马拉小车或供热能力不足的现象。

2）当水温达到设定温度时，热泵机组应能减载或停机。

3）不同项目地下流体温度相差较大，设计时应按实际温度参数进行设备选型。

4）冬夏季的功能转换阀门应性能可靠，严密不漏。

（5）地源热泵系统与传统供热空调系统的对比分析

1）初投资对比：地源热泵系统的初投资主要由地质结构状况、建筑围护结构的能耗指标、建筑的特性和功能等因素决定。

在住宅建筑中，地源热泵系统冷热源部分的初投资约 130～200 元/m²，比常规的供热系统约高出 30～50 元/m² 不等。由于地源热泵系统兼具供暖和空调的功能，因此，可以省去业主安装分体空调的费用；同时美化了小区的整体环境，提高了房屋的品质。

在商业建筑中，地源热泵系统冷热源部分的初投资约 200～280 元/m²，比常规的空调系统约高出 20～40 元/m² 不等。但由于省去了冷却塔和锅炉等辅助设施，维护保养更简单。

2）运行费用对比

地源热泵系统是“绿色、低碳、环保”的空调系统，其运行费用要比传统供暖或空调系统低 30%～50%。在华北地区，一个冬季每平方米住宅的供暖费用约 15～20 元；每平方米商业建筑的功能费用约 12～25 元不等。根据不同地域、气候、资源、环境和建筑特性，地源热泵系统的投资回收期约 4～7 年左右。

对于采用地源热泵系统的建筑，可以独立进行供暖或制冷，不受市政管网供暖时间的制约，更加灵活方便。

3）使用寿命的对比

地源热泵系统由三部分组成，分别是室外地埋管、热泵机房和室内末端设备。室外地埋管安装的地下，采用高强度聚乙烯管，耐酸碱、抗腐蚀，使用寿命超过 70 年。热泵机房中的设备与常规中央空调主机类似，由于没有高温燃烧过程，其使用寿命在 15～20 年左右，有的甚至达到 25 年以上，而锅炉的寿命一般不超过 10 年。因此，地源热泵系统的使用寿命要高于常规供暖或空调系统。

4）维护保养的对比

从地源热泵系统的组成来看，由于没有冷却塔和锅炉，室外地埋管无需保养，因此，其维护和保养的工作量要少于常规的供暖和空调系统；系统操作简单，安全可靠。

5）环境影响的对比

地源热泵系统与传统供暖方式的比较数据详见表 12-2。

地源热泵系统与传统供暖方式的比较 **表 12-2**

供暖方式	使用能源	特　点
传统供暖方式	煤、油、天然气	1)全部使用一次性矿物能源,消耗大量高位能源； 2)燃烧效率低,燃煤供暖锅炉的效率约 60%～70%,天然气约 90%； 3)燃烧过程中有大量污染物排放,即使是属于清洁能源的天然气,也排放大量 CO_2； 4)燃烧温度达 1000℃以上,用来加热 100℃以下的采暖、生活热水,属于能源品位的浪费； 5)适用范围广

续表

供暖方式	使用能源	特　点
地源热泵系统	部分高位能源（如电力）	1)消耗部分高品位能源，来输送大部分低品位能源，减少了高品位能源的消耗速度； 2)具有极高的运行效率和经济效益，如果把热泵系统的耗电折算成耗煤，则其一次能源效率达到 120%以上，是直接燃煤供暖的 2 倍； 3)使用工程中，没有任何污染物的排放，而且能够减排 CO_2，是目前最为清洁的供暖系统； 4)充分实现了能源按品位分级利用，这本身就是一种节能； 5)目前这种系统仅适合使用在供水温度 50～60℃的场合，特别是建筑物的供暖和供生活热水

12.2.6　地源热泵系统的安装技术

以竖直地埋管为例进行说明：垂直埋管或水源井的施工主要包括钻孔、换热器安装、试压和回填，其中任何一个步骤都极为关键。有些项目在地埋管施工过程中，出现钻井深度不足、换热管长度不够、回填料导热性差、回填不密实、水平管埋深不够、没有严格打压等问题，导致系统投入运行后，出现供热或供冷效果差、耗电高的现象；更有甚者，出现地埋管泄漏，导致系统无法运行的现象。

任何一个完整的地源热泵系统，其各个部分必须和谐统一，才能充分发挥地源热泵系统“高效、节能、环保”的特点。否则，就可能导致运行费用过高，或达不到供热制冷的要求；也有可能导致初投资增加，甚至整个系统毁坏或失效。

1. 钻孔

按设计图的井位在施工现场放线、定井位。单 U 形埋管钻孔孔径约 110～130mm，双 U 形埋管钻孔孔径约 130～150mm，U 形管的外径工程上常采用 32mm，钻孔孔径常采用 150mm。钻孔中常用两种技术：泥浆或空气旋转钻孔（湿钻孔）和标准螺旋钻或空心杆螺旋钻钻孔（干钻孔）。在泥浆或空气旋转钻孔方式中，钻机旋转钻管并沿钻管内部送入高压空气、水或泥浆以润滑和冷却钻头，并沿着钻杆的外侧将钻屑送回地面；在旋转泥浆钻孔方式中，如果需要的话，将取出的泥浆放入泥浆池中以便再回填封孔（原浆回填）。一般情况下，钻孔无须下护壁套管，但是，如果孔壁周围土壤不牢固、有孔洞或有洞穴（如地表层回填有大量的建筑垃圾），造成下管困难或跑浆时，则要求做护壁套管或对孔壁进行固化。

2. 地埋管换热器安装

地埋管材质应采用化学稳定性好、耐腐蚀、热导率大、流动阻力小的塑料管材及管件，一般采用聚乙烯管（PE80 或 PE100）或聚丁烯管（PB 管），管材和管件应为相同材质，连接方式一般为热熔连接和电熔连接。工程中地埋管换热器多采用厂家生产的成品，在下管前进行第一次试压，然后用固定支架或分离支架把 U 形管两支管分开，钻孔完成后立即下管，下管时 U 形管内应充满水，以增加自重，减少浮力。下管方法有人工下管和机械下管两种。一般情况下先用人工下管，下到一定程度，人工下管有困难时，改用机械下管，直到井底设计深度。地埋管换热器与环路集管的连接采用热熔承插连接，也有采用热熔对接的，实际上各个尺寸的聚乙烯管均可采用热熔对接的方法。热熔对接就是将待接聚乙烯管段界面，利用热熔焊机加热板加热熔融后相互对接融合，经冷却固定而连接在一起的方法。

3. 回填

回填是地埋管控制器施工过程中的重要环节，即在钻孔完成、下管完毕后，向钻孔中注入回填材料。回填材料位于地埋管换热器的管壁与孔壁之间，用于增强管壁与周围岩土间的换热；同时防止地面水通过钻孔向地下渗透，以保护地下水不受地表污染物的污染，并防止各个蓄水层之间的交叉污染。因此，回填材料的选择和正确的回填施工方法对于保证地埋管换热器的热交换性能有重要意义。

关于回填材料，《地源热泵系统工程技术规范》GB 50366 第 4.3.13 条对回填料的描述：地埋管换热系统应根据地质特征确定回填料配方，回填料的导热系数不宜低于钻孔外或沟槽外岩土体的导热系数。其中对回填材料的配方未做具体规定或说明。而《地源热泵系统工程技术规范》第 4.4.9 条中对回填材料的描述：竖直地埋管换热器灌浆回填料宜采用膨润土加细砂（或水泥）的混合浆或专用灌浆材料；当地埋管换热器设在密实或坚硬的岩土体中时，宜采用水泥基料灌浆回填。其中对混合浆的配比也未做详细说明。而工程中回填分竖直地埋管换热器回填和环路集管回填两部分。对竖直地埋管换热器的回填，一般采用配比为“膨润土 15%＋细砂 10%”；同时对配比设计合理的水泥砂浆回填材料，由于其具有较好的导热性、经济性及足够的耐久性，而且成本低廉，使用安全环保，工作性较好，获取容易，特别在干燥的岩土地区被广泛使用。

在地下水丰富的地区，为保证地下水的流动性，增强对流换热效果，不宜采用水泥砂浆灌浆，比较好的回填方式是原浆（钻孔时取出的泥砂浆，凝固后收缩很小）回填。而环路集管的回填料应采用网孔不大于 15mm×15mm 的筛子进行过筛，保证回填料不含有尖利的岩石块和其他碎石。为保证回填均匀和回填料与管道接触紧密，回填应在管道两侧同步进行，同一沟槽中有双排或多排管道时，管道之间的回填压实应与管道和槽壁之间的回填压实对称进行。各压实面的高差不宜超过 300mm，管道的两侧及管顶上方 150mm 以内采用人工细砂回填，上部 500mm 以内采用轻夯实，严禁压实机具直接作用在管道上，损坏管道。

4. 地埋管换热器系统的检验与验收

（1）地埋管换热系统安装过程中，应进行现场检验，并提供检验报告。检验内容应符合如下规定：

管材、管件等材料应符合国家现行标准的规定；钻孔、水平埋管的位置和深度，地埋管的直径、壁厚及长度均应符合设计要求；回填料及其配比应符合设计要求；水压试验应合格；各环路流量应平衡，且应满足设计要求；防冻剂和防腐剂的特性及浓度应符合设计要求；循环水流量和进出水温差均应符合设计要求。

（2）水压试验规定：当工作压力小于或等于 1.0MPa 时，试验压力应为工作压力的 1.5 倍，且不应小于 0.6MPa；当工作压力大于 1.0MPa 时，试验压力应为工作压力加 0.5MPa。并不得以气压试验代替水压试验。

一般情况下，地埋管换热器系统的水压试验分四个步骤：

第一次水压试验（即地埋管换热器的单项试压）：竖直地埋管换热器插入钻孔前，应做第一次水压试验。在试验压力下，稳压至少 15min，稳压后压力降不应大于 3%，且无渗漏现象；将其密封后，在有压状态下插入钻孔，完成灌浆之后保压 1h。水平地埋管换热器放入沟槽前，应做第一次水压试验。在试验压力下，稳压 15min，稳压后压力降不应大于 3%，且无渗漏现象。

第二次水压试验（即“环路集管＋地埋管换热器”的单项试压）：竖直或水平地埋管换热器与环路集管装配完成（进入小室集分水器）后，回填前应进行第二次水压试验。在试验压力下，稳压 30min，稳压后压力降不应大于 3%，且无渗漏现象。

第三次水压试验（即环路集管至机房干管部分的单项试压）：环路集管与机房分集水器（小室集分水器至机房集分水器干管）连接完成后，回填前应进行第三次水压试验。在试验压力下，稳压至少 2h，且无渗漏现象。

第四次水压试验（即地埋管换热系统的系统试压）：地埋管换热系统全部安装完毕，且冲洗、排气及回填完成后，应进行第四次水压试验。在试验压力下，稳压至少 12h，稳压后压力降不应大于 3%，且无渗漏现象。

（3）管道冲洗试验：地埋管换热系统宜设置反冲洗系统，冲洗流量宜为工作流量的 2 倍。在地埋管换热器安装前、地埋管换热器与环路集管装配完成后及地埋管换热器系统全部完成后均应进行管道冲洗试验，以保证系统运行的安全可靠。工程实际操作过程中，冲洗介质为自来水，压力在 0.3～0.4MPa，冲洗结果为出水水质清澈透明即可。

（4）地埋管换热系统的验收：一般分为材料进场验收、水压试验验收、冲洗试验验收、回填过程（回填料配比、混合程序、灌浆及封孔）验收等。

12.2.7 地源热泵应用实例

1. 某住宅项目地源热泵空调的应用

（1）工程概况

某住宅项目位于济南市，建筑面积为 6.2 万 m^2，采用“地源热泵系统＋冷却塔辅助冷却系统＋燃气锅炉辅助加热系统”，地源热泵系统用于过渡季供热和制冷，锅炉用于寒冷季调峰。

（2）设计负荷及参数

夏季空调冷负荷 3216kW，水温要求为蒸发器进出水温度 6/13℃，冷凝器进出水温度 25/30℃；冬季供热热负荷 2060kW，水温要求为蒸发器进出水温度 5/10℃，冷凝器进出水温度 38/45℃，最冷月份再由锅炉升温至 48℃。

（3）地源热泵空调系统形式

地源热泵系统＋冷却塔辅助冷却系统＋燃气锅炉辅助加热系统。

1）冷热源（机房）

地源热泵机房设置 2 台 SSD8800DH/NB 型地源热泵机组。

2）地埋管换热器系统

本工程地源热泵地埋管系统采用竖直地埋管换热器。每个区域均设一个分集水器小室，每个小室负责该区域环路集管的汇聚；与供回水干管连在一起，进入地源热泵机房，形成闭式的地埋管换热器系统。本工程共设置“双 U32 型”竖直地埋管换热器 192 个，换热器设计长度为 120m，钻孔直径为 150mm，孔间距为 4～5m，地埋管换热器管材材质为聚乙烯管（PE100，公称压力为 1.6MPa），管道公称外径为 32mm，热熔连接；水平环路集管和进热泵机房供回水总管的管材为聚乙烯管（PE100，公称压力为1.6MPa），热熔连接，环路集管进小室均为同程式设置；敷设方式为无补偿式直埋敷设，埋深为距地面1.5～1.8m。

3）末端空调系统设置

系统形式为“风机盘管＋新风”。

夏季调峰辅助冷却塔系统。

按全楼50％冷负荷设置冷却塔辅助冷却系统，系统运行方式为“地源热泵系统＋冷却塔辅助冷却系统”，其中1台热泵机组对应冷却塔运行，另1台热泵机组对应地埋管换热系统运行，中间通过阀门断开。

4）冬季调峰辅助锅炉系统

系统设置燃气锅炉辅助加热，保证最冷月份的供热需求。加热量按全楼热负荷的50％计算，共设置1台燃气锅炉，当水温加热至48℃时锅炉自动停止加热。

5）定压和补水系统

地埋管换热系统和末端循环系统各设一套独立的补水系统，系统形式为“补水泵＋稳压膨胀器”，系统定压在0.1～0.2MPa，由电接点压力表自动控制。

（4）地埋管换热系统施工过程

1）施工难点分析及对策

地埋管换热器钻孔共192个，钻孔和开挖占用场地范围很大、占用时间长，需要与土建、市政、园林等的交叉施工单位协调，并要求分期分批逐步腾出施工场地。基本上，地埋管换热器施工时，别的专业都无法在此区域内施工，钻孔时泥浆池和排水沟占用整块施工场地，环路集管施工时开挖管沟至地下1.6m左右，沟槽和土堆要占用整块场地。施工速度要快，场地占用时间要短，协调是最大的困难。为此，项目部专设1人负责现场的协调工作，逐一解决场地问题。

冬施期间管道水压试验困难，地埋管换热器打压时可能会结冰，导致施工无法进行，影响施工工期。解决对策是在现场搭设一个简易的暖棚，用电加热器烧热水，在暖棚内进行地埋管换热器的第一次水压试验。

2）机械和人员准备

主要施工机械钻孔机计划使用10台，配用施工操作人员共30人。

3）地埋管施工现场准备

调查地质情况：本工程地处海边，换热器埋深130m内均为泥沙土质，地下水位高，非常适合地埋管换热器的施工。

调查地下管线情况：各类市政管线还未施工，但需要做好各专业前期的技术准备和施工进度安排。

进行场地平整：施工场地建筑垃圾多，土建的搅拌站、材料堆放场及临时硬化的道路等都需要清理平整。

4）钻孔、下管及回填

钻孔、下管及回填与别墅施工相同。地埋管换热器第一次水压试验压力为1.6MPa，回填方式为原浆回灌、封孔。

5）环路集管及分集水器小室施工

片区内环路集管均采用同程设置，热熔连接，由于环路集管管线密集，施工中要重点控制供水、回水间距必须不小于600mm；各片区分别设置一个分集水器小室，小室由现浇钢筋混凝土制成，防水方式采用外墙外防水，穿墙套管为刚性或柔性套管，分集水器采用现场制作或工厂订购；各小室环路集管经分集水器汇集，然后分别连接至供回水主干管上，统一进机房，PE管道连接方式均为热熔连接。

6）各小室分集水器至热泵机房干管施工

干管部分施工采取分段施工方式：分段安装、试压、回填。

7）地埋管换热系统试压

地埋管换热器系统水压试验压力为0.6MPa，稳压12h，稳压后压力降不应大于3%，且无渗漏现象。系统试压、冲洗合格，下一步就可以安排系统试运行了。

（5）热泵机房、锅炉房和冷却塔施工

机房热泵机组、锅炉、冷却塔、循环水泵及阀门等附件施工与常规机电施工相同。重点关注V1～V4冬夏切换阀门和干管起切断作用的电磁阀安装。

（6）热泵空调系统调试

系统调试主要分三个功能部分，分别是冬夏季正常情况下的“热泵机组＋地埋管换热系统＋末端空调系统”、夏季极端高温时的“热泵机组＋地埋管换热系统＋冷却塔辅助降温系统＋末端空调系统”及冬季极端低温时的“热泵机组＋地埋管换热系统＋锅炉辅助加热系统＋末端空调系统”。其中核心部分是“热泵机组＋地埋管换热系统＋末端空调系统”。系统调试阶段正值夏季供冷，V1～V4切换至夏季运行状态，分别对地埋管换热系统和末端空调系统进行无负荷试运行，检查系统的流量、压力、压差及运行平稳情况，一切正常后再开启热泵机组制冷。通过热泵机组检测到地埋管换热系统无负荷时的水温（即地下恒温水温度）约18℃。调试完成，系统各项参数正常，末端空调室内温度达到设计要求。

2. 某别墅地源热泵的应用

（1）工程概况

北京市某别墅地源热泵空调系统工程，总建筑面积为530m^2，建筑共二层，局部三层，砖混结构。

（2）设计参数

夏季干球温度24±1℃，相对湿度＜60%；冬季干球温度20±1℃。

（3）地源热泵空调系统

1）冷热源（“三联供”：供冷、供热、供生活热水）

夏季空调冷负荷：26.5kW；冬季采暖热负荷：29.5kW。

根据建筑物冷热负荷和热泵机组的技术参数，选用一台HT30A型三联供地源热泵机组，以满足本建筑物制冷、采暖及生活热水的需要。末端系统循环泵选用DFG32-160A型水泵，地埋管循环泵选用DFG32-125A型水泵，高温热水循环泵和热水供应循环泵均选用DFG25-100/2/0.37型水泵。

2）地埋管换热系统

地埋管换热系统采用竖直双“U”形地埋管换热器，根据冷热负荷要求设置竖直埋孔共9眼，地埋管材质为PE100-1.6MPa形聚乙烯管。竖直埋管换热器竖井开孔直径为

150mm，井深 100m，井间距为 4.5m，井内设双“U”形竖管换热器，竖管外径为 *de*32。水平环路集管为聚乙烯管，外径为 *de*40～63，采用同程设计。水平环路集管干管进入机房后改用镀锌钢管。防冻液为乙二醇（200kg）。

3）末端系统

末端系统冬季为“风机盘管＋地板辐射采暖＋散热器”形式，满足供热负荷要求；夏季为风机盘管系统，满足空调供冷负荷要求。其中风机盘管共 15 台，散热器共 3 组，首层地板辐射采暖面积 192m^2。

4）定压补水

地埋管和末端系统定压采用“市政自来水＋气压罐”的定压方式，保证系统的压力稳定。补水定压为 0.25～0.45MPa，气压罐大小均为 24L。

（4）电气和自动控制系统

1）机房由用户引入 380V 电源，电源频率为 50Hz。机房进线柜设电流、电压显示及计量表。

机房总配电柜进线：2（YJV22-1kW　3×16＋2×16）。

热泵机组配管穿线：BV-5×16-SC32。

循环泵配管穿线：BV-4×4-SC25。

2）热泵机组可以根据系统负荷的变化，通过冷凝器回水温度自动调节机组的运行。

3）冬夏工况转换：通过控制面板进行冬夏工况转换操作。

（5）施工机械和仪表

1）主要机械：钻机（ϕ150 配电机 7.5kW）、卷扬机（升降机）（配电机 7.5kW）、泥浆泵（配电机 6.5kW）、热熔焊机、打压泵、挖机、破碎机、电焊机、套丝机等。

2）仪器仪表：水表（施工用水计量）、电度表（施工用电计量）、万用表、氧压表和乙炔表、游标卡尺、压力表（0～2.5MPa，试压时使用）、压力表（0～1.0MPa）、温度计（0～100℃）等。

（6）地埋管施工过程

1）人员配备：一台钻机配 4 人进行钻孔操作，正常情况下平均每台钻机每天完成 1.5～2 眼竖井。环路集管配 PE 塑料管热熔焊接操作技工 1 名。机房和末端施工时根据需要随时调配人员。

2）钻孔：本项目计划用钻机 1 台，工人 4 名，挖泥浆池、架设钻机等施工准备一天。钻孔孔径 150mm，深度为 100m，每天完成 2 个孔。

3）下管：下管前先对双“U”盘管在地面进行压力试验，试验压力为 1.6MPa，稳压时间为 15min，压力下降不超过 3%，管道及接头处无渗漏现象，甲方或监理工程师见证。双“U”竖管间隔 4m 设一个固定支架（分离支架），将其 4 根管道分开。先是人工用顶杆将双“U”头及竖直地埋管换热器（管道带压）往钻孔里下管，到一定程度之后，人工的力量不足以使管道继续下降时，改用钻机顶杆继续下管，直到 100m 管伸到井底。在竖直地埋管换热器回填前要进行第二次压力试验：地面位置试验压力为 0.6MPa，持续时间为 30min，压力降不大于 3%（压力表指针基本不动），管道及接头处无渗漏现象，甲方或监理工程师见证。

4）竖孔回填：第二次试压合格，立即将钻孔用原浆回灌，填实封孔，隔离含水层。

5）水平环路集管施工：先用挖机开槽，到地面下 1.6m 原土处（非原土应进行夯实处理），然后进行环路集管和竖直地埋管的热熔连接。连接完毕进行第三次水压试验：试验压力为 0.6MPa，持续时间为 2h，压力降不大于 3%，无渗漏现象，甲方或监理工程师见证。

6）环路集管的回填：第三次压力试验合格后即可进行环路集管的回填，在环路集管的两侧和顶部 150mm 以内采用细砂回填，上部采用开挖的过筛原土或细黏土回填，分层夯实至地面（±0.00），注意回填土不得用建筑垃圾、淤泥及含水量过大的土质。

7）地埋管换热器系统试压：地埋管换热器系统全部施工完毕，进行管道冲洗，并进行第四次水压试验：试验压力为 0.6MPa，持续时间为 12h，压力降不大于 3%，无渗漏现象，并由甲方或监理工程师见证。

（7）运行与移交

地源热泵空调系统竣工后，正好赶上冬季供暖。经过一周的试运行，系统运行稳定，室内温度保持在 20～23℃，达到节能、环保、舒适的设计要求。期间对物业人员进行了培训，包括对系统的熟悉、对设备的操作、对遇到情况时的处理等，用户非常满意，并正式办理了竣工手续、移交手续和工程保修手续。

3. 地埋管施工的质量问题及原因分析

（1）地质条件不清楚，延误工期

仅凭经验进行地埋管换热系统的设计和施工，没有参考施工地点的地质勘察报告，对地下水位、岩石或鹅卵石状况不清楚，造成钻孔施工进度迟缓，工期延误。对地下水位低的岩石地区采用原浆回灌就不合适，因为原浆脱水后形成气孔，阻碍热交换，降低系统性能。

（2）钻孔护壁不到位，形成废井

弄清土壤的地质条件对竖孔的成功与否十分重要。某项目土壤中有卵石含砂层，成孔后泥浆护壁不到位，插入竖管到 30m 深就堵住了，原因是井壁塌落所导致，该井成了一眼废井。

（3）分集水器小室防水渗漏，造成分集水器及阀门等附件在水中浸泡锈蚀

在地下水丰富地区，小室的砌筑一定要用现浇钢筋混凝土，砖砌小室防水问题多数解决不好。砖砌小室防水不好，造成小室内分集水器浸泡在水中，对分集水器、管道及阀门造成生锈、腐蚀，影响地埋管换热器的正常使用。改做内防水，无一例成功。补救措施：将分集水器、管道及阀门附件做沥青防腐，刷一道沥青，缠二道玻璃丝布，再刷二道沥青，基本做到与水隔绝，防锈防腐。

总之，地源热泵可以利用大地的蓄热能力，把夏季多余的热能存入大地，在冬季取用，把冬季多余的冷能存入大地，在夏季取用，如此往复循环，以达到冬夏两季室内供暖与供冷要求，为人们创造舒适的室内环境。

12.3 空气源热泵

12.3.1 空气源热泵机组种类与特点

空气源热泵机组的分类方法很多，分类方法和特点详见表 12-3。

热泵机组的分类 表 12-3

分类依据	机组类型	机组特点	机组形式
供冷/供热方式	空气-水热泵机组	冬季利用室外空气作热源，依靠室外空气侧换热器吸取室外空气中的热量，并传输至水侧换热器，制备热水作为供暖热媒。在夏季则利用室外空气侧换热器向外排热，于水侧换热器制备冷水；通过转换阀，改变制冷剂在环路中的流动方向，实现冬、夏工况的转换	整体式热泵冷热水机组 组合式热泵冷热水机组 模块式热泵冷热水机组
	空气-空气热泵机组	室内室外均为风循环模式进行热交换	窗式空调器 分体空调器 多联机 屋顶式空调器

12.3.2 空气-水热泵机组主要特点

（1）整体性好，安装方便，可露天安装在室外，如屋顶、阳台等处，不占有效建筑面积，节省土建投资。

（2）一机两用夏季供冷、冬季供热冷热源兼用，省去了锅炉房。

（3）夏季采用空气冷却，省去了冷却塔和冷却水系统，包括冷却水泵管路及相关的附属设备。

（4）机组的安全保护和自动控制，集成度较高，运行可靠，管理方便。

（5）夏季依靠风冷却，冷凝压力比水冷时高，COP 值比水冷式机组低。

（6）机组常年暴露在室外，运行环境差，使用寿命比水冷机组短，价格较水冷式机组高，机组的噪声与振动对环境形成污染。

12.3.3 空气-水热泵机组的变工况特性

1. 环境温度、冷水出水温度对机组性能的影响

在热泵机组的实际使用中，当工况改变时，机组的制冷量、功耗将随环境温度和出水温度的变化而改变。

（1）空气源热泵冷水机组的制冷量随冷水出水、温度的升高而增加，随环境温度的升高而减少，这主要是由于冷水出水温度升高时，系统的蒸发压力提高，压缩机的吸气压力也提高，系统中的制冷剂流量增加了，因此制冷量增大，反之，当环境温度升高时，系统中的冷凝压力提高，压缩机的排气压力也提高，使系统中的制冷剂流量减少，制冷量也相应减少。

（2）机组的功耗随出水温度的升高而增加，随环境温度的升高而增加，这主要是由于出水温度升高时蒸发压力提高，如果此时环境温度不变，则压缩机的压缩比减少，虽然单位质量制冷剂的功耗减少，但由于系统中制冷剂的流量增加，因而压缩机的功耗仍然增大，当环境温度升高时，系统的冷凝压力升高，导致压缩机的压缩比增加，单位质量制冷机的功耗也增加，此时虽然由于冷凝压力提高使系统中的制冷剂流量略有减少，但压缩机的功耗仍然是增加的。

（3）空气源热泵机组的制冷量和输入功率大体上与冷水出水温度和环境温度呈线性

关系。

2. 环境温度、热水出水温度对机组性能的影响

在热泵机组的实际使用中，当工况改变时，机组的制热量、功耗将随环境温度和出水温度的变化而改变。

（1）空气源热泵型冷热水机组的制热量随热水出水温度的升高而减少，随环境温度的降低而减少，这主要是由于机组在制热时，如果要求出水温度提高，则冷凝压力必然相应提高，并导致系统的制冷剂流量减少，制热量也相应减少。此外当环境温度降低至零度左右时空气侧换热器表面结霜加速，蒸发温度下降速率增加，机组制热量下降加剧，同时必须周期地进行除霜，机组才能正常工作。

（2）机组在制热工况下的输入功率随热水的出水温度升高而增加，随环境温度的降低而减少，这主要是由于热水出水温度升高时要求的冷凝压力相应提高，如果环境温度不变，则压缩机压缩比增加，压缩机对单位质量制冷剂的功耗增加，导致压缩机的输入功率增加，当环境温度降低时，系统中的蒸发温度降低，使压缩机的制冷剂流量减少，特别是环境温度降低到零度以下时，由于空气侧换热器表面结霜，传热阻力增大，此时流量减小更快，使压缩机相应的输入功率减小。

12.3.4 空气源热泵系统的设计

1. 热泵机组容量的确定

空气—水热泵机组的容量应根据空调系统的冷、热负荷，综合考虑后确定，一般取决于冷、热负荷中的较大者。机组的制冷量、制热量除与环境空气温度有密切关系以外，还与除霜情况有关。

生产企业提供的机组变工况性能和特性曲线中的制热量，一般为标准工况下的名义制热量，是瞬时值，并未考虑如融霜等因素引起的制热量损失，因此，确定机组冬季的实际制热量时，应根据室外空调计算温度和融霜频率进行修正。

$$Q=qk_1k_2 \tag{12-1}$$

式中 Q——机组实际制热量（kW）；

q——机组名义制热量（kW）；

k_1——机组使用地区的室外空调计算干球温度的修正系数，按照产品样本选取；

k_2——机组融霜修正系数，每小时融霜一次取 0.9，两次取 0.8。

机组的融霜次数可按所选机组的融霜控制方式、冬季室外计算温度、湿度选取；也可要求生产企业提供。

2. 系统辅助加热

空气源热泵机组的供热量，随着环境空气温度的降低而减少，但此时建筑物的供热负荷却增大，当供热量小于热负荷时，两者之间的差值即为所需的辅助加热量。辅助加热量可通过绘制热泵机组的供热特性曲线与建筑物热负荷特性曲线来确定。辅助加热的热源可以是电、蒸汽、热水等，其中最常用的为电加热，一般设在供水侧电加热，宜分挡设置，按室外环境温度低于平衡点的不同幅度自动调节。

12.3.5 空气源热泵系统的布置安装要求

（1）布置热泵机组时，必须充分考虑周围环境对机组进风与排风的影响，应布置在空

气流通好的环境中，保证进风流畅，排风不受遮挡与阻碍，同时应避免进、排风气流产生短路。

（2）机组宜安装在主楼屋面上，因其噪声对主楼本身及周围环境影响小，如安装在裙房屋面上，要注意防止其噪声对主楼房间和周围环境的影响，必要时应采取降低噪声的措施，应优先考虑选用噪声低、振动小的机组。

（3）机组与机组之间应保持足够的间距，机组的进风侧离建筑物墙面不应过近，以免造成进风受阻，机组之间的间距一般应大于 2m，进风侧离建筑物墙面的距离应大于 1.5m。

（4）机组进风口处的气流速度宜保持 1.5～2m/s。排风口处的气流速度，宜大于等于 7m/s，进、排风口之间的距离应尽可能大。

12.3.6　空气源热泵系统的季节性能系数

空气源热泵的性能与室外空气温度的变化有着密切的依赖关系，从而导致了它性能上的“逆反效应”。在夏季，当室外空气温度升高时，空调冷负荷增大，而热泵机组的制冷量与效率却随之减少与降低；在冬季，当室外空气温度降低时，空调的热负荷增大，而热泵机组的供热量与效率却随之减少与降低，因此，实践中不能简单地以某一指定工况下的 EER 或 COP 来评价热泵机组性能的优劣。

由于各地区全年 8760h 运行温湿度的频率小时数的分布都是不同的，即使在同一城市，对于不同类型的建筑，也会因机组运行时间表的不同而导致室外温度频数分布的不同。同时，对用户来说，关心的不应该是某一工况下的效率，而应该是全年的运行效率。

为了评价空气源热泵机组运行的热力经济性与能效特性，必须应用供冷季节能效比 SER 和供热季节性能系数 SPDF。显然，这也是选择空气源热泵机组的主要经济技术指标。

12.4　水环热泵

12.4.1　水环热泵系统特点及适用范围

闭式水环热泵空气调节系统简称水环热泵空调系统（WLHP），是水—空气热泵的一种应用方式，它通过一个双管封闭的水环路，将众多的水—空气热泵机组并联起来，热泵机组将系统中的循环水作为吸热的热源和排热的热汇，形成一个以回收建筑物内部余热为主要特征的空调系统。

水环热泵系统内通常需连接辅助加热装置和冷却装置。辅助加热装置一般采用锅炉、换热器等加热源，冷却装置一般采用开式或闭式冷却塔，也可采用太阳能、工业废水、地下水或者土壤换热器等作为辅助冷热源。

水环热泵系统的优点：节能、舒适、可靠灵活、节省投资、设计简单、施工容易、管理方便等。

水环热泵系统的缺点：噪声较大、新风处理困难、过渡季节难以利用室外新风“免费供冷”、配电容量大、用能方式不合理等。

水环热泵系统的适用范围：有明显的内区和外区划分；冬季内区余热量较大或者建筑物内有较大量的工艺余热；当采用电、燃油、燃气等高品位能源作为冬季辅助热源时，辅助加热量不宜超过水环热泵机组的耗电量；有同时供热、供冷需求；有分别计量需求；以冬季供暖为主，有合适的低品位辅助热源（如工厂废热，地热尾水）等。

12.4.2 水环热泵系统的工作原理及类型

（1）水环热泵机组的工作原理：供冷时，热量从空调房间中排向循环水系统，供热时，空调房间内的空气从循环水中吸取热量。当供冷机组向循环水排放的热量与同时工作的供热机组自水系统吸收的热量相等时，系统既不需要加热，也不需要冷却，从而理想地实现了热量的转移和回收。

（2）水环热泵机组的类型：落地式机组、立柱式机组、水平卧式机组、大型立式机组、屋顶式机组、分体式机组、全新风机组、水水式热泵机组、独立空气加热器机组等。

12.4.3 水环热泵系统的设计

1. 空调分区

水环热泵空调系统最主要的特点是跟踪负荷的能力强，机组可随时调整运行状况，实现建筑物内的热量回收，合理有效的空调分区是实现节能的前提。

与变风量系统不同之处在于，水环热泵空调系统中的空调分区不考虑系统划分的因素，除了空调房间的使用功能、使用时间、设计参数等常规系统中也需要考虑的因素外，水环热泵系统主要以房间的负荷特性及独立温控区域为分区依据，大空间建筑应考虑内外区划分，外区进深一般为3～5m。

2. 负荷计算

夏季工况：分区计算，空调区逐时冷负荷，计算方法与常规空调系统相同，分区空调逐时冷负荷的最大值用于选择水环热泵机组。

冬季工况：分别计算外区热负荷和内区冷负荷，然后计算各自区域水环路的吸热量和排热量。根据系统的同时使用情况，各空调区逐时冷热负荷最大值的代数和并考虑了负荷参差系数即为空调系统的设计冷、热负荷，用于选择排热设备和辅助加热设备。

3. 系统运行工况确定

选择和校核水环热泵机组前，必须首先确定系统运行工况，主要是确定循环水的供回水温度。

夏季工况：《水（地）源热泵机组》GB/T 19409中水环热泵机组中的额定进出水温度为30～35℃。水环热泵空调系统中，夏季冷却水温度应通过经济比较确定，常规空调用冷却塔的出水温度为32℃，开式冷却塔还应加上1～2℃的板式换热器传热温差，降低冷却水温度可提高水环热泵机组的效率，但需加大冷却塔型号。

冬季工况：随着水温升高，水环热泵机组制热能力增大，辅助热源容量减小，但同时制热系数降低，耗电量增大，因此，在制热量满足负荷要求的前提下，应尽可能降低冬季循环水的供水温度，国标《水（地）源热泵机组》GB/T 19409中水环热泵机组的额定进水温度为20℃，另外，为了保证系统水力工况稳定，应使循环水流量恒定，冬、夏季取相同的进出水温差。

4. 水环热泵机组的选择

一般情况下，根据夏季冷负荷进行机组选型，并对冬季制热量和制冷量进行校核。

对于需要冬季供冷的机组，应注意其制冷量应为冬季工况下的制冷量。

根据机组实际的进水温度、进风干湿球温度、循环水流量等工况条件进行机组选型修正，必要时应重新选择机组型号和调整系统运行工况。

根据空调区的使用功能，装修需要分区情况等选择水环热泵机组的形式。

12.5 热泵机组自动控制

12.5.1 机组的就地控制

热泵机组的运行一般由机组配带的壁挂式室温控制器进行控制，其基本的控制功能为温度控制。可选的功能有10～40s随机启动定时器，可避免所有机组同时启动，减少对电网的冲击；防止压缩机频繁启停的时间继电器，可使压缩机在停止运行后的几分钟内不再启动；冷凝水溢流开关控制，可使压缩机在冷凝水盘水位较高时停止运转；防冻保护，当水温低于设定值时关闭压缩机。温控器应装在对应空调区域温度有代表性的墙面上。

12.5.2 水系统集中控制

水系统控制应确保两点，一是环路的水温在15～35℃范围内，二是连续而稳定的流量。主要是通过温度传感器和水流开关来实现。

(1) 温度控制：一般在循环水泵进口处设置温度传感器，并与锅炉和换热器保持一定的距离。温度传感器探测冷却塔出水温度或锅炉（换热器）后的混合水温，由控制系统根据设定值对冷却塔风机、水泵或锅炉的运行及换热器热媒的供给进行控制。当采用开式冷却塔时，温度传感器检测板式换热器循环水泵出水温度，随水温升高，依次启动第一台冷却水泵、第一台冷却塔风机、第二台冷却水泵、第二台冷却塔风机。冷却塔控制与普通空调水系统相同。

(2) 水泵控制：循环泵的控制主要是指主水泵与备用泵的自动切换。当系统水流开关检测到缺水时，自动由主水泵切换到备用泵，并发出报警信号，若几秒钟内水流不能恢复正常，将会使系统停机。当系统采用变流量运行时，循环泵应采取相应的变流量措施，如变频调速等，与常规系统相同。

(3) 水电连锁控制：设置水电连锁的区域可以是整个系统，也可以是一个楼层或一个水系统分区，由工程设计来确定。当水系统的水流开关或压差开关闭合时，对应区域的空调总电源才能供电，否则自动切断空调电源。一些厂家的产品在每台机组的控制器上均设有水流开关或压差开关输入接口，当此开关闭合时机组才能启动，当此开关断开时机组自动关闭或无法启动，当不安装水流开关和压差开关时，输入接口短接连锁功能取消。

12.5.3 控制系统

根据工程具体情况可设置DDC中央控制系统。采用DDC控制可以加强中央控制系统与个别机组的配合。除对每台机组的控制以外，还可以增加以下功能：夜间回置和设定；

长期运行记录；水泵循环记录；系统水温度记录；系统水流检测：系统水流、水质、缺水、高水温、低水温、供热设备水流、排热设备水流和循环泵水流等；维修报告：水环热泵机组的高低压、出水温度、空气过滤器状况、送风温度等。

12.6 国家和地方的相关政策

在我国，地源热泵系统起步虽然相对较晚，但是使用范围比较广，且在国家重点工程当中普遍应用。在2000年，国土资源部就制定了《中国地热资源规划》，推动地源热泵技术在建筑中的规模化应用。建设部在2006～2007年就已经把“地源热泵系统”列为“利用可再生能源”的新技术。为鼓励应用，采用者可享有“可再生能源利用的政策性补贴”。从2016年开始，国家又分别将北京、天津、沈阳三个城市作为地源热泵试点推广城市，以大力发展地源热泵技术。

到2009年，全国累计节能建筑面积40.8亿m^2，其中地源热泵使用总面积已达1.39亿m^2，2015年国家能源局编制的《地热能开发利用“十三五”规划》征求意见稿，计划新增地源热泵运用面积7亿m^2。截至2015年，全国地源热泵的装机容量已达1万多兆瓦，约占全球地源热泵项目的一半。

12.6.1 国家积极倡导地源热泵技术

（1）《中华人民共和国可再生能源法》2005年2月28日通过，自2006年1月1日起施行。其对可再生能源的定义：是指风能、太阳能、水能、生物质能、地热能、海洋能等非化石能源。

（2）《建设部、财政部关于推进可再生能源在建筑中应用的实施意见》（建科〔2006〕213号），2006年8月25日起实行。

（3）《可再生能源建筑应用示范项目评审办法》（财建〔2006〕459号），2006年9月4日实施。《可再生能源建筑应用专项资金管理暂行办法》（财建〔2006〕460号），2006年9月4日实施。其中，专项资金支持的重点领域：

1）与建筑一体化的太阳能供应生活热水、供热制冷、光电转换、照明；

2）利用土壤源热泵和浅层地下水源热泵技术供热制冷；

3）地表水丰富地区利用淡水源热泵技术供热制冷；

4）沿海地区利用海水源热泵技术供热制冷；

5）利用污水源热泵技术供热制冷。

（4）《财政部、住房和城乡建设部关于印发加快推进农村地区可再生能源建筑应用的实施方案的通知》（财建〔2009〕306号）的规定，农村可再生能源建筑应用补助标准为：地源热泵技术应用60元/m^2，每个示范县补助资金总额最高不超过1800万元。

（5）《财政部、住房和城乡建设部关于印发可再生能源建筑应用城市示范实施方案的通知》（财建〔2009〕305号）的规定，对纳入示范的城市，中央财政将予以专项补助，资金补助基准为每个示范城市5000万元，最高不超过8000万元。

（6）2005年11月，建设部发布《地源热泵系统工程技术规范》GB 50366，自2006年1月1日起实施。2009年修订。

12.6.2 地方政府大力推广地源热泵技术

(1) 北京市：2007年7月1日开始实施的《关于发展热泵系统的指导意见》(京发改〔2006〕839号)。该意见主要有以下四个方面的内容：

1) 因地制宜，合理发展热泵系统。我市鼓励发展热泵系统的范围：再生水源热泵(含污水、工业废水等)、地源(土壤源)热泵、地下(表)水源热泵(含地下水、河流、湖泊、地热等)。

2) 支持鼓励热泵系统的建设和运营。具体规定：鼓励新建或改造的办公楼、工业厂房、医院、宾馆、学校、大型商场、商务楼等公共建筑以及居民住宅楼和农村集中建设的住宅采用热泵系统，鼓励燃煤、燃油锅炉改用热泵系统，市政府每年安排固定资产投资给予支持；市、区(县)政府投资的学校、医院、园林、行政事业办公楼等公益性项目，供暖制冷系统优先选用热泵系统，所需投资从市政府固定资产投资中安排解决。其他在本市辖区内建设的各类项目，供热制冷系统选用热泵系统的，根据市规划委核定的建筑面积从本市固定资产投资中安排一次性补助，补助标准为：地下(表)水源热泵35元/m^2，地源热泵和再生水源热泵50元/m^2。采用热泵系统的供暖企业参照我市清洁能源锅炉供暖价格收取采暖费，具体价格由各区(县)价格主管部门核定。鼓励国内外企业在本市投资建立专业化能源公司，从事热泵系统的研发、建设、经营和服务，能源公司享受上述投资补助、价格等政策。

3) 加强热泵系统管理，合理开发保护资源，促进热泵系统的有序发展。

4) 进一步加强热泵发展规划和完善热泵技术规范等基础工作。

(2) 沈阳市：2006年9月29日，建设部确定沈阳市为水源热泵推广试点城市。2006年9月29日沈阳市发布《全面推广地源热泵系统建设和应用工作的实施意见》，从发布之日始，全面推广地源热泵系统的建设和应用。文件要求：到2007年底，完成应用面积1800万m^2，2008年、2009年发展规模为每年不少于1600万m^2，2010年为1500万m^2，至2010年底的五年内，全市建筑地源热泵系统应用面积达到6500万m^2，占全市供热总面积的32.5%；为推广地源热泵技术，特别出台五大扶持政策：

1) 降低运营成本。对采用地源热泵技术供热或制冷的项目，系统用电按民用电价收取费用，缓收水资源费。

2) 给予资金支持。在科学利用建设部给予的专项资金的同时，市政府决定今后凡应用地源热泵技术供热的区域，均享受市政府给予燃煤供热区域的全部优惠政策。

3) 提供技术保证。市政府成立推进地源热泵系统建设和应用的技术专家咨询机构，提供技术保证。

4) 加强政务服务。市和区县(市)、开发区两级政府加强对利用地源热泵技术从事供热、制冷经营企业的服务，简化办事程序，实行“一站式”服务，不断提高办事效率。

5) 培育产业发展。市政府将组织制定地源热泵系统设备及配套材料应用的行业标准，并施行市场准入制度，吸引和鼓励国内外地源热泵生产企业在我市投资建厂，强力推行地源热泵系统设备和配套材料的产业化建设。

(3) 天津市：2006年12月30日，天津市发布《地源热泵系统管理暂行规定》。天津市滨海新区出台《关于鼓励绿色经济、低碳技术发展的财政金融支持办法》。对地源热泵，按照供冷（热）面积给予 30～50 元/m^2 的财政补助，最高不超过 200 万元。

（4）大连市：全国唯一的水源热泵技术规模化应用示范城市。

（5）武汉市：市领导高度重视地源热泵技术的推广应用，组织成立了工作组，专门负责武汉市推广应用地源热泵技术的准备工作。

13　给水排水施工新技术

13.1　无负压供水技术

13.1.1　无负压供水概念

无负压供水是一种理想的节能供水方式，它是一种能直接与自来水管网连接，对自来水管网不会产生任何副作用的二次给水设备，在市政管网压力的基础上直接叠压供水的供水方式，在标准中多称为“叠压供水”。

在《建筑给水排水设计规范》GB 50015 术语中规定：叠压供水是指利用室外给水管网余压直接抽水再增压的二次供水方式。

无负压供水具有节约能源、全封闭、无污染、占地量小、安装快捷、运行可靠、维护方便等诸多优点。无负压供水已列为“建设部 2003 年科技成果推广项目”。目前已经颁布实施的国家及行业标准有数十个之多。

无负压供水设备是指通过智能控制技术与稳压补偿技术实现设备对市政管网不产生负压，保证向用户管网不间断供水的供水设备。

13.1.2　无负压供水原理组成及应用范围

1. 设备分类

（1）按结构形式可分为：室内整体式、室内分体式及室外整体式；

（2）按调节装置可分为：稳流调节罐、气压水罐调节、水箱调节和无调节装置；

（3）按供水方式可以分为：变频调速泵加压供水（恒压供水或变压供水）（图 13-1）、工频泵加压供水（图 13-2）。

图 13-1　变频调速泵加压供水

图 13-2　工频泵加压供水

2. 工作原理

通过变频控制器设定水泵工作压力，即用户用水压力。供水时，由压力传感器时刻监控管网压力，并实时上传到变频控制器，变频控制器通过对管网压力值和系统设定值进行运算和比较计算，调节变频泵的转速，实现动态稳定供水。若管网压力高于用户所需压力（设定压力）则自动减少输出频率，从而使泵的转速减少，出水量减少；若管网压力低于用户所需压力（设定压力）则自动增加输出频率。从而使泵的转速增加，出水量增加；当一台泵运行满足不了用户需要时，其他各台泵自动投入，以保证用户的使用压力。当自来水管网的压力升高并达到与用户使用压力一致时，变频器将经过一段延时后便降低转速直到停机（应设置一定的延时），只有当管网压力降到某一设定压力值时，变频器才重新开始工作。变频泵组的工作只是满足用户的用水压力与管网压力之差，充分利用了自来水管网余压，大大节约了电能。当流量调节器（缓冲罐）内出水大于供水，流量调节器内压力将持续下降，控制仪表在市政管网压力低于设定下限值时可自动停止水泵工作（禁止运行），防止过度抽吸市政水源及防止抽水运行。当各种原因导致流量调节器（缓冲罐）的压力低于一个大气压时，安装在流量调节器顶的负压消除器将自动打开，使空气进入流量调节器内，以消除负压，同时联动水泵停止工作。在流量调节器内压力持续升高时，又可以将多余的气体排出流量调节器外，同时使流量调节器内蓄满水，以备下次用水高峰期时使用。在流量调节器内蓄满水后，安装在流量调节器顶的负压消除器将自动关闭，防止溢流。

3. 系统的基本组成

不同形式的无负压供水设备其系统组成和供水原理略有不同，但基本都可以分为以下几个部分：水泵机组、变频控制柜、流量调节水罐（或稳流补偿器、缓冲罐、水源罐等）、真空抑制器、倒流防止器（可选）、压力传感装置、管网系统、控制系统。主要部件介绍如图 13-3 所示。

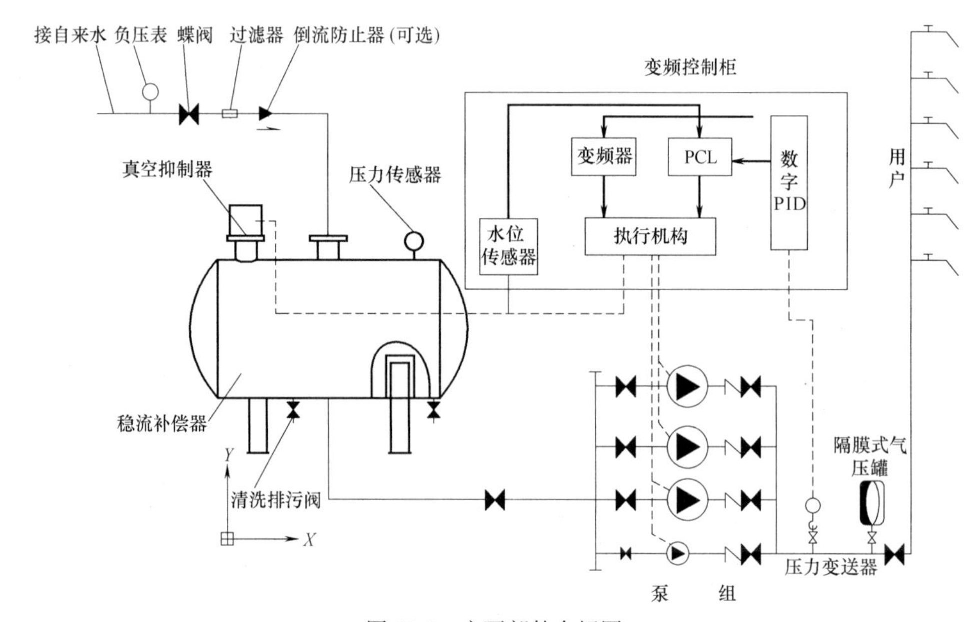

图 13-3 主要部件介绍图

（1）水泵机组：实现叠压供水的动力设备；各厂家的成套设备中配的水泵各有不同；水泵的数量不应小于两台，一用一备。

（2）变频控制柜：整体系统工作的控制中心，可采用全变频控制系统，即所有水泵均采用变频调速拖动，也可采用部分变频控制系统。

（3）流量调节水罐：为了减小直接抽吸对市政供水的影响，一般应在设备入口管道上串接一个承压贮水容器。可以起到缓冲作用（动态补偿作用）的水罐称为缓冲罐，有的厂家也称其为稳流调节罐或稳流补偿器，叫法很多，很难统一；缓冲罐（稳流调节罐）实际上就是气压罐的一种，给水运行时罐内部分容积为压缩空气，靠压缩空气的贮能，对各种突变冲击具有很好的减缓消除作用，同时对市政供水具有一定动态补偿作用。常用的缓冲罐有两种不同结构形式：一种是罐内设置有天然橡胶隔膜的隔膜缓冲罐，隔膜缓冲罐可以完全将空气与自来水隔离和密闭，更有利于保持水质；但也存在着橡胶会老化，使用寿命有限的缺陷；另一种是普通钢制缓冲罐内壁涂有符合卫生标准的防腐涂料，虽然结构简单，维护方便，但补气时会与外界空气接触，存在二次污染的可能。平时无动态缓冲作用仅在市政管无水压时才起备用水源作用的水罐称为水源罐，大容积的承压水池也是水源罐的一种形式。水源罐在给水运行时罐内全部容积充满了水，由于无压缩空气贮能，对各种冲击的缓冲作用和对市政水源的动态补偿效果不如缓冲罐。但当市政水源压力太低，水源罐出水（供水）大于进水量时，罐内贮水容积可全部用来补偿市政水源的不足。

（4）真空抑制器：真空抑制器是无负压供水设备中的关键部件，其工作原理是当系统产生负压时，通过大气压与系统压力的压差作用在密封件上，推动密封件，打开密封面把外界大气引入系统，让系统压强升高破坏负压，直到密封件重新下坠密封，外界大气不再进入系统。真空抑制器安装在流量调节水罐中，当流量调节罐内的压力低于一个大气压时，真空抑制器将自动打开进行补气，防止供水系统出现负压。

（5）倒流防止器：严格限定管道中水只能单向流动的水力控制组合装置，它的功能是在任何工况下防止管道中的介质倒流，以达到避免倒流污染的目的。目前倒流防止器主要分为低阻力倒流防止器和减压型倒流防止器两类，按国家标准低阻力倒流防止器的水头损失小于3m，减压型倒流防止器的水头损失小于7m。倒流防止器安装在流量调节水罐之前，防止流量调节水罐的水在各种情况下倒流回市政管网。

（6）管网系统：多采用不锈钢材质，包括管道、阀门、过滤器等。

13.1.3 无负压供水系统安装调试及运行

1. 安装顺序

无负压供水设备一般都是成橇块、整套设备运到现场。附带底座者已装好电动机和所有管路，底座找平时不必卸下水泵和电机。将底座放在验收合格的混凝土地基上。在地脚螺钉附近垫楔形垫铁。将底座垫高约20～40mm。准备找平后二次灌浆。用水平仪检查底座的水平度。找平后扳紧地脚螺母用水泥砂浆填充底座。经3～4天水泥干固后，再检查一下水平度。检查水泵轴心线与电机轴心线是否重合。若不重合。在电机或泵的脚下垫以薄片，使两个联轴器外圆与平尺相平。然后取出垫的几片薄铁片。用经过刨制的整块铁板来代替铁片，并重新检查安装情况。为了检查安装的精度，在几个相反位置上用塞尺测量两联轴器平面的间隙。联轴器平面一周上最大和最小间隙差数不得超过0.3mm。两端中心线上下或左右的差数不得超过0.1mm。将底座的支持平面、水泵脚、电机脚的平面上的污物清洗干净。

2. 安装要求

（1）拧紧地脚螺栓，以免起动时振动对泵性能产生影响。

（2）在泵的进、出口管路上安装调节阀，在泵出口附近安装压力表，以控制泵在额定工况内运行，确保泵的正常使用。

（3）排出管路如装逆止阀应装在闸阀的外面。

（4）无负压给水设备泵的安装方式分为硬性连接安装和柔性连接安装。

（5）无负压给水设备安装前应仔细检查泵体流产内有无硬质物，以免运行时损坏叶轮和泵体。

（6）无负压给水设备安装时管路应采用无应力连接，不允许应力施加在泵上，以免使泵变形，影响正常运行或水泵的使用寿命。

3. 无负压给水系统调试和运行

设备安装完毕后，应由厂家的专业人员负责调试和试运行。并对日后的运营人员进行培训，受过培训的专业人员负责整体机组的运行和维护。

13.2 同层排水技术

13.2.1 同层排水概念

同层排水是指同楼层的排水支管均不穿越楼板，在同楼层内连接到主排水管。如果发生需要清理疏通的情况，在本层套内即能够解决问题的一种排水方式，如图 13-4 所示。

在《建筑同层排水系统技术规程》CECS 247 术语中规定：在建筑排水系统中，器具排水管和排水支管不穿越本层结构楼板到下层空间、与用水器具同层敷设并接入排水立管的排水系统，器具排水管和排水支管沿墙体敷设或敷设在本层结构楼板和最终装饰地面之间。

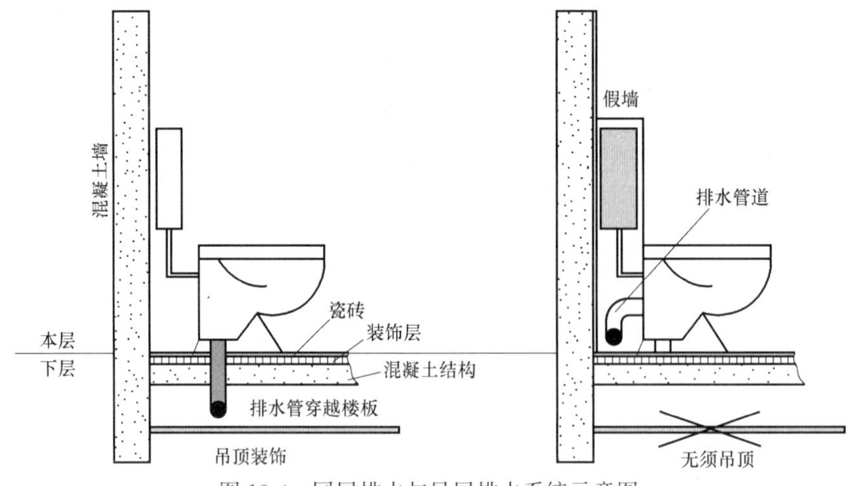

图 13-4　同层排水与异层排水系统示意图

13.2.2 同层排水原理及优势

相对于传统的隔层排水处理方式，同层排水方案最根本的理念改变是通过本层内的管道合理布局，彻底摆脱了相邻楼层间的束缚，避免了由于排水横管侵占下层空间而造成的一系列麻烦和隐患，包括产权不明晰、噪声干扰、渗漏隐患、空间局限等，同时采用壁挂式卫生器具，地面上不再有任何卫生死角，清洁打扫变得格外方便。同层排水是卫生间排水系统中的一个新颖技术，排水管道在本层内敷设，采用了一个共用的水封管配件代替诸多的P弯、S弯，整体结构合理，所以不易发生堵塞，而且容易清理、疏通，用户可以根据自己的爱好和意愿，个性化地布置卫生间洁具的位置。其优势是：

（1）房屋产权明晰：卫生间排水管路系统布置在本层（套）业主家中，管道检修可在本家内进行，不干扰下层住户。

（2）卫生器具的布置不受限制：因为楼板上没有卫生器具的排水管道预留孔，用户可自由布置卫生器具的位置，满足卫生洁具个性化的要求，开发商可提供卫生间多样化的布置格局，提高了房屋的品位。

（3）排水噪声小：排水管布置在楼板上，被回填垫层覆盖后有较好的隔音效果，从而大大减小排水噪声。

（4）渗漏水概率小：卫生间楼板不被卫生器具管道穿越，减小了渗漏水的概率，也能有效地防止疾病的传播。

（5）不需要旧式P弯或S弯：由“坐便接入器”“多功能地漏”和“多功能顺水三通”接入，取代了传统下排水方式中各个卫生器具设置的P弯或S弯。由旧式P弯和S弯产生而其自身无法克服的弊端，我们的同层安装排水方式可以全部解决。

13.2.3　同层排水的分类

1. 从墙体结构安装方式上分为三种不同的方式

（1）降板：即采用卫生间楼板（或局部楼板）下沉的方式。卫生间下沉的排水方式参照《住宅卫生间》01SJ914。具体做法是卫生间的结构楼板下沉（局部）300mm作为管道敷设空间。下沉楼板采用现浇混凝土并做好防水层，按设计标高和坡度沿下沉楼板敷设给水、排水管道，并用水泥焦渣等轻质材料填实作为垫层，垫层上用水泥砂浆找平后再做防水层和层面。01SJ914图集指出，采用这种方式时，应该使用多通道地漏的管配件。现有的降板通常是指卫生间的一次防水层面，低于客厅毛坯层面。用数据来区分有：350mm、450mm不等。同层降板为：200mm，同比降板为350mm、450mm等方式，净空高度可提高200～300mm，少回填200～300mm。回填量小、密实度有保证，省工省料，土建综合成本小，堵漏维修方便，卫生间无须吊顶，增加了整体净空高度，更重要的是减少了楼体的承载负荷。

（2）墙排以管道隐蔽安装系统为主要特征：由欧洲引入，是指卫生间洁具后方砌一堵假墙，形成一定的宽度的布置管道的专用空间，排水支管不穿越楼板在假墙内敷设、安装，在同一楼层内与主管相连接。墙排水方式要求卫生洁具选用悬挂式洗脸盆、后排水式坐便器。该方式达到了卫生、美观、整洁的要求。很多高档住宅选用了此种排水方式，同层排水主要构成件为：立管、支管、隐蔽式水箱及地漏等。

（3）垫层式：指垫高卫生间地面的垫层法，这种方式采用的不多，原因是容易产生“内水外溢”。在老房改选中不得已的情况下偶尔采用。新的工程由于其施工难度大，费工费料，影响美观，增加楼体的承载负荷。现已不再使用了。

同层排水系统主构成件为：总管、多通道接头、导向管件、回气连接管、座便接入器、多功能地漏、漏水处理器等。

2. 不降板同层排水系统和传统同层排水系统的比较

不降板同层排水是同层排水领域一种新的科学技术应用。实现建筑卫生间（也适用于厨房和阳台）既不结构降板也无需额外抬高完成地面的同层排水方式。通过排水汇集器和特殊的可调式配件实现不降板同层检修排水系统，如图 13-5 所示。

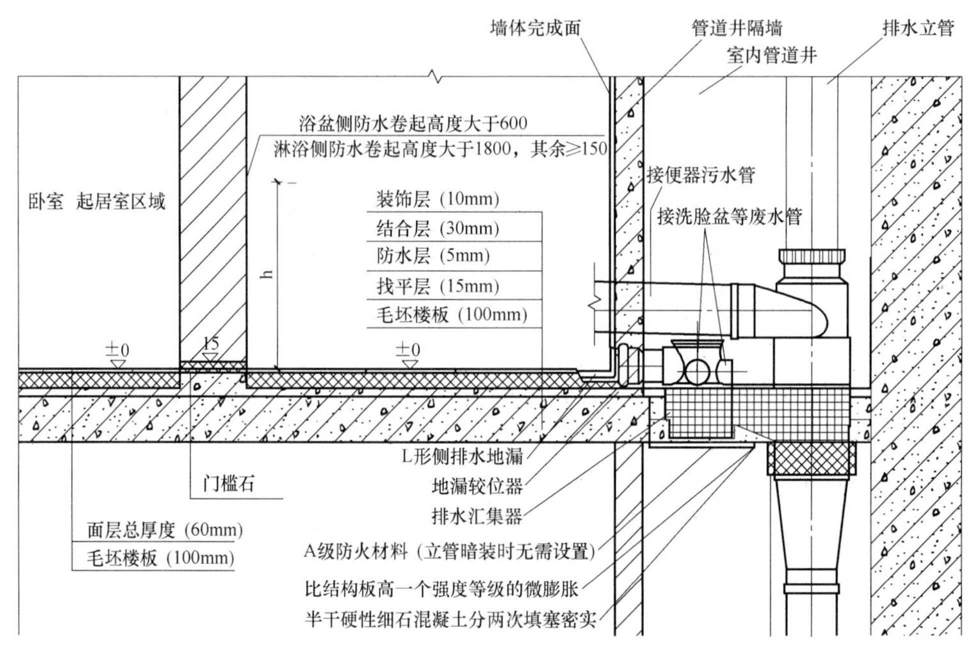

图 13-5 不降板同层排水建筑构造大样图

不降板同层排水系统和传统同层排水系统相比，具有以下优点：①彻底解决层高问题，传统降板同层排水降板高度大，层间净高小，特别是安装电热水器后更加明显，人在进入卫生间后显得压抑，而本系统实现的不降板同层排水或微降板同层排水提高了空间使用效率。②解决地面渗漏、沉箱积水问题。③大幅降低综合造价，传统降板同层排水需要在回填前和回填后共做两次防水，而不降板同层排水只需做一次防水，以降 50mm、6m^2 卫生间计，节省造价约 900 元；传统降板同层排水需用陶粒混凝土填充降层区域，以降 350mm、6m^2 卫生间计，节省造价约 1100 元；传统降板同层排水需在四周侧向支模，以降 350mm、6m^2 卫生间计，需增加造价约 600 元，传统降板同层排水在回填层上方需做钢筋混凝土层（40mm），节省造价约 900 元。④提高排水安全性，通过洗脸盆、地漏、淋浴等排水设施共用水封，保证了系统各个排水器具水封作用的长期有效，在各个器具排水口设置了防止虫鼠进入房间、减缓水封蒸发的止回装置，大大提高了排水安全性。⑤提高排水通畅性，易清通检修。所有横支管在排水汇集器处共用一个水封，排水器具下方不设存水弯，所有器具连接均选用弯头，大大减少排水管道堵塞点。“共用水封”是整个系统中所有废水管唯一的存水弯，“共用水封”作为唯一可能的堵塞点，这套系统为此特地设计了检修口，假使出现堵塞的情况，也可以由住户自己轻松完成清通。⑥解决地漏设置困难的问题，地漏等地面排水配件高度可调节，适用于二次装修，无需更换。

13.2.4　同层排水系统施工技术

1. 管道安装

（1）同层排水系统的连接应符合设计文件规定。

（2）用水器具的排水栓、地漏、排水汇集器与排水管道之间的连接涉及不同材质时，应采用专用配件或采取保证可靠连接的技术措施。

（3）建筑排水硬聚氯乙烯管安装应符合下列规定：

1）采用承插粘结连接；

2）管道接口连接时应将管材与管件承口试插一次；

3）涂抹胶粘剂时应清除粘结表面的灰尘、水渍、油污等；

4）粘结完毕后，擦净接口处多余的胶粘剂；

5）当遇气温较高的夏天，胶粘剂易干固时，不宜采用中型或重型的胶粘剂；当冬季环境温度低于－10℃时，不宜进行粘结连接。

（4）建筑排水高密度聚乙烯管安装应符合下列规定：

1）采用热熔对焊连接或非裸露式电熔管箍连接；

2）采用管道切割机切割，切口应垂直于管中心；

3）切割面应保持清洁，不与其他物体接触；

4）熔接时操作压力和温度应符合要求；

5）对焊连接焊接面高度应符合表 13-1 规定；

对焊焊接面高度　　**表 13-1**

管道公称外径(mm)	32～75	90	110	125	160	200
对焊焊接面高度(mm)	3	4	5	5	7	7

6）连接时应保证轴心线一致，误差不宜超过 2mm；

7）相互焊接的材料的熔融指数差值，不宜大于 0.3。

（5）建筑排水柔性接口铸铁管的安装应符合下列规定：

1）铸铁管采用承插式连接或卡箍式连接；

2）铸铁管连接时，应先清除连接部位的沥青、砂、毛刺等物；

3）承插式连接时，在插口端先套入法兰压盖，再套入橡胶密封圈。然后将插口端推入承口内，对称交叉地紧固法兰压盖上的螺栓；

4）卡箍式连接时，将管道或管件的端口插入橡胶套筒和不锈钢节套内，然后拧紧节套上的螺栓；

5）暗装在装饰墙或管道井（或管窿）等处采用不锈钢卡箍连接或法兰连接时，应对连接部位采取塑料胶带缠裹，并在缠裹表面涂刷防腐涂料、沥青漆等防腐措施；

6）管道接口与墙、梁、板的净距应至少保证能够进行安装及检修，净距宜大于 50mm。

（6）管道支架安装应符合下列规定：

1）根据不同的管材选用相应的固定管卡；当建筑排水塑料管使用金属管卡时，应在金属管卡与管子之间衬垫软质材料；

2）使用金属支架时应对其采取防腐措施；

3）采用地面敷设方式时，排水横管的支架固定不得破坏已做好的建筑防水层，宜采用专用胶粘结固定。

（7）塑料排水管道的支架间距应符合表13-2的规定。

塑料排水管支架间距　　表13-2

管道外径(mm)	32	40	50	56	63	75	90	110	125	160
立管(m)	1.2	1.2	1.2	1.5	1.5	2.0	2..0	2.0	2.0	2.0
横管(m)	0.5	0.5	0.5	0.75	0.75	0.75	1.0	1.1	1.3	1.6

（8）建筑排水硬聚氯乙烯管横管采用弹性密封圈连接时，在连接部位必须设置固定支架；固定支架之间应按表13-2规定设置滑动支架。建筑排水高密度聚乙烯排水管应全部设置固定支架。

（9）建筑排水柔性接口铸铁管的支架应符合下列要求：

1）横管不大于2m，立管不大于3m；

2）立管应每层设固定支架，固定支架间距不应超过3m。两个固定支架间应设滑动支架；

3）立管和支管支架应靠近接口处，承插式柔性接口的支架应位于承口下方，卡箍式柔性接口的支架应位于承重托管下方；

4）横管支架应靠近接口处（承插式柔性接口应位于承口侧），但不得妨碍接口的拆装。承插式柔性接口排水铸铁管支架与接管中心线距离应为400～500mm。卡箍式柔性接口排水管支架与接口中点的距离应小于450mm；

5）横管起端和终端的支架应为固定支架，直线管段固定支架距离不应大于9m。横管在平面转弯时，弯头处应增设支架。

（10）建筑排水柔性接口铸铁管管道系统，可不设位移补偿装置。当直线管段局部需要折线安装时，承插式柔性接口的转角不得大于5°；卡箍式柔性接口的转角不得大于3°。

（11）胶粘剂粘结连接的管道系统中，伸缩节安装应符合下列规定：

1）塑料排水管道的立管每层安装一个伸缩节；

2）塑料排水管道的伸缩节安装在立管三通与固定支架的上方；

3）当塑料排水管道的横管明装且长度较长时，应安装伸缩节，伸缩节的设置应符合相关规范的规定；

4）伸缩节插口应顺水流方向。

（12）安装在管窿和装饰墙内的采用橡胶密封圈连接的排水管道或伸缩节，均应采用抗老化性能优良的橡胶件。

2. 沿墙敷设方式用水器具支架的安装

在砖墙或混凝土墙上安装时，应根据安装详图在墙上和地面标出固定点尺寸，钻孔安装膨胀螺栓，然后固定用水器具支架。在石膏板墙上安装时，应先安装轻钢龙骨框架。轻钢龙骨框架应固定在墙面和地面上，然后将用水器具隐蔽式安装支架安装在轻钢龙骨上。安装壁挂式大便器等用水器具的装饰墙应紧贴隐蔽式安装支架。隐蔽式安装支架固定在楼板承重结构上时，固定支架的膨胀螺栓长度不应超过楼板厚度的1/2，且应采用水泥砂浆对安装后的支架支脚部位现浇凸台封闭，并进行二次防水处理。用水器具隐蔽式安装支架的安装位置应符合设计要求，且横平竖直，固定牢靠。安装时应用水平尺进行校正。隐蔽式水箱应符合下列要求：

1）用螺栓将水箱固定在用水器具隐蔽式安装支架上；

2）水箱安装时应对支架尺寸进行必要的调整，水箱安装高度应符合设计或规范规定；

3）水箱与配套的水箱配件应有国家认定的相关检测机构出具的检测报告。

3. 排水汇集器安装

排水汇集器安装位置应符合设计要求。排水汇集器应按排水横管坡度安装在楼板上，采用相应配套支架固定。支架为金属时应对其采取防腐措施。在汇集器上安装地面清扫口时，应便于清通，其高度应与地面装饰面层高度一致。排水汇集器安装完毕后，应与同层排水系统一起进行灌水试验。

13.3　负压排水技术

13.3.1　负压排水概念

我国是一个干旱缺水严重的国家。我国的人均水资源量只有 2074m^3，仅为世界平均水平的 1/4，是全球人均水资源最贫乏的国家之一。全国 660 个城市中，有约 400 个城市缺水。水资源短缺已成为未来 20 年我国实现全面建设小康社会目标所面临的重大挑战之一。节约用水，建立节水型社会，是摆在我们面前的重要大事。

生活用水中大量水用于冲厕，北京每年冲厕耗水约 2.6 亿 m^3，冲厕耗水的节水潜力巨大。

传统的污水排放模式从理念上把水作为废弃物的载体，耗水量大。排水管网依靠管网坡度的下降所产生的重力流来驱动流体达到排水的目的。而污水的大水量、长距离输送造成末端集中处理模式的巨大费用。

负压节水技术作为“2006 中国环保最佳实用技术”，节水效果显著。该技术将传统便器冲厕耗水的 9～12L/次降到最小（大便：0.5～0.8L，小便：0～0.4L），在满足都市卫生和舒适的同时实现了源头的最大节水。

13.3.2　负压排水的原理及优势

1. 负压便器冲厕原理

常规传统厕具冲厕时靠水的重力来推动。依靠大量的补充水来抬高便器中的水位，当水位高出液封弯管的水位后，由于入口端压强大于出水口端，来水不断流出出水口。通常这一水位差在 10cm 以内，压力的大小仅相当于 0.001MPa，所以传统便器在冲厕水量的减少上可“挖掘”的潜力很有限。

负压便器冲厕时依靠气压差产生挟裹污水的高速气流，并把污水从器具中取走。当污水达到一定水量时，真空控制阀自动开启，真空泵站中的真空泵使管道内维持着 0.6bar 的负压，污水将以 4m/s 的速度通过真空管道，进入真空泵站中的真空罐。真空罐内存储到一定水位后，污水真空泵开启，把污水排入市政管道。

负压便器的负压在0.02～0.06MPa，如果把便器排污管里的压力视为常压的话，冲厕时相当于由2～6m水柱所产生的压力将便器中的排放物推向出水口。这个驱动力相当于传统便器的20～60倍，是负压便器能够最有效节水的原因。

2. 负压排水系统优势

（1）实现最大节水，污水源头控制；

（2）输水管径小，通常管径在40～100mm，施工简单，经济；

（3）管路走向不受地形的制约，施工过程中管道的铺设更具灵活性，污水可以任意提升；

（4）由于不需重力集水、不需单独化粪池，所以能最有效地利用建筑空间，提高建设投资效益；

（5）污水处理经济，实现资源回收；

（6）污水零排放，没有外溢，不会污染地下水，环保程度高；

（7）整体密闭性强，没有气味，清洁度高；

（8）系统安全自检性强。

13.3.3 排水系统施工技术

1. 系统组成

负压排水系统由真空泵、真空罐、负压管道、负压厕具和控制阀组成。

（1）真空泵。一般为水环式真空泵/液环真空泵，水环泵最初用作自吸真空泵，是靠泵腔容积的变化来实现吸气、压缩和排气的，因此它属于变容式真空泵。

（2）真空罐。其大小尺寸根据负压排水系统的规模和安装场地的空间来选择。

（3）负压管道。一般为UPVC管材。

（4）负压厕具和控制阀。当污水达到一定水量时，真空控制阀自动开启，负压厕具内的污水被真空管道吸走，进入真空泵站中的真空罐。

2. 真空泵安装

（1）工艺流程如图13-6所示。

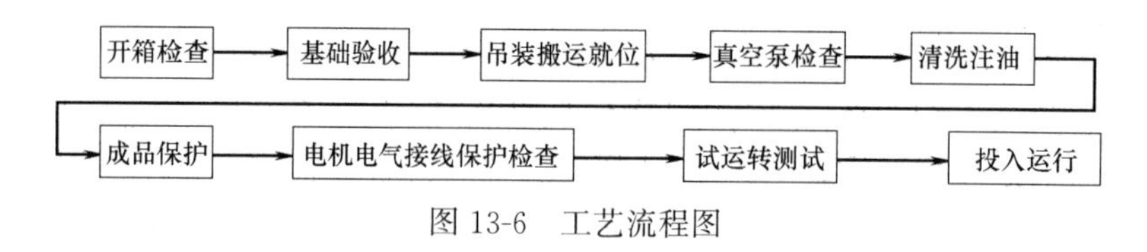

图13-6 工艺流程图

（2）开箱检查

真空泵进场前，组织甲方、监理、供货厂家的代表联合开箱检查，并填写设备开箱检验报告单，具体步骤如下：

1）进货严格对照图纸及设备表中所提供的型号、数量，核对每一台真空泵应有的制造铭牌、型号、性能参数、生产厂家和日期、编号，并查验随机资料（如合格证、安装使用说明书、保修信用卡等）。

2）根据装箱清单及有关图纸、说明书查看外形有无损伤、缺陷，叶轮、轴、外壳是否变形，油漆是否脱落，表面有无锈蚀等，核查进、出口方位尺寸，叶轮和旋转方向应符合设计文件的规定。

（3）清点散装的零部件、配件和备件，并将整机上易丢失、损坏的零部件拆卸涂上油脂进行包装、编号，按质量控制程序，一并入库妥善保管，条件具备时再进行安装。

（4）基础验收

设备基础验收分外形尺寸和土建质量检查两部分，基础外形尺寸应根据设计图纸、产品样本和真空泵实物进行全面核对，检查项目和允许偏差详见施工规范的规定，基座质量，混凝土强度一般要求C20以上，外观不许有露筋、蜂窝等现象。

（5）真空泵安装

在基础上放出安装基准线（纵横中心线或边缘线），弹出标高线，将基础表面的油污、泥土杂物或地脚螺栓预留孔内杂物清除干净，在置放垫铁的位置凿成麻面。整体真空泵吊装置于基础上，用垫铁找正找平，垫铁一般置于地脚螺栓两侧，两组垫铁间距不超过500mm，每组垫铁不超过3块，斜垫铁成对使用，找正找平后进行点焊，以避免受力松动。用铁水平、框式水平对真空泵初平、精平，测量以真空泵精加工面为准，而后利用百分表进行联轴器初找正，并记录数据，然后配装管道完毕后再次测量联轴器同心度，以备检查管道对真空泵是否承压，若承压应及时调正以保证真空泵不受外载压力。

（6）电机电气运行保护检查

对于电机线要严格按图纸和说明书接线，查阅系统原理图、电机原理图，并要求严格执行“三检”制度，以考核接线的准确性，运转前测试电机转子与定子间绝缘、相间绝缘，接零接地电阻等是否符合规定要求，否则不能开机运行。

（7）真空泵试运转如图13-7所示。

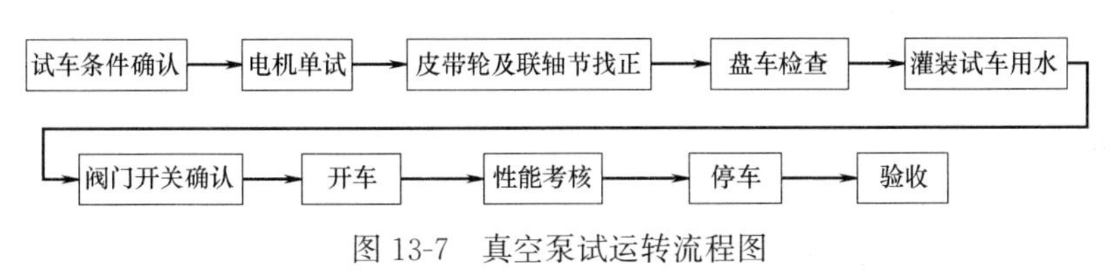

图13-7　真空泵试运转流程图

3. 真空罐安装

（1）工艺流程如图13-8所示。

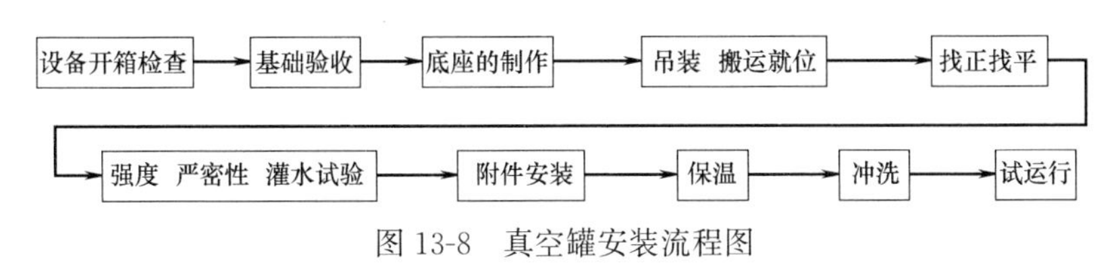

图13-8　真空罐安装流程图

（2）真空罐施工要点如下：

1）开箱检查：除外观检查合格外，主要查验容器的随机资料文件，包括合格证、制造图纸、水压强度、严密性试验报告等有关制造文件。

2）基础验收：底座制安要求符合图纸和规范要求。

3）吊装搬运：由于该部分设备体积较大，需根据设备到货和土建进展情况详细编制吊装搬运方案。

4）找正找平：利用框式水平仪，在容器顶盖法兰上测量水平度或利用连通管水平仪测量筒体上的水平标记线，利用铅锤坠测量罐体上的铅垂标记线或侧缘垂直度，用垫铁找正找平后点焊。

5）强度和严密性试验：严密性试验压力为 1.1 倍工作压力，强度试验压力为 1.5 倍工作压力，用电动打压泵注入，前后装设 1.5 级以上，2 只经过检验合格的压力表，严密性试验 30min 无泄露，强度试验 5min 检查无变形无泄露。

4. 负压厕具安装

（1）安装工艺流程见图 13-9。

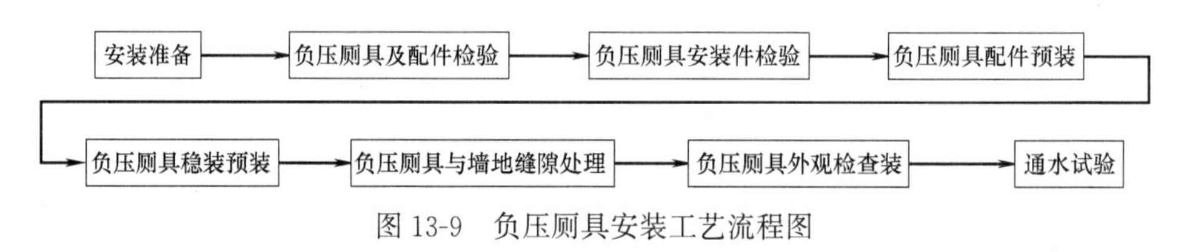

图 13-9　负压厕具安装工艺流程图

（2）负压厕具安装要点

1）将坐便器预留排水口清理干净，取下临时管堵，检查管内有无杂物；

2）将坐便器出水口对准预留口放平找正，在坐便器两侧固定螺栓眼孔处画好印记后，移开坐便器，将印记做十字线；

3）在十字线中心处剔 ϕ20mm×60mm 的孔洞，将相应的镀锌螺栓插入孔洞内用水泥栽牢，将坐便器试稳，使固定螺栓与坐便器吻合，移开坐便器；

4）将坐便器排水口及排水管口周围抹上油灰后将坐便器对准螺栓放平、找正，螺栓上套好胶皮垫，眼圈上螺母拧至松紧适度；

5）对准坐便器尾部中心，在墙上画好垂直线，在距地坪 800mm 高度画水平线，根据水箱背面固定孔眼的距离，在水平线上画好十字线，在十字线中心处剔 ϕ30mm×70mm 深的孔洞，把带有燕尾的镀锌螺栓（规格为 ϕ10mm×100mm）插入孔洞内，用水泥栽牢，将水箱挂在螺栓上放平、找正，与坐便器中心对正，螺栓上套好胶皮垫，带上眼圈，螺母拧至松紧适度；

6）所有卫生器具的连接管，煨弯应均匀一致，不得有凹凸等缺陷，卫生器具的支、托架的安装须平整、牢固，与器具接触应紧密，安装完的卫生器具应采取保护措施。所有卫生器具的安装应平直，垂直度的允许偏差不得超过 3mm。

5. 真空管道施工

（1）接口检查。接口表面应光滑、平整、无凹陷、无异常变形。

（2）切断、倒角和打毛。当管材需要切断时，先按需要长度划线，用细齿锯切割，注意切断面的平整，并应与管子的轴线相垂直。插口处做成坡口后再进行连接，坡口长度一般不小于 3mm；厚度约为管壁厚度的 1/3～1/2。用中号板挫均匀加工倒角，并用砂布将粘结表面打毛。

（3）清理粘结表面。清除加工面的碎屑，用干净的干布擦拭粘结表面，彻底清除尘土和水分。当表面有油污时，需蘸丙酮擦拭，以除去油污。

（4）划线。根据不同管径和配件承口的深度，在管子插入端用红蓝铜笔划出插入深度的标记线。不同管径的插入深度见表 13-3。

UPVC管粘结时的插入深度　　表13-3

公称外径 D(mm)	20	25	32	40	50	63	75	90	110	125
插入深度(mm)	16	18	22	26	31	37	43	51	61	68

（5）涂刷胶粘剂。用毛刷蘸专用胶粘剂，先涂刷承口内壁，再涂刷插口外壁。涂刷时应沿轴向均匀操作，使胶粘剂遍布结合面，分布薄而匀，不得漏涂，也不宜过多。每个接口的胶粘剂参考用量列于表13-4。

胶粘剂参考用量　　表13-4

公称外径 D(mm)	20	25	32	40	50	63	75	90	110	125
胶粘剂用量(g)	0.40	0.58	0.88	1.31	1.94	2.97	4.10	5.73	8.43	10.8

（6）粘结。胶粘剂涂刷后应立即找正方向，将管端插入承口，用力挤压（管径大时可用木槌、木方或紧线器等工具加力），使插入深度至划线位置，并保持一定时间以防接口滑脱。当管径小于63mm时，压力保持时间不少于30s；管径大于63mm时，压力保持时间应不少于60s。插入后应尽量避免扭转。

（7）养护。承插接口粘结完毕后，应用干布将缝隙内挤出的多余胶粘剂擦拭干净，并在不受侧向外力的情况下静置固化。固化所需时间见表13-5。

粘结静置固化时间（min）　　表13-5

公称外径 D(mm)	管材表面温度(℃)		
	5～18	18～40	45～70
<63	30	20	1～2
63～110	60	45	30
110～160	90	60	45

（8）试压。管道系统试压按以下步骤进行：

1）检查管道接点和接口部位，设置可靠的支墩或固定支架，以防管道在试压过程中窜动，影响接口质量；

2）在粘结完成24h后，缓慢地向管内注水，检查系统的排气情况；

3）当系统充满水后，进行严密性检查；

4）用手压泵平稳地升压，至试验压力（工作压力的1.5倍，但不得小于0.6MPa）后，稳压并检查接头部位有否渗漏；

5）稳压1h后，补充至规定的试验压力值，在15min内系统压降不超过0.05MPa即为合格。

（9）真空管施工注意事项

1）UPVC管材和管件在运输、存放和施工过程中应采取保护措施，防止表面划伤、暴晒和变形。

2）在管道受力点、拐弯点、配水点处必须设置可靠的承载支墩或支架，采取可靠的固定措施，以避免在试压或使用时由于管子的窜动而引起接口的渗漏。

3）由于UPVC管材的线膨胀系数比钢大，故施工中应考虑设置伸缩接头。一般情况下，立管应每层设伸缩接头；水平管长度超过 20m 时设置。

4）施工前应考虑合理分段（分层）施工、分段试压的方案，以确保接口的质量，减少和避免返工。

5）钢制管卡应加塑料或橡胶保护垫，或采用成品塑料管卡。

6）UPVC 管穿墙或过楼板处应装设钢套管，UPVC 管与套管之间用油麻填塞。

7）管材和管件表面的清理，插入深度的控制、胶粘剂的涂刷是 UPVC 管施工成败的关键，应予特别重视。

8）粘结连接时必须使用给水专用胶粘剂，并在保质期（一般为半年）内使用。严禁使用排水管胶粘剂粘结给水管道。

9）施工场地保持清洁、通风。

10）粘结施工时应注意环境温度不低于 5℃；不得用热源加热胶粘剂，工作场所附近不得有明火；胶粘剂罐应及时密封，防止溶剂挥发。